SQL Server
从入门到精通

创客诚品
张保威　闫红岩　编著

U0319911

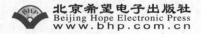
北京希望电子出版社
Beijing Hope Electronic Press
www.bhp.com.cn

创客诚品

内 容 简 介

　　本书从基础知识起步，介绍 SQL Server 数据库的基础知识、数据库的创建与管理、数据表的创建与管理、数据查询、视图、索引、T-SQL 编程基础、存储过程、触发器、游标、数据的导入 / 导出、数据备份与恢复、数据库安全管理等。最后用一个进销存管理系统项目实战案例，将前面介绍的各知识点串联起来，使读者能顺利地掌握使用 SQL Server 数据库的技术。

　　本书结构合理、内容详实、通俗易懂，注重 SQL Server 数据库的实用性和可操作性。对于广大数据库用户来讲，是一本实用性很强的工具书。

　　本书是学习数据库知识必备的工具书，也可作为各培训机构、企事业办公人员的参考书，以及各大中专院校相关专业的教材。

图书在版编目（CIP）数据

　SQL Server 从入门到精通 / 创客诚品 , 张保威 , 闫红岩编著 . -- 北京 : 北京希望电子出版社 ,2017.9

　ISBN 978-7-83002-494-9

　Ⅰ . ① S… Ⅱ . ①创… ②张… ③闫… Ⅲ . ①关系数据库系统Ⅳ . ① TP311.138

中国版本图书馆 CIP 数据核字 (2017) 第 137931 号

出版： 北京希望电子出版社	**封面：** 刘 那
地址： 北京市海淀区中关村大街 22 号 中科大厦 A 座 9 层	**编辑：** 全 卫
邮编： 100190	**校对：** 王丽锋
网址： www.bhp.com.cn	**开本：** 787mm×1092mm 1/16
电话： 010-82620818 (总机) 转发行部	**印张：** 24
010-82702675 (邮购)	**字数：** 569 千字
传真： 010-62543892	**印刷：** 固安县京平诚乾印刷有限公司
经销： 各地新华书店	**版次：** 2018 年 3 月 1 版 2 次印刷

定价： 65.00 元 (配 1DVD)

　　大部分学习编程的读者都要在职场中依次经历程序员、软件工程师、架构师等职位的磨炼，在程序员的成长道路中每天都会不断地修改代码、寻找并解决Bug，不停地进行程序测试和完善项目。虽然这份工作与诸多产业的工作相比有着光鲜的收入，但是程序员的付出也是非常辛苦的。无论从时间成本上还是脑力耗费上，程序员都要付出比一般职业水平高出几倍的汗水，但是只要在研发过程中稳扎稳打，并勤于总结和思考，最终会得到可喜的收获。

选择一本合适的书

　　对于一名想从事程序开发的初学者来说，如何能快速高效地提升自己的程序开发技术呢？买一本适合自己的程序开发教程进行学习是最简单直接的办法。但是市场上面向初学者的编程类图书中，大多都是以基础理论讲解为主的，内容非常枯燥无趣，读者阅读后仍旧对实操无从下手。如何能将理论知识应用到实战项目，独立地掌控完整的项目，是初学者迫切需要解决的问题，为此，笔者特编写了程序设计"从入门到精通"系列图书。

本系列图书内容设置

　　遵循循序渐进的学习思路，第一批主要推出以下课程：

课程	学习课时	内容概述
C# 从入门到精通	64	C# 是由 C 和 C++ 衍生出来的面向对象的编程语言。它不仅继承了 C 和 C++ 强大功能，还去掉了它们的一些复杂特性（比如不允许多重继承）。最终以其强大的操作能力、优雅的语法风格、创新的语言特性和便捷的面向组件编程的支持成为 .NET 开发的首选语言
C 语言从入门到精通	60	C 语言是一种计算机程序设计语言，它既具有高级语言的优势，又具有汇编语言的特点。之所以命名为 C，是因为 C 语言源自 Ken Thompson 发明的 B 语言，而 B 语言则源自 BCPL 语言。C 语言可以作为工作系统设计语言，用于编写系统应用程序，也可以作为应用程序设计语言，编写不依赖计算机硬件的应用程序

课程	学习课时	内容概述
Java 从入门到精通	60	Java 是一种可以撰写跨平台应用程序的面向对象的程序设计语言，它具有卓越的通用性、高效性、平台移植性和安全性，广泛应用于 PC、数据中心、游戏控制台、科学超级计算机、移动电话和互联网，同时拥有全球最大的开发者专业社群
SQL Server 从入门到精通	64	SQL 全称 Structured Query Language（结构化查询语言），是一种数据库查询和程序设计语言，用于存取数据以及查询、更新和管理关系数据库系统；同时也是数据库脚本文件的扩展名。结构化查询语言是高级的非过程化编程语言，允许用户在高层数据结构上工作。结构化查询语言语句可以嵌套，这使它具有极大的灵活性和强大的功能
Oracle 从入门到精通	32	Oracle 全称 Oracle Database，又称 Oracle RDBMS，是甲骨文公司的一款关系数据库管理系统，是目前最流行的客户 / 服务器或 B/S 体系结构的数据库之一。Oracle 系统稳定性强，兼容性好，主流的操作系统下都可以安装，安全性比较好，有一系列的安全控制机制，对大量数据的处理能力强，运行速度较快，对数据有完整的恢复和备份机制，主要适用于大型项目的开发

本书特色

☞ **零基础入门轻松掌握**

为了满足初级编程入门读者的需求，本书采用"从入门到精通"基础大全图书的写作方法，科学安排知识结构，内容由浅入深，循序渐进逐步展开，让读者平稳地从基础知识过渡到实战项目。

☞ **理论+实践完美结合，学+练两不误**

200多个基础知识+近200个实战案例+2个完整项目实操，可轻松掌握"基础入门—核心技术—技能提升—完整项目开发"四大学习阶段的重点难点。每章都提供课后练习，学完即可进行自我测验，真正做到举一反三，提升编程能力和逻辑思维能力。

☞ **讲解通俗易懂，知识技巧贯穿全书**

知识内容不是简单的理论罗列，而是在讲解过程中随时插入一些实战技巧，让读者知其然并知其所以然，掌握解决问题的关键。

☞ **同步高清多媒体教学视频，提升学习效率**

该系列每书配有一张DVD光盘，里面包含书中所有实例的代码和每章的重点案例教学视频，这些视频能解决读者在随书操作中遇到的问题，还能帮助读者快速理解所学知识，方便读者参考学习。

☞ **程序员入门必备海量开发资源库**

为了给读者提供一个全面的"基础+实例+项目实战"学习套餐，本书配套DVD光盘中不但提供了书中所有案例的源代码，还提供了项目资源库、面试资源库和测试题资源库等海量素材。

☞ **QQ群在线答疑+微信平台互动交流**

笔者为了方便为读者解惑答疑，提供了QQ群、微信平台等技术支持，以便读者之间相互交流学习。

程序开发交流QQ群： 324108015

微信学习平台： 微信扫一扫，关注"德胜书坊"，即可获得更多让你惊叫的代码和
海量素材！

作者团队

创客诚品团队由多位程序开发工程师、高校计算机专业教师组成。团队核心成员都有多年的教学经验，后加入知名科技公司担任高端工程师。现为程序设计类畅销图书作者，曾在"全国计算机图书排行榜"同品类图书排行中身居前列，深受广大工程设计人员的好评。

本书由郑州轻工业学院的张保威、闫红岩老师编写，他们都是SQL Server教学方面的优秀教师，将多年的教学经验和技术都融入了本书编写中，在此对他们的辛勤工作表示衷心的感谢，也特别感谢郑州轻工业学院教务处对本书的大力支持。

读者对象

- 初学编程的入门自学者
- 刚毕业的莘莘学子
- 初中级数据库管理员或程序员
- 大中专院校计算机专业教师和学生
- 程序开发爱好者
- 互联网公司编程相关职位的"菜鸟"
- 程序测试及维护人员
- 计算机培训机构的教师和学员

致谢

转眼间，从开始策划到完成写作已经过去了半年，这期间对程序代码做了多次调试，对正文稿件做了多次修改，最后尽心尽力地完成了本次书稿的编写工作。在此首先感谢选择并阅读本系列图书的读者朋友，你们的支持是我们最大的动力来源。其次感谢参与这次编写的各位老师，感谢为顺利出版给予支持的出版社领导及编辑，感谢为本书付出过辛苦劳作的所有人。

本人编写水平毕竟有限，书中难免有错误和疏漏之处，恳请广大读者给予批评指正。

最后感谢您选择购买本书，希望本书能成为您编程学习的引领者。

从基本概念到实战练习最终升级为完整项目开发，本书能帮助零基础的您快速掌握程序设计！

编　者

阅 读 说 明

在学习本书之前，请您先仔细阅读"阅读说明"，这里指明了书中各部分的重点内容和学习方法，有利于您正确地使用本书，让您的学习更高效。

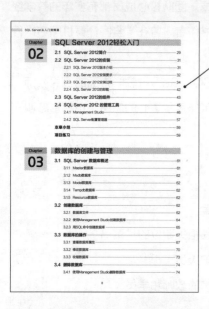

目录层级分明。 由浅入深，结构清晰，快速理顺全书要点

实战案例丰富全面。 187个实战案例搭配理论讲解，高效实用，让你快速掌握问题重难点

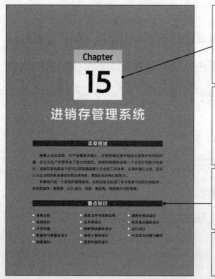

真正掌握项目全过程。 本书最后提供完整项目实操练习，模拟全真商业项目环境，让你在面试中脱颖而出

解析帮你掌握代码变容易！ 丰富细致的代码段与文字解析，让你快速进入程序编写情景，直击代码常见问题

章前页重点知识总结。 每章的章前页上均有重点知识罗列，清晰了解每章内容

"TIPS"贴心提示！ 技巧小版块，贴心帮读者绕开学习陷阱

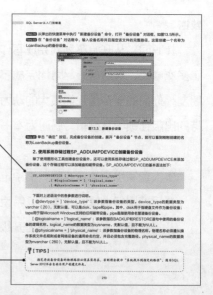

CONTENTS

目 录

Part 1 基础知识

Chapter 01 零基础学数据库

Chapter 02

SQL Server 2012轻松入门

Chapter 03

数据库的创建与管理

Chapter 04 数据表的创建与管理

Part 2 核心技术

Chapter

05

数据查询

Chapter
06

视图

Chapter
07

索引

Chapter

08

T-SQL编程基础

Chapter
09
存储过程

Chapter
10
触发器

Part 3 高级应用

Chapter 11 游标

Chapter 12 数据的导入/导出

Chapter 13　数据备份与恢复

Chapter 14　数据库安全管理

Part 4 项目实战

Chapter 15 进销存管理系统

SQL Server从入门到精通
全书案例汇总

Part 1

基础知识

Chapter

01

零基础学数据库

本章概述

　　当今社会是一个信息化的社会，数据已经成为各行各业的重要资源。数据库技术作为计算机科学的一个重要分支，能够帮助人们有效地进行数据管理，数据库技术已成为计算机信息系统和计算机应用系统的基础和核心，也是人们储存数据、管理信息、共享资源的最先进和最常用的技术。因此，掌握数据库技术是全面认识计算机系统的重要环节，也已成为信息化时代的必备技能。

　　本章将介绍数据库系统的基本概念、数据库的体系结构、数据模型、数据库系统设计以及主流的关系型数据库。通过本章的学习，读者可以全面了解数据库的基础知识，为后续章节的学习打下坚实基础。

重点知识

- 数据库系统概述
- 数据库系统结构
- 数据模型
- 数据库设计
- 主流的关系型数据库

1.1 数据库系统概述

> 在系统地介绍数据库的知识之前，这里首先介绍数据库最常用的一些基本概念。

1.1.1 数据管理技术的起源

数据是现实世界中实体（或客体）在计算机中的符号表示，数据不仅可以是数字，还可以是文字、图形、图像、音频和视频。现实生活中我们需要管理大量的数据，比如，学校的有关学生、教工、课程和成绩等方面的数据；医院的有关病历、药品、医生、处方等方面的数据；银行的有关存款、贷款、信用卡和投资理财业务等方面的数据。因此，对各种数据实现有效的管理具有重要意义。

自计算机发明以来，人类社会进入了信息时代，数据处理的速度及规模的需求远远超出了过去人工或机械方式的能力范围，计算机以其快速准确的计算能力和海量的数据存储能力在数据处理领域得到了广泛的应用。但是数据库技术并不是最早的数据管理技术，总的来说，数据管理的发展经历了人工管理、文件管理和数据库管理三个发展阶段。

1. 人工管理阶段

20世纪50年代中期以前，计算机主要用于科学计算。当时外存的状况是只有纸带、卡片、磁带等设备，并没有磁盘等直接存取的存储设备；而计算机系统软件的状况是没有操作系统，没有管理数据的软件，在这样的情况下的数据管理方式为人工管理。

人工管理数据具有如下特点。

- 数据不被保存：由于当时计算机主要用于科学计算，一般不需要将数据进行长期保存，只是在计算某一课题时将数据输入，用完就撤走。
- 应用程序管理数据：数据需要由应用程序自己管理，没有相应的软件系统负责数据的管理工作。应用程序中不仅要规定数据的逻辑结构，而且要设计物理结构，包括存储结构、存取方法、输入方式等，因此程序员负担很重。
- 数据不能共享：数据是面向应用的，一组数据只能对应一个程序。当多个应用程序涉及某些相同的数据时，由于必须各自定义，无法互相利用，互相参照，因此程序与程序之间有大量的冗余数据。
- 数据不具有独立性：数据的逻辑结构或物理结构改变后，必须对应用程序做相应的修改，这就进一步加重了程序员的负担。

在人工管理阶段，程序与数据之间的一一对应关系如图1.1所示。

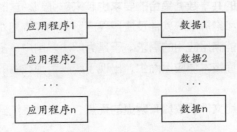

图1.1 人工管理阶段程序和数据的关系

2. 文件系统阶段

到了20世纪50年代后期到60年代中期，这时已有了磁盘、磁鼓等直接存储设备；而在计算机系统方面，不同类型的操作系统的出现极大地增强了计算机系统的功能。操作系统中用来进行数据管理的部分是文件系统，这时可以把相关的数据组成一个文件存放在计算机中，在需要的时候只要提供文件名，计算机就能从文件系统中找出所要的文件，把文件中存储的数据提供给用户进行处理。但是，由于这时数据的组织仍然是面向程序的，所以存在大量的数据冗余，无法有效地进行数据共享。

文件系统管理数据具有如下优点。

- 数据可以长期保存：数据可以组成文件长期保存在计算机中反复使用。
- 由文件系统管理数据：文件系统把数据组织成内部有结构的记录，实现"按文件名访问，按记录进行存取"的管理技术。

文件系统使应用程序与数据之间有了初步的独立性，程序员不必过多地考虑数据存储的物理细节。例如，文件系统中可以有顺序结构文件、索引结构文件、Hash等。数据在存储上的不同不会影响程序的处理逻辑。如果数据的存储结构发生改变，应用程序的改变很小，节省了程序的维护工作量。但是，文件系统仍存在以下缺点。

- 数据共享性差，冗余度大：在文件系统中，一个（或一组）文件基本上对应于一个应用（程序），即文件是面向应用的。当不同的应用（程序）使用部分相同的数据时，也必须建立各自的文件，而不能共享相同的数据。因此，数据的冗余度大，浪费存储空间。同时，由于相同数据的重复存储、各自管理，容易造成数据的不一致性，给数据的修改和维护带来了困难。
- 数据独立性差：文件系统中的文件是为某一特定应用服务的，文件的逻辑结构对该应用来说是优化的，因此相对现有的数据再增加一些新的应用会很困难，系统不容易扩充。一旦数据的逻辑结构发生改变，就必须修改应用程序，修改文件结构的定义，因此数据与程序之间仍缺乏独立性。

文件系统阶段程序与数据之间的关系如图1.2所示。

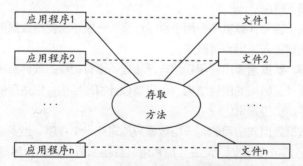

图1.2　文件系统阶段程序和数据的关系

3. 数据库系统阶段

20世纪60年代后期，计算机用于管理的规模越来越大，应用越来越广泛，数据量急剧增长，同时多种应用、多种语言互相覆盖的共享数据集合的要求也越来越强烈。这时已有大容量磁盘，硬件价格下降，软件价格则上升，为编制和维护系统软件及应用程序所需的成本相对增加。在这种背景下，以文件系统作为数据管理手段已经不能满足应用的需求。于是为解决多用户、多应用共享数据的需求，使数据为尽可能多的应用服务，数据库技术便应运而生，出现了统一管理数据的专用软件系统——数据库管理系统。

用数据库系统来管理数据比文件系统具有明显的优点，从文件系统到数据库系统，标志着数据管理技术的飞跃。

数据库系统具有如下特点。

（1）数据结构化

数据库系统实现了数据的整体结构化，这是数据库的最主要的特征之一。这里所说的"整体"结构化，是指在数据库中的数据不再仅针对某个应用，而是面向全组织；而且不仅数据内部是结构化的，更是整体结构化，数据之间有联系。

（2）数据的共享性高，冗余度低，易扩充

因为数据是面向整体的，所以数据可以被多个用户、多个应用程序共享使用，可以大大减少数据冗余，节约存储空间，避免数据之间的不相容性与不一致性。

（3）数据独立性高

数据独立性包括数据的物理独立性和逻辑独立性。物理独立性是指数据在磁盘上的数据库中如何存储是由DBMS管理的，用户程序不需要了解，应用程序要处理的只是数据的逻辑结构，这样一来当数据的物理存储结构改变时，用户的程序不用改变。逻辑独立性是指用户的应用程序与数据库的逻辑结构是相互独立的，也就是说，数据的逻辑结构改变了，用户程序也可以不改变。

数据与程序的独立，把数据的定义从程序中分离出去，加上存取数据由DBMS负责提供，从而简化了应用程序的编制，大大减少了应用程序的维护量和修改量。

（4）数据由DBMS统一管理和控制

数据库系统中的数据由DBMS来进行统一的控制和管理，所有应用程序对数据的访问都要交给DBMS来完成。

DBMS主要提供以下控制功能：

- 数据的安全性保护（Security）。
- 数据的完整性检查（Integrity）。
- 数据库的并发访问控制（Concurrency）。
- 数据库的故障恢复（Recovery）。

在数据库系统阶段程序与数据之间的对应关系如图1.3所示。

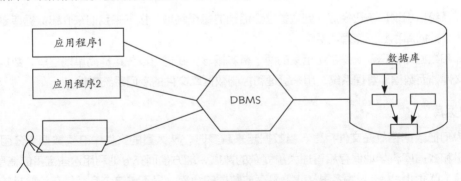

图1.3　数据库系统阶段程序与数据的关系

上述三个阶段的比较如表1.1所示。

表1.1　数据管理三个阶段的比较

		人工管理阶段	文件系统阶段	数据库系统阶段
背景	应用背景	科学计算	科学计算、管理	大规模管理
	硬件背景	无直接存取设备	磁盘、磁鼓	大容量磁盘

（续表）

		人工管理阶段	文件系统阶段	数据库系统阶段
背景	软件背景	没有操作系统	有文件系统	有数据库管理系统
	处理方式	批处理	联机实时处理、批处理	联机实时处理、分布处理、批处理
特点	数据库的管理者	用户(程序员)	文件系统	数据库管理系统
	数据的共享程度	某一应用程序	某一应用	现实世界
	数据面向的对象	无共享，冗余度极大	共享性差，冗余度大	共享性高，冗余度小
	数据的独立性	不独立，完全依赖于程序	独立性差	具有高度的物理独立性和一定的逻辑独立性
	数据的结构化	无结构	记录内有结构、整体无结构	整体结构化，用数据模型描述
	数据控制能力	应用程序自己控制	应用程序自己控制	由数据库管理系统提供数据安全性、完整性、并发控制和恢复能力

 【TIPS】

　　数据库管理技术的发展过程实际上也是应用程序和数据逐步分离的过程，人工管理阶段程序和数据不分家，而在数据库系统阶段程序和数据具有了高度的独立性。

1.1.2 数据库与数据库管理系统

　　数据库系统自出现以来已经深入到人类社会活动的每个领域，接下来我们来介绍数据库系统中的两个重要术语：数据库和数据库管理系统。

　　数据库和数据库管理系统是密切相关的两个基本概念，我们可以先这样简单地理解：数据库是指存放数据的文件，而数据库管理系统是用来管理和控制数据库文件的专门系统软件。

1. 数据库

　　过去人们把数据存放在文件柜里，当数据越来越多时，从大量的文件中查找数据十分困难。现在借助计算机和数据库科学地保存和管理大量复杂的数据，能方便而充分地利用这些宝贵的信息资源。

　　数据库（Database），顾名思义，就是存放数据的仓库。只不过这个仓库是在计算机的存储设备上，而且数据是按照一定的数据模型组织并存放在外存上的一组相关数据集合，通常这些数据是面向一个组织、企业或部门的。例如，在学生成绩管理系统中，学生的基本信息、课程信息、成绩信息等都是来自学生成绩管理数据库的。

　　严格地讲，数据库是长期存储在计算机内，有组织的、大量的、可共享的数据集合。数据库中的数据按一定的数据模型组织、描述和存储，具有较小的冗余度、较高的数据独立性和易扩展性，并可为各种用户共享。简单来说，数据库数据具有永久存储、有组织和可共享三个基本特点。

2. 数据库管理系统

在建立了数据库之后，接下来的问题就是如何科学地组织和存储数据，如何高效地获取和维护数据。完成这个任务的是一个系统软件——数据库管理系统DBMS（Database Management System）。DBMS是指数据库系统中对数据进行管理的软件系统，它是数据库系统的核心组成部分，数据库系统的一切操作，包括查询、更新及各种控制，都是通过DBMS进行的。

如果用户要对数据库进行操作，是由DBMS把操作从应用程序带到外部级、概念级，再导向内部级，进而操纵存储器中的数据。DBMS的主要目标是使数据作为一种可管理的资源来处理。DBMS应使数据易于为各种不同的用户所共享，应该能增进数据的安全性、完整性及可用性，并提供高度的数据独立性。

DBMS的主要功能如下：
- 数据的定义功能。
- 数据的操纵功能。
- 数据的控制功能。
- 其他功能。

1.1.3 数据库系统

数据库系统（DBS，Database System）是指在计算机系统中引入数据库后的系统，一般由数据库、数据库管理系统（及其开发工具）、应用系统和数据库管理员构成。应当指出的是，数据库的建立、使用和维护等工作只靠一个DBMS是远远不够的，还要有专门的人员来完成，这些人被称为数据库管理员（DBA，Datebase Administrator）。

在一般不引起混淆的情况下，人们常常把数据库系统简称为数据库。数据库系统组成如图1.4所示。数据库系统在计算机系统中的地位如图1.5所示。

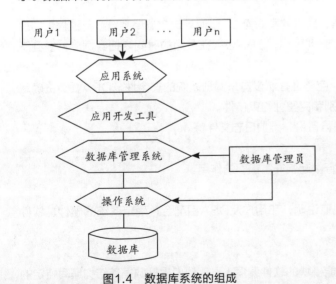

图1.4　数据库系统的组成　　　　图1.5　数据库系统在计算机系统中的地位

数据库系统主要组成如下。

1. 硬件系统及数据库

硬件系统主要指计算机各个组成部分。鉴于数据库应用系统的需求，特别要求数据库主机或数据库服务器外存要足够大，I/O存取效率要高，主机的吞吐量大、作业处理能力强。对于分布式数据库而言，计算机网络也是基础环境。具体指以下几方面。

- 要有足够大的内存，存放操作系统和DBMS的核心模块、数据库缓冲区和应用程序。
- 要有足够大的磁盘等直接存取设备存放数据库，有足够的光盘、磁盘、磁带等作为数据备份介质。
- 要求连接系统的网络有较高的数据传输速度。
- 要有较强处理能力的中央处理器（CPU）来保证数据处理的速度。

2. 软件

数据库系统的软件主要包括以下几种。

- DBMS。
- 支持DBMS运行的操作系统。
- 与数据库通信的高级程序语言及编译系统。
- 为特定应运环境开发的数据库应用系统。

3. 数据库管理员及相关人员

数据库有关人员包括数据库管理员（DBA）、系统分析员、应用程序员和普通用户，下面介绍各自的职责。

（1）数据库管理员（Database Administrator，DBA）

数据库管理员负责管理和监控数据库系统，负责为用户解决应用中出现的系统问题。为了保证数据库能够高效正常地运行，大型数据库系统都设有专人负责数据库系统的管理和维护。其主要职责如下：

① 决定数据库中的信息内容和结构。数据库中要存放哪些信息，DBA要参与决策。因此DBA必须参加数据库设计的全过程，并与用户、应用程序员、系统分析员密切合作共同协商，做好数据库设计工作。

② 决定数据库的存储结构和存取策略。

③ 监控数据库的运行（系统运行是否正常，系统效率如何），及时处理数据库系统运行过程中出现的问题。比如系统发生故障时，数据库会因此遭到破坏，DBA必须在最短的时间内把数据库恢复到正确状态。

④ 安全性管理，通过对系统的权限设置、完整性控制设置来保证系统的安全性。DBA要负责确定各个用户对数据库的存取权限、数据的保密级别和完整性约束条件。

⑤ 日常维护，如定期对数据库中的数据进行备份、维护日志文件等。

⑥ 对数据库有关文档进行管理。

数据库管理员在数据库管理系统的正常运行中起着非常重要的作用。

（2）系统分析员和数据库设计人员

系统分析员负责应用系统的需求分析和规范说明，和用户及DBA相配合，确定系统的硬件、软件配置，并参与数据库系统概要设计。

（3）应用程序员

应用程序员是负责设计、开发应用系统功能模块的软件编程人员，他们根据数据库结构编写特定的应用程序，并进行调试和安装。

（4）用户

这里的用户是指最终用户。最终用户通过应用程序的用户接口使用数据库。

1.2 数据库系统结构

> 考察数据库系统的结构可以有不同的层次或不同的角度，主要分为内部结构和外部结构。内部结构是从数据库管理系统的角度看，数据库系统通常采用三级模式结构；外部结构是从数据库最终用户的角度看，数据库系统分为单用户结构、主从式结构、客户端/服务器结构（C/S结构）、浏览器/服务器结构（B/S结构）和分布式结构。

本节分别从以上两个方面介绍数据库的系统结构。

1.2.1 数据库系统的内部结构

虽然实际的数据库系统软件的产品种类很多，它们支持不同的数据模型，使用不同的数据库语言，建立在不同的操作系统之上。但从数据库管理系统的角度看，它们的体系结构都具有相同的特征，即采用三级模式结构。

1. 数据库系统的三级模式结构

数据库系统的三级模式结构是指数据库系统是由外模式、模式和内模式三级构成的，如图1.6所示。

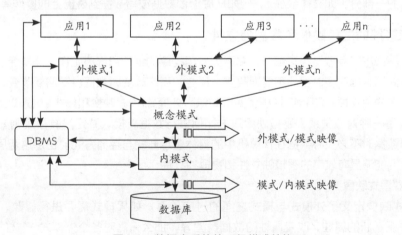

图1.6 数据库系统的三级模式结构

（1）模式

模式（Schema）也称为逻辑模式，是数据库中全体数据的逻辑结构和特征的描述，是所有用户的公共视图，它仅仅涉及到型（Type）的描述，不涉及到具体的值（Value）。模式的定义中主要包含数据的逻辑结构，如数据项的名字、类型、取值范围等，还有数据之间的联系以及数据有关的安全性要求等方面的描述。一个数据库只有一个模式。

（2）外模式

外模式也称子模式（Subschema）或用户模式，它是数据库用户（包括应用程序员和最终用户）能够看见和使用的局部数据的逻辑结构和特征的描述，是数据库用户的数据视图，是与某一应用有关的数据的逻辑表示。

外模式通常是模式的子集。一个模式可以有多个外模式。由于它是各个用户的数据视图，如果不同的用户在应用需求、看待数据的方式、对数据保密的要求等方面存在差异，则其外模式描述就可能不同。即使是模式中的同一数据，在外模式中的结构、类型、长度、保密级别等都可以不同。另外，同一外模式也可以为某一用户的多个应用系统所使用，但一个应用程序只能使用一个外模式。

外模式是保证数据库安全性的一个有力措施。每个用户只能看到和访问所对应的外模式中的数据，数据库中的其他数据是看不到的。

设立外模式的好处包括以下几方面。

- 方便了用户的使用，简化了用户的接口。用户只要依照模式编写应用程序或在终端输入命令，无须了解数据的存储结构。
- 保证数据的独立性。由于在三级模式之间存在两级映象，使得物理模式和概念模式的变化，都反映不到子模式一层，从而不用修改应用程序，提高了数据的独立性。
- 有利于数据共享。从同一模式产生的不同的子模式，减少了数据的冗余度，有利于为多种应用服务。
- 有利于数据的安全和保密。用户程序只能操作其子模式范围内的数据，从而把其与数据库中的其余数据隔离开来，缩小了程序错误传播的范围，保证了其他数据的安全。

（3）内模式

内模式（Internal Schema）也称存储模式（Storage Schema），一个模式只有一个内模式。它是数据物理结构和存储方式的描述，它定义所有的内部记录类型、索引和文件的组织形式，以及数据控制方面的细节。

内部记录并不涉及物理记录，也不涉及设备的约束。比内模式更接近于物理存储和访问的那些软件机制是操作系统的一部分（即文件系统），例如从磁盘读数据或写数据到磁盘上的操作等。

2. 数据库系统的二级映像和数据独立性

为了让用户不必考虑存取路径等细节，并减少应用程序的维护和修改工作，需要保证程序和数据之间的独立性，也即当数据改变时程序不需要改变，反之，程序改变时数据也不需要改变。为了使程序和数据之间具有一定的独立性，DBMS提供了两层映像：外模式/模式映像和模式/内模式映像。

映像实质上是一种对应关系，是指映像双方如何进行数据转换，并定义转换规则。有了这两层映像，用户在处理数据时不必关心数据在计算机中的具体表示方式与存储方式。正是这两层映像保证了数据库系统中的数据能够具有较高的逻辑独立性和物理独立性。

（1）外模式/模式映像

外模式/模式映像定义了外模式与模式之间的对应关系。如果模式需要进行修改，如数据重新定义，增加新的关系、新的属性、改变属性的数据类型等，那么只需对各个外模式/模式的映像做相应的修改，使外模式尽量保持不变，而应用程序一般是依据外模式编写的，因此应用程序也不必修改，从而保证了数据与程序的逻辑独立性，这就是数据的逻辑独立性。

（2）模式/内模式映像

模式/内模式映像定义了模式和内模式之间的对应关系，即数据全局逻辑结构与存储结构之间的对应关系，模式/内模式映像一般是在模式中描述的。当数据库的存储结构改变时（如采用了另外一种存储结构），由数据库管理员对模式/内模式映像做相应改变，可以使模式保持不变，因此应用程序也不必改变。这就保证了数据与程序的物理独立性，简称数据的物理独立性。

1.2.2 数据库系统的外部结构

从数据库管理系统的角度看，数据库系统是一个三级模式结构，但数据库的这种模式结构对最终用户和程序员是透明的，他们见到的仅是数据库的外模式和应用程序。从最终用户角度来看，数据库系统的结构分为单用户结构、主从式结构、分布式结构、客户端/服务器结构（C/S结构）和浏览器/服务器结构（B/S结构）。

1. 单用户数据库系统

单用户的数据库系统（图1.7）是最早期的、最简单的数据库系统。在单用户系统中，整个数据库系统，包括应用程序、DBMS、数据等都装在一台计算机上，由一个用户独占，不同的机器间不能共享数据，如图1.7所示。

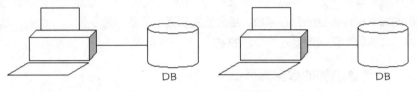

图1.7　单用户数据库系统

例如，一个企业的各个部门都使用本部门的机器来管理本部门的数据，各个部门的机器是独立的。由于不同部门之间不能共享数据，因此企业内部存在大量的冗余数据。

2. 主从式结构的数据库系统

主从式结构是指一个主机带多个终端的多用户结构。在这种结构中，数据库系统，包括应用程序、DBMS、数据等集中存放在主机上，所有任务都由主机完成，各个用户通过主机的终端并发地存取数据库，共享数据资源，如图1.8所示。

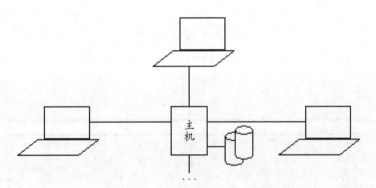

图1.8　主从式数据库系统

主从式结构的优点是结构简单，数据易于维护和管理。缺点是当终端用户增加到一定数量后，主机的任务过于繁重，成为瓶颈，从而使系统性能大幅度下降。另外，当主机出现故障后，整个系统不能使用，因而系统的可靠性不高。

3. 分布式结构的数据库系统

分布式结构的数据库系统是指数据库中的数据在逻辑上是个整体，但物理分布在计算机网络的不同结点上，如图1.9所示。网络的每一个节点都可以独立处理本地数据库中的数据，执行局部应用；也可以同时存取和处理多个异地数据库中的数据，执行全局应用。

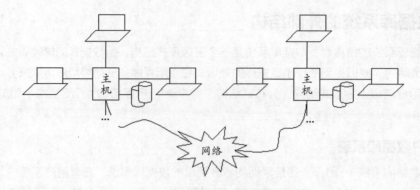

图1.9　分布式数据库系统

　　分布式结构的数据库系统是计算机网络发展的必然产物，它适应了地理上分散的公司、团体和组织对于数据库应用的需求。但数据的分布存放，给数据的管理、维护带来了困难。此外，当用户需要经常访问远程数据时，系统效率明显地受网络交通的制约。

4. 客户端／服务器结构的数据库系统

　　主从式数据库系统中的主机和分布式数据库系统中的每个节点都是一个通用计算机，既执行DBMS功能，又执行应用程序。随着工作站功能的增强和广泛使用，人们开始把DBMS功能和应用分开。网络中某些节点上的计算机专门执行DBMS功能，称为数据库服务器，简称服务器，其他节点上的计算机安装DBMS外围应用开发工具，支持用户的应用，称为客户机，这就是客户端／服务器（Client /Server）结构，简称为C/S结构，如图1.10所示。

　　在客户端／服务器结构中，客户端的用户请求被传送到数据库服务器，数据库服务器进行处理后，只将结果返回给用户（而不是整个数据），从而显著地减少了网络数据的传输量，提高了系统的性能、吞吐量和负载能力。

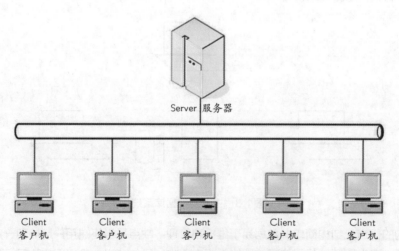

图1.10　客户端／服务器结构

5. 浏览器／服务器结构的数据库系统

　　随着互联网的飞速发展，移动办公和分布式办公越来越普及，而客户端／服务器（C/S）结构的缺点就逐渐暴露出来，特别是客户端需要安装专用的客户端软件，一旦客户端软件升级，那么所有的客户计算机上的客户端软件均需要更新，因此需要对C/S结构进行改进，浏览器/服务器结构（Browser /Server）应运而生，简称为B/S结构，如图1.11所示。

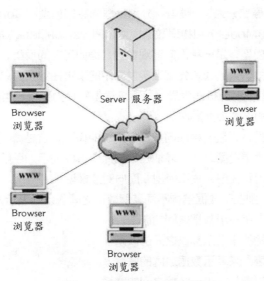

图1.11　浏览器／服务器结构

在浏览器/服务器结构下，用户工作界面通过浏览器来实现，极少部分的事务逻辑在前端（Browser）实现，但是主要事务逻辑在服务器端（Server）实现。这种模式统一了客户端，将系统功能实现的核心部分集中到服务器上，简化了系统的开发、维护和使用。客户机上只要安装一个浏览器（Browser），浏览器通过Web Server同数据库进行数据交互。这样就大大简化了客户端电脑载荷，减轻了系统维护与升级的成本和工作量，降低了用户的总体成本。

【TIPS】

数据库系统的结构有很多，但是目前主流的数据库系统结构是C/S结构和B/S结构，而且很多系统都是二者相结合的。

1.3 数据模型

模型，是现实世界的特征的模拟与抽象。比如一组建筑规划沙盘、精致逼真的飞机航模，都是对现实生活中的事物的描述和抽象，见到它就会让人们联想到现实世界中的实物。

数据模型（Data Model）也是一种模型，它是现实世界数据特征的抽象。由于计算机不可能直接处理现实世界中的具体事物，因此人们必须事先把具体事物转换成计算机能够处理的数据，即首先要数字化，要把现实世界中的人、事、物、概念用数据模型这个工具来抽象、表示和加工处理。数据模型是数据库中用来对现实世界进行抽象的工具，是数据库中用于提供信息表示和操作手段的形式构架，是现实世界的一种抽象模型。

数据模型按不同的应用层次分为3种类型，分别是概念数据模型（Conceptual Data Model）、逻辑数据模型（Logic Data Model）和物理数据模型（Physical Data Model）。

概念数据模型又称概念模型，是一种面向客观世界、面向用户的模型，与具体的数据库管理系统无关，与具体的计算机平台无关。人们通常先将现实世界中的事物抽象到信息世界，建立所谓的"概念模型"，然后将信息世界的模型映射到机器世界，将概念模型转换为计算机世界中的模型。因此，概念模型是从现实世界到机器世界的一个中间层次。

逻辑数据模型又称逻辑模型，是一种面向数据库系统的模型，它是概念模型到计算机之间的中间层次。概念模型只有在转换成逻辑模型之后，才能在数据库中得以表示。目前，逻辑模型的种类很多，其中比较成熟的有层次模型、网状模型、关系模型、面向对象模型等。

这3种数据模型的根本区别在于数据结构不同，即数据之间联系的表示方式不同。

- 层次模型用"树结构"来表示数据之间的联系。
- 网状模型是用"图结构"来表示数据之间的联系。
- 关系模型是用"二维表"来表示数据之间的联系。
- 面向对象模型是用"对象"来表示数据之间的联系。

物理数据模型又称物理模型，它是一种面向计算机物理表示的模型，此模型是数据模型在计算机上的物理结构表示。

数据模型通常由三部分组成，分别是：数据结构、数据操纵和完整性约束，也称为数据模型的三大要素。

下面我们重点介绍概念数据模型和逻辑数据模型。

🔑【TIPS】

概念数据模型非常多，在这里我们只介绍最经典的模型：E-R模型。同样，逻辑数据模型包括层次模型、网状模型和关系模型，在这里我们只介绍目前主流的逻辑数据模型：关系模型。

1.3.1 E-R模型

概念模型中最著名的是实体联系模型（Entity Relationship Model），即E-R模型。E-R模型是P．P．Chen于1976年提出的。这个模型直接从现实世界中抽象出实体类型及实体间联系，然后用实体联系图（E-R图）表示数据模型。设计E-R图的方法称为E-R方法。E-R图是设计概念模型的有力工具。下面先介绍有关的名词术语及E-R图。

1. 实体（Entity）

现实世界中客观存在并可相互区分的事物叫做实体。实体可以是一个具体的人或物，如王伟、汽车等；也可以是抽象的事件或概念，如购买一本图书等。

2. 属性（Attribute）

实体的某一特性称为属性，如学生实体有学号、姓名、年龄、性别、系等方面的属性。属性有"型"和"值"之分，"型"即为属性名，如姓名、年龄、性别是属性的型；"值"即为属性的具体内容，如（990001，张立，20，男，计算机）这些属性值的集合表示了一个学生实体。

3. 实体型（Entity Type）

若干个属性型组成的集合可以表示一个实体的类型，简称实体型。如学生（学号，姓名，年龄，性别，系）就是一个实体型。

4. 实体集（Entity Set）

同型实体的集合称为实体集，如所有的学生、所有的课程等。

5. 码（Key）

能唯一标识一个实体的属性或属性集称为实体的码，如学生的学号。学生的姓名可能有重名，不能作为学生实体的码。

6. 域（Domain）

属性值的取值范围称为该属性的域，如学号的域为6位整数，姓名的域为字符串集合，年龄的域为小于40的整数，性别的域为（男，女）。

7. 联系（Relationship）

在现实世界中，事物内部以及事物之间是有联系的，这些联系同样要抽象和反映到信息世界中来。在信息世界中将被抽象为实体型内部的联系和实体型之间的联系。

实体内部的联系通常是指组成实体的各属性之间的联系，实体之间的联系通常是指不同实体集之间的联系。

两个实体型之间的联系有如下三种类型。

（1）一对一联系（1:1）

实体集A中的一个实体至多与实体集B中的一个实体相对应，反之亦然，则称实体集A与实体集B为一对一的联系，记作1:1，如班级与班长、观众与座位、病人与床位。

（2）一对多联系（1:n）

实体集A中的一个实体与实体集B中的多个实体相对应，反之，实体集B中的一个实体至多与实体集A中的一个实体相对应，记作1:n，如班级与学生、公司与职员、省与市。

（3）多对多（m:n）

实体集A中的一个实体与实体集B中的多个实体相对应，反之，实体集B中的一个实体与实体集A中的多个实体相对应，记作（m:n），如教师与学生、学生与课程、工厂与产品。

实际上，一对一联系是一对多联系的特例，而一对多联系又是多对多联系的特例。可以用图形来表示两个实体型之间的这三类联系，如图1.12所示。

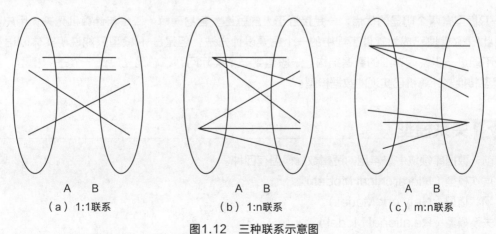

（a）1:1联系　　　（b）1:n联系　　　（c）m:n联系

图1.12　三种联系示意图

在E-R图中有下面四个基本成分。

① 矩形框，表示实体类型（研究问题的对象）。

② 菱形框，表示联系类型（实体间的联系）。

③ 椭圆形框，表示实体类型和联系类型的属性。

相应的命名均记入各种框中。对于实体标识符的属性，在属性名下面画一条横线。

④ 直线，联系类型与其涉及的实体类型之间以直线连接，用来表示它们之间的联系，并在直线端部标注联系的种类（1:1、1:n或m:n）。

下面通过一个例子来说明设计E-R图的过程。

⚠️ **【例1.1】企业贷款业务E-R模型**

为企业贷款业务设计一个E-R模型，其中，一个企业可以在多家银行贷款，一家银行可以贷款给多个企业，E-R模型的具体建立过程如下：

- 首先确定实体。本例有两个实体：企业、银行。
- 确定联系类型。企业和银行之间是多对多的联系，起名为"贷款"。
- 确定实体和联系的属性。"企业"的属性有企业代码、企业名称、企业地址、电话、注册资金和法人；"银行"的属性有银行代码、银行名称、银行地址、所属城市和性质；"贷款"的属性有贷款金额、贷款期数、贷款日期和还款日期。

具体的E-R模型如图1.13所示。

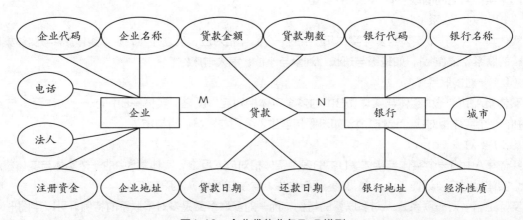

图1.13 企业贷款业务E-R模型

E-R模型有两个明显的优点：一是接近于人的思维，容易理解；二是与计算机无关，用户容易接受。因此E-R模型已成为软件工程中的一个重要设计方法。但是E-R模型只能说明实体间语义的联系，还不能进一步说明详细的数据结构。一般遇到一个实际问题，总是先设计一个E-R模型，然后把E-R模型转换成计算机已实现的数据模型。

1.3.2 关系模型

目前，数据库领域中最常用的逻辑数据模型有四种。

- 层次模型（Hierarchical Model）。
- 网状模型（Network Model）。
- 关系模型（Relational Model）。
- 面向对象模型（Object Oriented Model）。

【TIPS】

随着云计算及大数据技术的迅猛发展，传统的关系数据库在应付超大规模和高并发的系统中已经显得力不从心，暴露了很多难以克服的问题，而非关系型数据库则由于其本身的特点已得到了非常迅速的发展，非关系型数据库的黄金时代已经来临。

其中，层次模型和网状模型统称为关系模型。关系模型的数据库系统在20世纪70年代至80年代初非常流行，在数据库系统产品中占据了主导地位，现在已逐渐被非关系模型的数据库系统取代。但在美国等国家，由于早期开发的应用系统都是基于层次数据库或网状数据库的，因此目前仍有不少层次数据库或网状数据库系统在继续使用。

1970年，美国IBM公司San Jose研究室的研究员E.F.Codd首次提出了数据库系统的关系模型，开创了数据库关系方法和关系数据理论的研究，为数据库技术奠定了理论基础。20世纪80年代以来，计算机厂商新推出的数据库管理系统几乎都支持关系模型，非关系系统的产品也大都加上了对关系模型的接口。数据库领域当前的研究工作也都是以关系方法为基础的。

面向对象的方法和技术在计算机各个领域，包括程序设计语言、软件工程、信息系统设计、计算机硬件设计等各方面都产生了深远的影响，也促进了数据库中面向对象数据模型的研究和发展。

关系模型是目前最重要的一种数据模型。关系数据库系统采用关系模型作为数据的组织方式，下面主要介绍关系模型。关系数据库系统与非关系数据库系统的区别是，关系数据库系统只有"表"这一种数据结构；而非关系数据库系统还有其他数据结构，对这些数据结构还有其他的操作。

1. 关系模型的基本术语

在关系模型中，用单一的二维表结构来表示实体及实体间的关系。

（1）关系（Relationship）。一个关系对应一个二维表，二维表名就是关系名。图1.14中的银行表就是一个二维表，也即一个关系。

银行表				
银行代码	银行名称	银行地址	所属城市	银行性质
B001	中国工商银行(海淀支行)	北京市海淀区中关村东路100号	北京	公办
B002	中国民生银行(紫竹支行)	北京市海淀区紫竹院路31号华澳中心内	北京	民营
B003	招商银行(金融街支行)	北京市西城区金融大街35号	北京	民营
B004	中国工商银行(上地支行)	北京市海淀区中关村东路100号	北京	公办
B005	中国工商银行(八里庄支行)	北京市朝阳区八里庄西里100号	北京	公办
B006	北京银行(西单支行)	北京市西城区复兴门内大街156号	北京	民营
B007	北京银行(密云支行)	北京市密云区鼓楼东大街19号	北京	民营

图1.14　关系

（2）关系模式（Relationship Schema）。二维表中的行定义（表头）、记录的类型，即对关系的描述称为关系模式，关系模式的一般形式为：

关系名（属性1，属性2，…，属性n）

图1.14中的关系模式表示为：

银行（银行代码，银行名称，银行地址，所属城市，银行性质）

（3）属性（Attribute）及值域（Domain）。二维表中的列（字段）称为关系的属性。属性的个数称为关系的元数，又称为度。度为n的关系称为n元关系，度为1的关系称为一元关系，度为2的关系称为二元关系。关系的属性包括属性名和属性值两部分，其列名即为属性名，列值即为属性值。属性值的取值范围称为值域，每一个属性对应一个值域，不同属性的值域可以相同。

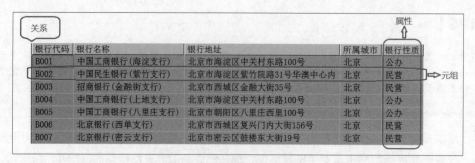

图1.15 关系中的属性和元组

图1.15中，"银行"关系中有银行代码、银行名称、银行地址、所属城市及银行性质共5个属性，是5元关系。其中"银行性质"属性的值域是"公办"和"民营"。

（4）元组（Tuple）。二维表中的一行，即每一条记录的值称为关系的一个元组。其中，每一个属性的值称为元组的分量。关系由关系模式和元组的集合组成。

图1.15中银行关系共有7个元组，也就是7行记录，其中第二行就是其中一个元组：（B002，中国民生银行(紫竹支行)，北京市海淀区紫竹院路31号华澳中心内，北京，民营）。

（5）键（Key），也称为码。由一个或多个属性组成。在实际使用中，有下列几种键。

① 候选键（Candidate Key）：若关系中的某一属性组的值能唯一地标识一个元组，则称该属性组为候选键。

② 主键（Primary Key）：若一个关系有多个候选键，则选定其中一个为主键。主键中包含的属性称为主属性。不包含在任何候选键中的属性称为非键属性（Non-key Attribute）。关系模型的所有属性组是这个关系模式的候选键，称为全键（All-key）。

③ 外键（Foreign Key）：设F是关系R的一个或一组属性，但不是关系R的键。如果F与关系S的主键相对应，则称F是关系R的外键，关系R称为参照关系，关系S称为被参照关系。

图1.16 关系中的主键和外键

在图1.16中，有银行和贷款两个关系表，其中的键和外键对应的信息如下：

① 银行关系

● 候选键：银行代码、银行名称

● 主键：银行代码

● 外键：无

【TIPS】

银行代码具有唯一性，因此银行代码是键，银行名称也不会重名，因此银行名称也是键，它们都成为候选键，候选成为主键；我们挑选了银行代码作为主键，也可以挑选银行名称作为主键，但主键只能有一个。

② 贷款关系
● 候选键：（企业代码、银行代码、贷款日期）
● 主键：（企业代码、银行代码、贷款日期）
● 外键：银行代码

【TIPS】

在贷款关系中，企业代码、银行代码、贷款日期形成一个组合键，由于候选键只有一个，所以主键只能选择它；其中的银行代码是贷款关系的外键，银行代码需要参照银行关系中的银行代码进行取值。

（6）主属性与非主属性。关系中包含在任何一个候选键中的属性称为主属性，不包含在任何一个候选键中的属性称为非主属性。
① 银行关系
● 主属性：银行代码、银行名称
● 非主属性：银行地址、所属城市、银行性质
② 贷款关系
● 主属性：企业代码、银行代码、贷款日期
● 非主属性：贷款金额、贷款期数、还款日期

2. 关系的性质

我们用集合的观点定义关系。也就是说，把关系看成一个集合，集合中的元素是元组，每个元组的属性个数均相同。如果一个关系的元组个数是无限的，称为无限关系；反之，称为有限关系。

在关系模型中对关系做了一些规范性的限制，可通过二维表格形象地理解关系的性质。

（1）关系中每个属性值都是不可分解的，即关系的每个元组分量必须是原子的。从二维表的角度讲，不允许表中嵌套表。表1.2就出现了这种表中再嵌套表的情况，在"日期"下嵌套"贷款日期"和"还款日期"。虽然类似的表在实际生活中司空见惯，却不符合关系的基本定义。因为关系是从域出发定义的，每个元组分量都是不可再分的，不可能出现表中套表的现象。遇到这种情况，可以对表格进行简单的等价变换，使之成为符合规范的关系。例如，可以把表1.2改成表1.3。这里把"日期"分成两列——"贷款日期"和"还款日期"，两个属性都取自同一个域"日期"。

表1.2　不符合规范的贷款表

企业代码	银行代码	日期	
		贷款日期	还款日期
E001	B007	2008-2-1	2010-5-6
E002	B005	2009-4-12	2014-12-25

表1.3 符合规范的贷款表

企业代码	银行代码	贷款日期	还款日期
E001	B007	2008-2-1	2010-5-6
E002	B005	2009-4-12	2014-12-25

（2）关系中不允许出现相同的元组。从语义角度看，二维表中的一行即一个元组，代表着一个实体。现实生活中不可能出现完全一样、无法区分的两个实体，因此，二维表不允许出现相同的两行。同一关系中不能有两个相同的元组存在，否则将使关系中的元组失去唯一性，这一性质在关系模型中很重要。

（3）在定义一个关系模式时，可随意指定属性的排列次序，因为交换属性顺序的先后，并不改变关系的实际意义。例如，在定义表1.3所示的关系模式时，可以指定属性的次序为（企业代码，银行代码，贷款日期，还款日期），也可以指定属性的次序为（企业代码，银行代码，还款日期，贷款日期）。

（4）在一个关系中，元组的排列次序可任意交换，并不改变关系的实际意义。由于关系是一个集合，因此不考虑元组间的顺序问题。在实际应用中，常常对关系中的元组排序，这样做仅仅是为了加快检索数据的速度，提高数据处理的效率。

对性质（3）和性质（4），需要再补充一点。判断两个关系是否相等，是从集合的角度来考虑的，与属性的次序无关，与元组次序无关，与关系的命名也无关。如果两个关系仅仅是上述差别，在其余各方面完全相同，就认为这两个关系相等。

（5）关系模式相对稳定，关系却随着时间的推移不断变化。这是由数据库的更新操作（包括插入、删除、修改）引起的。

3. 关系的完整性

关系模型的完整性规则是对关系的某种约束条件。关系模型中可以有3类完整性约束：实体完整性、参照完整性和用户定义的完整性。

（1）实体完整性（Entity Integrity）

一个基本关系通常对应现实世界的一个实体集，如银行关系对应于银行的集合。现实世界中的实体是可区分的，即它们具有某种唯一性标识。相应的，关系模型中以主键作为唯一性标识。主键中的属性即主属性，不能取空值。所谓空值就是"不知道"或"无意义"的值。如果主属性取空值，就说明存在某个不可标识的实体，即存在不可区分的实体，这与现实世界的应用环境相矛盾，因此这个实体一定不是一个完整的实体。

实体完整性规则：若属性A是基本关系R的主属性，则属性A不能取空值。例如，银行关系中的银行代码就不能取空值。

（2）参照完整性（Referential Integrity）

现实世界中的实体之间往往存在某种联系，在关系模型中实体及实体间的联系都是用关系来描述的，这样就自然存在着关系与关系间的引用。

设F是基本关系R的一个或一组属性，但不是关系R的键，如果F与基本关系S的主键Ks相对应，则称F是基本关系R的外键（Foreign Key），并称基本关系R为参照关系（Referencing Relation），基本关系S为被参照关系（Referenced Relation）或目标关系（Target Relation）。关系R和S不一定是不同的关系。

参照完整性规则就是定义外码与主码之间的引用规则。

参照完整性规则：若属性（或属性组）F是基本关系R的外键，它与基本关系S的主键Ks相对应（基本关系R和S不一定是不同的关系），则对于R中每个元组在F上的值必须为：

- 或者取空值（F的每个属性值均为空值）。
- 或者等于S中某个元组的主键值。

⚠ 【例1.2】 银行贷款数据库中的各种参照关系

在贷款数据库中有下列两个关系模式。

银行（<u>银行代码</u>，银行名称，银行地址，所属城市，银行性质）

贷款（<u>企业代码</u>，<u>银行代码</u>，<u>贷款日期</u>，贷款金额，贷款期数，还款日期）

贷款关系中的银行代码就是外键，其需要参照银行关系中的银行代码取值，所以，要么取空值，要么取银行关系中已有的银行代码值，但是贷款关系的键是（企业代码，银行代码，贷款日期）。根据实体完整性约束规定，键不能取空值，因此银行代码只能取银行关系中已有的银行代码值。

🔑 【TIPS】

在关系模式中，使用下划线代表主键，在例1.2中，银行代码是主键，所以使用下划线标识银行代码。

（3）用户定义的完整性（User-defined Integrity）

实体完整性和参照性适用于任何关系数据库系统。除此之外，不同的关系数据库系统根据其应用环境的不同，往往还需要一些特殊的约束条件。

用户定义的完整性就是针对某一具体关系数据库的约束条件，它反映某一具体应用所涉及的数据必须满足的语义要求。关系模型应提供定义和检验这类完整性的机制，以便用统一的系统的方法处理，而不是由应用程序承担这一功能。

⚠ 【例1.3】 贷款限定取值范围

在例1.2中的贷款关系模式中，贷款金额需要限定取值范围，不能为负数，也一定有上限，为此用户可以写出如下规则把贷款限制在0~100之间：

CHECK（Lamount BETWEEN 0 AND 100）

1.4 数据库设计

> 有人说：一个成功的管理信息系统，是由50%的业务+50%的软件所组成，而成功软件所占的50%又由25%的数据库+25%的程序所组成，笔者认为非常有道理。因此，要开发管理信息系统，数据库设计的好坏是关键。

数据库设计是指在给定的环境下，创建一个性能良好，能满足不同用户使用要求，又能被选定的DBMS所接受的数据模式。

从本质上讲，数据库设计乃是将数据库系统与现实世界相结合的一个过程。

人们总是力求设计出好用的数据库，但是设计数据库时既要考虑数据库的框架和数据结构，又要考虑应用程序存取数据库和处理数据的能力。因此，最佳设计不可能一蹴而就，只能是一个反复探寻的过程。

大体上可以把数据库设计划分成以下几个阶段：需求分析阶段、概念结构设计阶段、逻辑结构设计阶段、数据库物理结构设计阶段、数据库实施阶段、数据库运行和维护阶段，如图1.17所示。

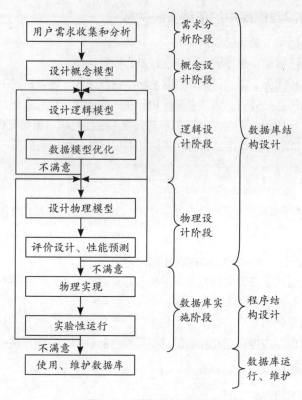

图1.17　数据设计流程图

下面详细介绍数据库的设计过程。

1.4.1　需求分析

准确地搞清楚用户需求，乃是数据库设计的关键。需求分析的好坏，决定了数据库设计的成败。

确定用户的最终需求其实是一件很困难的事。一方面用户缺少计算机知识，开始时无法确定计算机究竟能为自己做什么，不能做什么，因此无法一下子准确地表达自己的需求，他们所提出的需求往往不断地变化。另一方面设计人员缺少用户的专业知识，不易理解用户的真正需求，甚至误解用户的需求。此外新的硬件、软件技术的出现也会使用户需求发生变化。因此设计人员必须与用户不断深入地进行交流，才能逐步明确用户的实际需求。

需求分析阶段的成果是系统需求说明书，主要包括数据流图、数据字典、各种说明性表格、统计输出表、系统功能结构图等。系统需求说明书是以后设计、开发、测试和验收等过程的重要依据。

需求分析的任务是通过详细调查现实世界要处理的对象（组织、部门、企业等），充分了解原系统（手工系统或计算机系统）工作概况，明确用户的各种需求，然后在此基础上确定新系统的功能。新系统必须充分考虑今后可能的扩充和改变，不能仅仅按当前应用的需求来设计数据库。

需求分析的重点是调查、收集与分析用户在数据管理中的信息要求、处理要求、安全性与完整性要求。

需求分析阶段的主要任务有以下几个方面。

（1）确认系统的设计范围，调查信息需求，收集数据。分析需求调查得到的资料，明确计算机应当处理和能够处理的范围，确定新系统应具备的功能。

（2）综合各种信息包含的数据，各种数据间的关系，数据的类型、取值范围和流向。

（3）建立需求说明文档、数据字典、数据流程图。将需求调查文档化，文档既要为用户所理解，又要方便数据库的概念结构设计。需求分析的结果应及时与用户进行交流，反复修改，直到得到用户的认可。在数据库设计中，数据需求分析是对有关信息系统现有数据及数据间联系的收集和处理，当然也要适当考虑系统在将来的需求。一般需求分析包括数据流分析及功能分析。功能分析是指系统如何得到事务活动所需要的数据，在事务处理中如何使用这些数据进行处理（也叫加工），以及处理后数据流向的全过程的分析。换言之，功能分析是对所建数据模型支持的系统事务处理的分析。

数据流分析是对事务处理所需的原始数据的收集，并分析所得数据及其流向，一般用数据流程图（DRP）来表示。在需求分析阶段，应当用文档形式整理出整个系统所涉及的数据、数据间的依赖关系、事务处理的说明和所需产生的报告，并且尽量借助于数据字典加以说明。除了使用数据流程图、数据字典，需求分析还可使用判定表、判定树等工具。

1.4.2 概念结构设计

概念结构设计是数据库设计的第二阶段，其目标是对需求说明书提供的所有数据和处理要求进行抽象与综合处理，按一定的方法构造反映用户环境的数据及其相互联系的概念模型，即用户数据模型或企业数据模型。

这种概念数据模型与DBMS无关，是面向现实世界的数据模型，极易为用户所理解。为保证所设计的概念数据模型能正确、完全地反映用户（一个单位）的数据及其相互联系，便于进行所要求的各种处理，在本阶段设计中可吸收用户参与和评议设计。在进行概念结构设计时，可设计各个应用的视图（View），即各个应用所看到的数据及其结构，然后进行视图集成（View Integration），以形成一个单位的概念数据模型。形成的初步数据模型还要经过数据库设计者和用户的审查和修改，最后才能形成所需的概念数据模型。

1.4.3 逻辑结构设计

逻辑结构设计阶段的设计目标是把上一阶段得到的不被DBMS理解的概念数据模型转换成等价的，并为某个特定的DBMS所接受的逻辑模型所表示的概念模式，同时将概念结构设计阶段得到的应用视图转换成外部模式，即特定DBMS下的应用视图。在转换过程中要进一步落实需求说明，并使其满足DBMS的各种限制。逻辑结构设计阶段的结果是DBMS提供的数据定义语言（DDL）写成的数据模式。逻辑结构设计的具体方法与DBMS的逻辑数据模型有关。

1.4.4 物理结构设计

物理结构设计阶段的任务是把逻辑结构设计阶段得到的逻辑数据库在物理上加以实现。其主要内容是根据DBMS提供的各种手段，设计数据的存储形式和存取路径，如文件结构、索引的设计等，即设计数据库的内模式或存储模式。数据库的内模式对数据库的性能影响很大，应根据处理需求及DBMS、操作系统和硬件的性能进行精心设计。

1.4.5 数据库的实施

数据库实施主要包括以下工作：

- 用DDL定义数据库结构。
- 组织数据入库。
- 编制与调试应用程序。
- 数据库试运行。

1. 定义数据库结构

确定了数据库的逻辑结构与物理结构后，就可以用选好的DBMS提供的数据定义语言（DDL）来严格描述数据库结构。

2. 数据装载

数据库结构建立之后，就可以向数据库中装载数据了。组织数据入库是数据库实施阶段最主要的工作。对于数据量不大的小型系统，可以用人工方式完成数据入库，其步骤如下。

（1）筛选数据。需要装入数据库中的数据通常都分散在各个部门的数据文件或原始凭证中，所以首先必须把需要入库的数据筛选出来。

（2）转换数据格式。筛选出来的需要入库的数据，其格式往往不符合数据库要求，还需要进行转换。这种转换有时可能很复杂。

（3）输入数据。将转换好的数据输入计算机中。

（4）校验数据。检查输入的数据是否有误。

对于大型系统，由于数据量大，用人工方式组织数据入库将会耗费大量人力物力，而且很难保证数据的正确性。因此应该设计一个数据输入子系统由计算机辅助数据入库。

3. 编制与调试应用程序

数据库应用程序的设计应该与数据入库并行进行。在数据库实施阶段，当数据库结构建立好后，就可以开始编制与调试数据库的应用程序。调试应用程序时由于数据入库尚未完成，可先使用模拟数据。

4. 数据库试运行

应用程序调试完成，并且已有小部分数据入库后，就可以开始数据库的试运行。数据库试运行也称为联合调试，其主要工作包括以下两项内容。

（1）功能测试。实际运行应用程序，执行对数据库的各种操作，测试应用程序的各种功能。

（2）性能测试。测量系统的性能指标，分析是否符合设计目标。

1.4.6 数据库的运行和维护

数据库试运行结果符合设计目标后，数据库就可以真正投入运行了。数据库投入运行标志着开发任务的基本完成和维护工作的开始，但并不意味着设计过程的终结。由于应用环境在不断变化，数据库运行过程中物理存储也会不断变化，对数据库设计进行评价、调整、修改等维护工作是一个长期的任务，也是设计工作的继续和提高。

在数据库运行阶段，对数据库经常性的维护工作主要是由DBA完成的。维护工作包括：故障维护，数据库的安全性、完整性控制，数据库性能的监督、分析和改进，数据库的重组织和重构造。

1.5 主流的关系型数据库

> 纵观当今的商用关系型数据库管理系统，自20世纪70年代关系模型的概念提出后，由于其突出的优势，迅速被商用关系型数据库管理系统所采用。据统计，在新发展的DBMS系统中，关系型数据库管理系统已占到90%。其中涌现出了大量性价比高、产品强大的关系型数据库管理系统产品。本节将主要为大家介绍6大主流关系型数据库管理系统。

1. Oracle

Oracle数据库被认为是业界目前比较成功的关系型数据库管理系统。Oracle公司是世界第二大软件供应商，是数据库软件领域第一大厂商（大型机市场除外）。Oracle的数据库产品被认为是运行稳定、功能齐全、性能超群的贵族产品。这一方面反映了它在技术方面的领先，另一方面也反映了它在价格定位上更着重于大型的企业数据库领域。对于数据量大、事务处理繁忙、安全性要求高的企业，Oracle无疑是比较理想的选择。当然用户必须在费用方面做出充足的考虑，因为Oracle数据库在同类产品中是比较贵的。随着Internet的普及，带动了网络经济的发展，Oracle适时地将自己的产品紧密地和网络计算结合起来，成为在Internet应用领域数据库厂商中的佼佼者。

2. DB2

DB2是IBM公司的产品，是一个多媒体、Web 关系型数据库管理系统，其功能足以满足大中型公司的需要，并可灵活地服务于中小型电子商务解决方案。DB2系统在企业级的应用中十分广泛，目前全球 DB2 系统用户超过 6000 万，分布于约 40 万家公司。

1968年，IBM公司推出的IMS（Information Management System）是层次数据库系统的典型代表，是第一个大型的商用数据库管理系统。1970年，IBM公司的研究员首次提出了数据库系统的关系模型，开创了数据库关系方法和关系数据理论的研究，为数据库技术奠定了基础。目前，IBM仍然是最大的数据库产品提供商（在大型机领域处于垄断地位），财富100强企业中的100%和财富500强企业中的80%都使用了IBM的DB2数据库产品。DB2的另一个非常重要的优势在于基于DB2的成熟应用非常丰富，有众多的应用软件开发商围绕在IBM的周围。2001年，IBM公司兼并了世界排名第四的著名数据库公司Informix，并将其所拥有的先进特性融入到DB2当中，使DB2系统的性能和功能有了进一步提高。

DB2数据库系统采用多进程多线素体系结构，可以运行于多种操作系统之上，并分别根据相应平台环境作了调整和优化，以便能够达到较好的性能。DB2目前支持从PC到UNIX，从中小型机到大型机，从IBM到非IBM（HP及SUN UNIX系统等）的各种操作平台，可以在主机上以主/从方式独立运行，也可以在客户机/服务器环境中运行。其中服务平台可以是OS/400，AIX，OS/2，HP-UNIX，SUN-Solaris等操作系统，客户机平台可以是OS/2或Windows，DOS，AIX，HP-UX，SUN Solaris等操作系统。

3. SQL Server

SQL Server是微软公司开发的大型关系型数据库系统。SQL Server的功能比较全面，效率高，可以作为大中型企业或单位的数据库平台。SQL Server在可伸缩性与可靠性方面做了许多工作，近年来在许多企业的高端服务器上得到了广泛的应用。同时，该产品继承了微软产品界面友好、易学易用的特点，与其他大型数据库产品相比，在操作性和交互性方面独树一帜。SQL Server可以与Windows操作系统紧密集成，这种安排使SQL Server能充分利用操作系统所提供的特性，不论是应用程序开发速度，还是系统事务处理运行速度，都能得到较大的提升。另外，SQL Server可以借助浏览器实现数据库查询功能，并支持内容丰富的扩展标记语言（XML），提供了全面支持Web功能的数据库解决方案。对于在Windows平台上开发的各种企业级信息管理系统来说，不论是C/S（客户机/服务器）架构，还是B/S（浏览器/服务器）架构，SQL Server都是一个很好的选择。SQL Server的缺点是只能在Windows系统下运行。

4. Sybase

Sybase公司成立于1984年11月，产品研究和开发包括企业级数据库、数据复制和数据访问。主要产品有Sybase的旗舰数据库产品Adaptive Server Enterprise、Adaptive Server Replication、Adaptive Server Connect及异构数据库互联选件。SybaseASE是其主要的数据库产品，可以运行在UNIX和Windows平台。移动数据库产品有Adaptive Server Anywhere。Sybase Warehouse Studio在客户分析、市场划分和财务规划方面提供了专门的分析解决方案。Warehouse Studio的核心产品有Adaptive Server IQ，其专利化的从底层设计的数据存储技术能快速查询大量数据。围绕Adaptive Server IQ有一套完整的工具集，包括数据仓库或数据集市的设计、各种数据源的集成转换、信息的可视化分析，以及关键客户数据（元数据）的管理。

5. Access

Access是微软Office办公套件中一个重要成员。自从1992年开始销售以来，Access已经卖出超过6000万份，现在它已经成为世界上最流行的桌面数据库管理系统。

Access简单易学，一个普通的计算机用户都可掌握并使用它。同时，Access的功能也足以应付一般的小型数据管理及处理需要。无论用户是要创建个人使用的独立的桌面数据库，还是部门或中小公司使用的数据库，在需要管理和共享数据时，都可以使用Access作为数据库平台，提高个人的工作效率。例如，可以使用Access处理公司的客户订单数据；管理自己的个人通讯录；科研数据的记录和处理等等。Access只能在Windows系统下运行。

Access最大的特点是界面友好，简单易用，和其他Office成员一样，极易被一般用户所接受。因此，在许多低端数据库应用程序中，经常使用Access作为数据库平台；在初次学习数据库系统时，很多用户也是从Access开始的。

6. MySQL

MySQL是由瑞典MySQL AB公司开发的开源关系型数据库产品，目前属于Oracle公司。MySQL是一种关联数据库管理系统，关联数据库将数据保存在不同的表中，而不是将所有数据放在一个大仓库内，这样就增加了速度并提高了灵活性。由于其体积小、速度快、总体拥有成本低，尤其是开放源码这一特点，一般中小型网站的开发都选择MySQL作为网站数据库，因此MySQL是目前最流行的关系型数据库管理系统之一，特别是在Web应用方面，MySQL是最好的RDBMS（Relational Database Management System，关系数据库管理系统）应用软件。

本章小结

　　本章初步讲解了数据库的基本概念，并通过对数据管理技术进展情况的介绍，阐述了数据库技术产生和发展的背景，讲解了数据系统的结构，同时对数据模型，特别是E-R模型和关系模型进行了详细的介绍，并对数据库设计步骤做了一些说明，使读者能够对数据库相关的基础知识有一个系统的了解，为读者学习后续课程打下良好的理论基础。

项目练习

　　1. 举例说明数据库系统的外部架构和内部架构。
　　2. 请列出你所知道的主流关系型数据库。

Chapter

02

SQL Server 2012
轻松入门

本章概述

　　SQL Server是Microsoft 公司推出的关系型数据库管理系统，是目前最流行的DBMS软件之一。SQL Server 2012是微软公司在2012年推出的新版本，此次版本发布的口号是"大数据"替代"云"的概念，微软对SQL Server 2012的定位是帮助企业处理每年大量的数据（Z级别）增长。

　　本章主要介绍SQL Server 2012的特性、安装、启动及退出方法，并详细介绍SQL Server 2012的相关组件和管理工具，并对如何使用管理工具进行服务器配置进行了详细描述。通过本章的学习可以了解SQL Server 2012的主要技术、新特性、新增功能；掌握安装SQL Server 2012的软硬件要求、安装过程及主要实用工具的使用。

重点知识

- SQL Server 2012 简介
- SQL Server 2012的 安装
- SQL Server 2012 的组件
- SQL Server 2012 的管理工具

2.1 SQL Server 2012简介

> SQL Server是由Microsoft开发和推广的关系数据库管理系统（DBMS），它最初是由Microsoft、Sybase和Ashton-Tate三家公司共同开发的，并于1988年推出了第一个OS/2版本。

SQL Server近年来不断更新版本。1996年，Microsoft推出了6.5版本；1998年，推出了7.0版本；2000年，SQL Server 2000问世；2005年12月，又推出SQL Server 2005；2008年第三季度，SQL Server 2008正式发布；2012年，推出了最新版数据库管理系统SQL Server 2012。SQL Server 2012被微软寄望于进入关键业务领域和云计算平台，它推出了许多新的特性和关键的改进，使得它成为迄今为止最强大和最全面的SQL Server版本。SQL Server各版本的发展历史概况如表2.1所示。

表2.1　SQL Server版本概况

年　代	版　本	开发代号
1993年	SQL Server for Windows NT 4.21	无
1994年	SQL Server for Windows NT 4.21a	无
1995年	SQL Server 6.0	SQL 95
1996年	SQL Server 6.5	Hydra
1998年	SQL Server 7.0	Sphinx
2000年	SQL Server 2000	Shiloh
2003年	SQL Server 2000 Enterprise 64位版	Liberty
2005年	SQL Server 2005	Yukon
2008年	SQL Server 2008	Katmai
2012年	SQL Server 2012	Denali

在SQL Server的发展历史中，每一个版本都会引入新的特性，各版本的主要特性如下：

- SQL Server 7.0使用了全新的关系引擎和查询引擎设计，并率先在数据库管理系统中引入OLAP和ETL。这标志着SQL Server进入商务智能（BI）领域。
- SQL Server 2000使得总体性能提高了47%，同时增加了其扩展性和对XML的支持。另外，SQL Server 2000还率先引入了通知服务、数据挖掘、报表服务等。
- SQL Server 2005在性能上较SQL Server 2000有了更进一步的提高。在企业级数据管理平台方面的高可用性设计和全新的安全设计也特别引人注目。在商务智能数据分析平台上，SQL Server 2005增强了OLAP分析引擎、企业级的ETL和数据挖掘能力。还实现了与Office集成的报表工具。另外，在数据应用开发平台上，SQL Server 2005实现了与.NET的集成、与

Web Service的集成、Native XML支持以及Service Broker等。

- SQL Server 2008除了在SQL Server 2005的基础上优化查询性能外，还提供了新的数据类型、支持地理空间数据库、增加T-SQL语法、改进了ETL和数据挖掘方面的能力。
- SQL Server 2012在SQL Server 2008的基础上，新添加了AlwaysOn功能，提供了像Oracle数据库中的序列功能，以及新增T-SQL中的语法等内容。此外，在商业智能方面提供了新的PowerView工具，还在管理、安全以及多维数据分析、报表分析等方面有了进一步的提升。

总体来说，SQL Server 2012引领数据库正朝着更高的性能、更可靠和更安全的方向发展，并提供商务智能的集成，成为了集数据管理和分析于一体的企业级数据平台。其新增的主要功能如下：

- AlwaysOn：这个功能将数据库的镜像提到了一个新的高度。用户可以针对一组数据库做灾难恢复，而不是一个单独的数据库。
- Windows Server Core支持：Windows Server Core是命令行界面的Windows，使用DOS和PowerShell来做用户交互。它的资源占用更少，更安全，支持SQL Server 2012。
- Columnstore索引：这是SQL Server独有的功能。它们是为数据仓库查询设计的只读索引。数据被组织成扁平化的压缩形式存储，极大地减少了I/O和内存使用。
- 自定义服务器权限：DBA可以创建数据库的权限，但不能创建服务器的权限。比如说，DBA想要一个开发组拥有某台服务器上所有数据库的读写权限，必须手动完成这个操作。但是SQL Server 2012支持针对服务器的权限设置。
- 增强的审计功能：现在所有的SQL Server版本都支持审计。用户可以自定义审计规则，记录一些自定义的时间和日志。
- BI语义模型：这个功能是用来替代Analysis Services Unified Dimentional Model的。这是一种支持SQL Server所有BI体验的混合数据模型。
- Sequence Objects：用Oracle的人一直想要这个功能。一个序列（Sequence）就是根据触发器的自增值。SQL Server有一个类似的功能Identity Columns，但是现在用对象实现了。
- 增强的PowerShell支持：所有的Windows和SQL Server管理员都应该认真学习Powder-Shell功能。微软正在大力开发服务器端产品对PowerShell的支持。
- 分布式回放（Distributed Replay）：这个功能类似Oracle的Real Application Testing功能。不同的是SQL Server企业版自带了这个功能，而用Oracle的话，还得额外购买这个功能。这个功能可以记录生产环境的工作状况，然后在另外一个环境重现这些工作状况。
- PowerView：这是一个强大的自主BI工具，可以让用户创建BI报告。
- SQL Azure增强：这和SQL Server 2012没有直接关系，但是微软确实对SQL Azure做了一个关键改进，例如Reporint Service，备份到Windows Azure。Azure数据库的上限提高到了150G。
- 大数据支持：虽然放在了最后的位置，但这是最重要的一点。2011年的PASS（Professional Association for SQL Server）会议，微软宣布了与Hadoop的提供商Cloudera的合作，提供Linux版本的SQL Server ODBC驱动。主要的合作内容是微软开发Hadoop的连接器，也就是SQL Server也跨入了NoSQL领域。

2.2　SQL Server 2012的安装

> 本节将对SQL Server 2012的版本及安装方法进行介绍。

2.2.1　SQL Server 2012版本介绍

根据数据库应用环境的不同，SQL Server 2012发行了不同的版本以满足不同的需求。总的来说，SQL Server 2012主要包括3大版本：企业版（SQL Server 2012 Enterprise Edition）、标准版（SQL Server 2012 Standard Edition）和商业智能版（SQL Server 2012 Bussiness Intelligence Edition）。除此之外，还有精简版（Express Edition）、Web版（Web Edition）和开发者版（Developer Edition）等。

1. 企业版（Enterprise Edition）

企业版是全功能版本，支持任意数量的处理器、任意数据库尺寸以及数据库分区。企业版包含所有BI平台组件功能，如Integration Services所有的数据转换功能、 Analysis Services改进的性能及可伸缩性功能、主动缓存、跨多个服务器对大型多维数据库进行分区的功能。

2. 标准版（Standard Edition）

标准版对SQL Server 2012企业版功能进行了缩减，保持四颗处理器的限制，但消除了2GB内存的上限。标准版是一个完整的数据管理和业务智能平台，为部门级应用提供了最佳的易用性和可管理特性。标准版包含Integration Services，带有企业版中可用的数据转换功能的子集。标准版包含诸如基本字符串操作功能的数据转换，但不包含数据挖掘功能。标准版还包括Analysis Services和Reporting Services，但不具有在企业版中可用的高级可伸缩性和性能特性。

3. 商业智能版（Bussiness Intelligence Edition）

SQL Server 2012的商业智能版主要是应对目前数据挖掘和多维数据分析的需求。它可以为用户提供全面的商业智能解决方案，并增强了其在数据浏览、数据分析和数据部署安全等方面的功能。

4. 精简版（Express Edition）

SQL Server的一个免费版本，它拥有核心的数据库功能，其中包括了SQL Server 2012中最新的数据类型，但没有管理工具、高级服务（如Analysis Services）及可用性功能（如故障转移），它是SQL Server的一个微型版本。这一版本是为了学习、创建桌面应用和小型服务器应用而发布的，也可供ISV再发行使用。若用户需要使用精简版SQL Server可以到微软官方网站下载。

5. Web版（Web Edition）

SQL Server 2012 Web版是针对运行于Windows服务器中要求高可用、面向Internet Web服务的环境而设计的。这一版本为实现低成本、大规模、高可用性的Web应用或客户托管解决方案提供了必要的支持工具。

6. 开发者版（Developer Edition）

SQL Server 2012开发者版允许开发人员构建和测试基于SQL Server的任意类型应用。这一版本拥有所有企业版的特性，但只限于在开发、测试和演示中使用。基于这一版本开发的应用和数据库可以很容易地升级到企业版。

SQL Server 2012各版本的不同如表2.2所示。

表2.2　SQL Server 2012各版本比较

版本	精简版	商业智能版	标准版	企业版
使用的最大空间	1GB	64GB	64GB	操作系统支持的最大值
集成服务	仅有数据的导入以及导出、内置数据源连接器	支持基本功能	支持基本功能	支持全部功能
分析服务	无	支持	不支持可扩展的共享数据库（附加/分离，只读数据库）	支持
报表服务	不支持	支持		支持

2.2.2 SQL Server 2012安装要求

运行Microsoft SQL Server 2012需要硬件和软件的支持，需要了解它的最低硬件和软件要求。

精简版SQL Server提供了32位和64位的版本，它可以运行在Windows 7、Windows 8、Windows Server 2008、Windows Server 2012和Vista等操作系统上。

商业智能版提供了32位和64位的版本，它只能运行在Windows Server 2008、Windows Server 2012版本的操作系统上。

标准版同时提供了32位和64位版。它可以运行在Windows 7、Windows 8、Windows Server 2008、Windows Server 2012和Vista等操作系统上。

企业版同商业智能版相同，提供了32位和64位版本，而且只能运行在Server版的操作系统上。

【TIPS】

> 企业版和商业智能版一样，只能运行在服务器版的操作系统之上，比如Windows Server 2008或者2012，不能运行在个人版操作系统之上，比如Windows 7和Windows 10。

在 32 位平台上运行 SQL Server 2012 的要求与在 64 位平台上的要求有所不同。

1. 硬件和软件要求（32位）

表2.3列出了在32位平台上安装和运行 SQL Server 2012的软件和硬件要求。

表2.3　32位平台上SQL Server 2012的软件和硬件要求

组件	要求
处理器	处理器类型：Pentium III兼容处理器或速度更快的处理器 处理器速度：最低1.0 GHz；建议2.0 GHz或更快
操作系统	Windows XP Professional SP3 Windows Vista SP2 Business（Enterprise、Ultimate） Windows 7 Professional （Enterprise 、Ultimate） Windows Server 2003 SP2以上 Windows Server 2008 SP2以上
内存	RAM：最小1 GB，推荐4 GB或更多，最高64 GB
硬盘	2.0G以上
框架	SQL Server 安装程序所需的软件组件： .NET Framework 3.5 SP11 SQL Server Native Client SQL Server 安装程序支持文件
显示器	SQL Server 2012图形工具需要使用 VGA 或更高分辨率，分辨率至少为 1,024像素 × 768像素

2. 硬件和软件要求（64位）

表2.4列出了在64位平台上安装和运行 SQL Server 2012的软件和硬件要求。

表2.4　64位平台上SQL Server 2012的软件和硬件要求

组件	要求
处理器	处理器类型：最低AMD Opteron、AMD Athlon 64、支持 Intel EM64T 的 Intel Xeon 和支持 EM64T 的 Intel Pentium IV 处理器速度：最低1.4 GHz；建议2.0 GHz 或更快
操作系统	Windows XP Professional SP2 x64 Windows Vista SP2 x64 Business（Enterprise、Ultimate） Windows 7 x64 Professional （Enterprise 、Ultimate） Windows Server 2003 SP2 64 位 x64（Standard、Enterprise、Datacenter） Windows Server 2008 SP2 x64（Standard、Enterprise、Datacenter）
内存	RAM：最小1 GB，推荐4 GB 或更多，最高64 GB
硬盘	2.0G以上
框架	SQL Server 安装程序所需的软件组件： .NET Framework 3.5 SP11 SQL Server Native Client SQL Server 安装程序支持文件
显示器	SQL Server 2012图形工具需要使用 VGA 或更高分辨率，分辨率至少为 1,024像素 × 768像素

2.2.3 SQL Server 2012安装过程

在开始安装SQL Server 2012之前，首先需要确定计算机的软硬件配置符合相关的安装要求，并卸载之前的任何旧版本。

下面介绍在Windows 7平台上安装SQL Server 2012的主要步骤。

Step 01 插入安装光盘，然后双击根目录中的setup.exe程序，这时系统首先检测是否有.NET Framework 3.5环境，如果已经安装则转Step 03，如果没有则会提示进行.NET Framework 3.5环境安装。

Step 02 在提示框中单击"确定"按钮，进入.NET Framework 3.5环境安装，如图2.1(a)所示，单击"安装"按钮，开始安装，安装完成之后弹出如图2.1(b)所示的界面，单击"退出"按钮，弹出SQL Server 2012安装中心窗口，如图2.2所示。

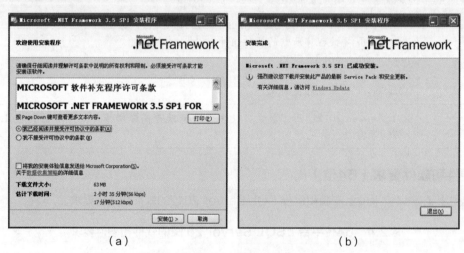

（a）　　　　　　　　　　　　　　　　（b）

图2.1　安装. NET Framework 3.5

Step 03 打开SQL Server 2012安装中心窗口中的"安装"选项卡，如图2.3所示。

图2.2　SQL Server 2012安装中心

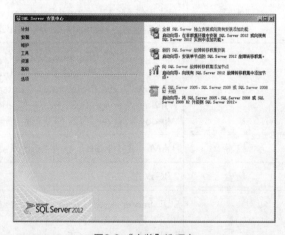

图2.3　"安装"选项卡

Step 04 在"安装"选项卡中单击"全新SQL Server独立安装或向现有安装添加功能"超链接，启动安装程序，进入"安装程序支持规则"界面，对必要的支持规则进行检查，如图2.4所示。

Step 05 单击"下一步"按钮，进入"安装程序支持文件"页面，如图2.5所示，单击"安装"按钮，进行程序支持文件的安装。

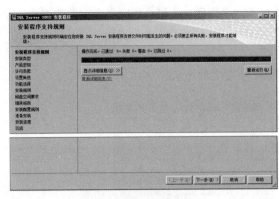

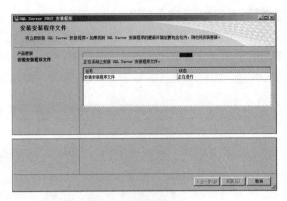

图2.4　安装程序支持规则　　　　　　　　　　　图2.5　安装程序支持文件

Step 06 安装完成后，重新进入"安装程序支持规则"页面，如图2.6所示，单击"下一步"按钮，进入"安装类型"页面，如图2.7所示。

图2.6　安装程序支持规则　　　　　　　　　　　图2.7　安装类型选择

Step 07 选择"执行SQL Server 2012的全新安装"单选按钮，单击"下一步"按钮，进入"产品密钥"页面，如图2.8所示，在"指定可用版本"列表中选择相应版本，然后在"输入产品密钥"文本框中输入25位产品密钥。

Step 08 完成后单击"下一步"按钮，进入"许可条款"页面，阅读并接受许可条款，单击"下一步"按钮，在通过相关规则之后进入"功能选择"页面，如图2.9所示。

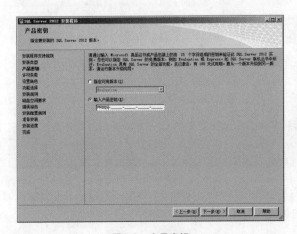

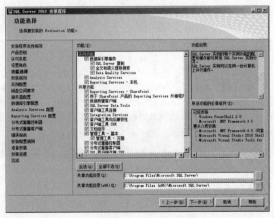

图2.8　产品密钥　　　　　　　　　　　　　　图2.9　功能选择

Step 09 在"功能选择"页面中选择要安装的组件。选择组件名称后，右侧会显示每个组件的说明。可以根据实际需要，选中一些功能，然后单击"下一步"按钮，进入"实例配置"页面。在"实例配置"页面指定是安装默认实例还是命名实例。对于默认实例，实例的名称和ID都是SQLSERVER，如图2.10所示；也可以自己命名安装实例，称为"命名实例"，如图2.11所示。

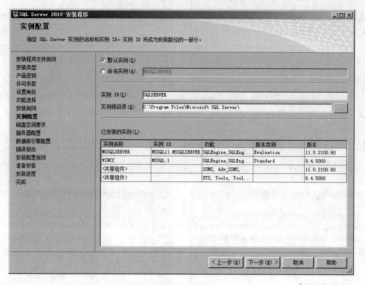

图2.10 默认实例

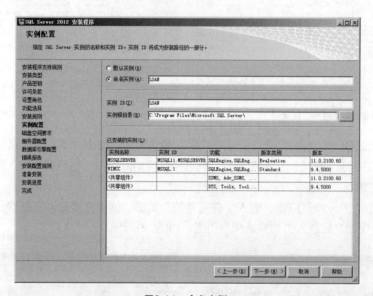

图2.11 命名实例

🔑 【TIPS】

　　实例是虚拟的SQL Server 2012服务器，在同一台计算机上可以安装多个SQL Server实例，每个实例好比是一个单独的SQL Server 2012服务器。

❶ 默认实例名一般都是"计算机名"，比如本机的计算机名为SQLSERVER，那么默认实例名就是SQLSERVER。

❷ 命名实例名为用户定义的实例名称，一般为"计算机名\实例名"，比如计算机名为SQLSERVER的命名实例如果命名为LOAN，那么该服务器的命名实例名就是SQLSERVER\LOAN。

Step 10 单击"下一步"按钮，进入"磁盘空间要求"页面，如图2.12所示。

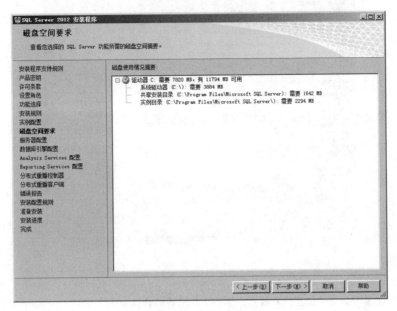

图2.12　磁盘空间要求

Step 11 在"磁盘空间要求"页面指定功能所需的磁盘空间，然后将所需空间与可用磁盘空间进行比较，如果空间不适合，可以指定目录安装。单击"下一步"按钮，进入"服务器配置"页面，可以指定SQL Server服务的登录帐户。可以为所有SQL Server服务分配相同的登录帐户，也可以分别配置每个服务帐户。还可以指定服务是自动启动、手动启动，还是禁用。Microsoft建议对各服务帐户进行单独配置，以便为每项服务提供最低特权，即向SQL Server服务授予它们完成各自任务所需的最低权限，如图2.13所示。

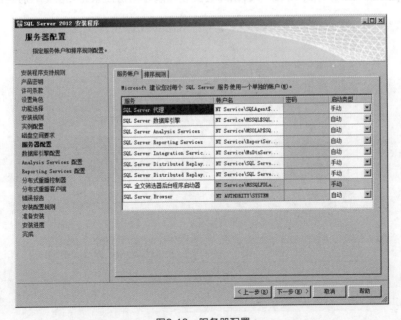

图2.13　服务器配置

Step 12 在"服务器配置"页面中完成配置之后，单击"下一步"按钮，进入"数据库引擎配置"页面，如图2.14所示。

图2.14　数据库引擎配置

【TIPS】

　　在"服务器设置"选项卡设置帐户信息，主要是指定身份认证模式。

❶ 安全模式：为SQL Server实例选择Windows身份验证或混合模式身份验证。如果选择混合模式身份验证，则必须为内置SQL Server系统管理员帐户（SA）提供一个强密码。

❷ SQL Server管理员：必须至少为SQL Server实例指定一个系统管理员。若要添加用以运行SQL Server安装程序的帐户，则要单击"添加当前用户"按钮。若要向系统管理员列表中添加帐户或从中删除帐户，则单击"添加…"或"删除…"按钮，然后编辑将拥有SQL Server实例的管理员特权的用户、组或计算机列表。

Step 13 在"数据目录"选项卡中修改各种数据库的安装目录和备份目录，如图2.15所示。

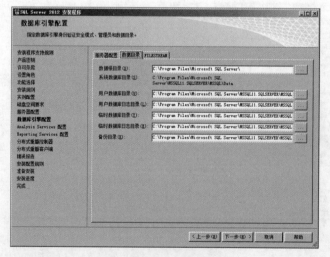

图2.15　数据目录设置

【TIPS】

　　在图2.14中一般设置为混合模式，而且会同时设置系统管理员SA的密码，SA的密码可以在软件中进行修改。

Step 14 "数据库引擎配置"完成之后，单击"下一步"按钮，进入"Analysis Services配置"页面，如图2.16所示。在"服务器设置"选项卡中指定将拥有Analysis Services的管理员权限的用户或帐户。

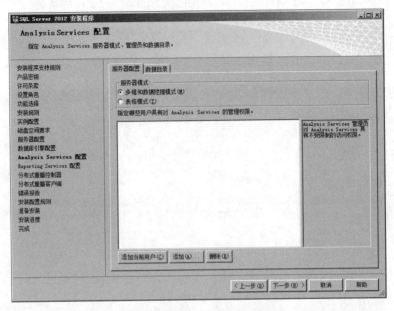

图2.16 配置Analysis Services

Step 15 单击"下一步"按钮，进入"Reporting Services配置"页面，如图2.17所示。通过"Reporting Services配置"可以指定要创建的Reporting Services安装的类型，其中包括3个选项：本机默认配置、SharePoint模式默认配置和未配置的Reporting Services安装。

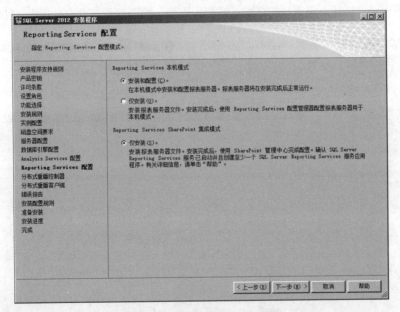

图2.17 Reporting Services配置

🔑 【TIPS】

上面的Step 01~Step 12是SQL Server 2012的核心设置。接下来的安装步骤取决于前面选择组件的多少。

Step 16 在"Reporting Services配置"页面选择安装向导默认模式，单击"下一步"按钮，进入"错误报告"页面，如图2.18所示。在"错误报告"页面中可以指定要发送到Microsoft以帮助改善SQL Server的信息。默认情况下，用于错误报告和功能使用情况的选项处于启用状态。

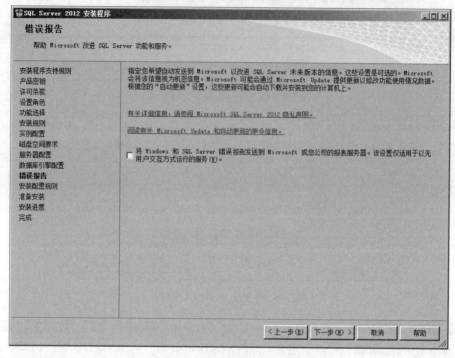

图2.18　错误和使用情况报告

Step 17 单击"下一步"按钮，进入"安装配置规则"页面，检查是否符合安装规则，如图2.19所示。

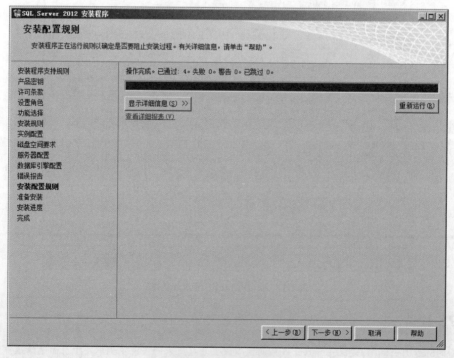

图2.19　显示安装规则

Step 18 单击"下一步"按钮，在打开的页面中显示所有要安装的组件，如图2.20所示，确认无误后单击"安装"按钮，开始安装。

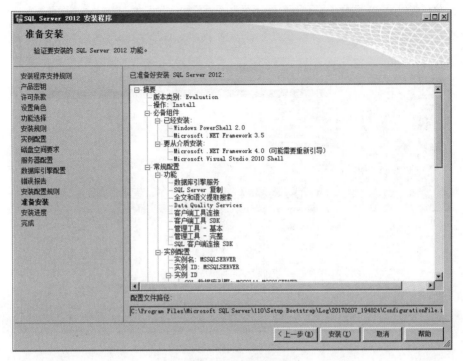

图2.20　准备安装页面

Step 19 安装程序会根据用户对组件的选择复制相应的文件到计算机中，并显示正在安装的功能名称、安装状态和安装结果，如图2.21所示。

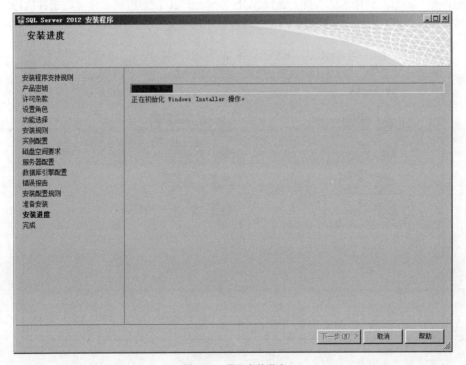

图2.21　显示安装进度

Step 20 在"功能"列表中所有项安装成功后，单击"下一步"按钮，完成安装，如图2.22所示。安装完成后，单击链接可以指向安装日志文件摘要以及其他重要说明。

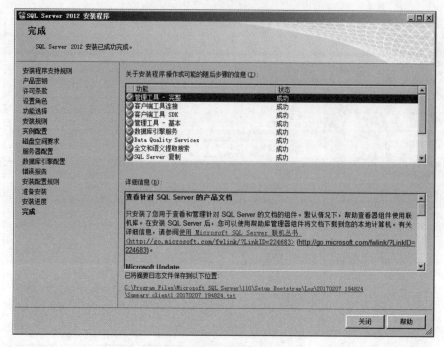

图2.22　安装完成页面

2.2.4　SQL Server 2012的卸载

如果要卸载SQL Server 2012，需要打开操作系统的控制面板，如图2.23所示，然后单击"卸载程序"按钮，进入如图2.24所示的页面，选择SQL Server 2012对应的程序，右击并执行"卸载"命令，然后按照提示一步一步地完成卸载，后续过程在此不做赘述。

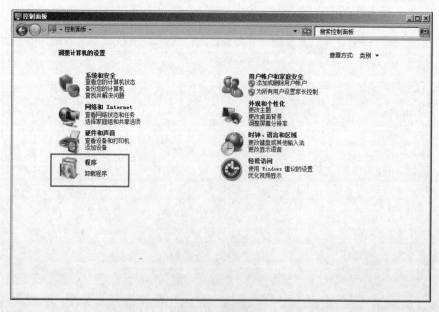

图2.23　控制面板

图2.24　程序卸载页面

2.3 SQL Server 2012的组件

> SQL Server 2012是一个非常优秀的数据库软件和数据分析平台。通过它可以很方便地使用各种数据应用和服务，而且可以很容易地创建、管理和使用自己的数据应用和服务。在SQL Server 2012中需要使用各种组件来管理数据库。

　　SQL Server 2012主要组件包括数据库引擎组件（Database Engine）、报表服务组件（Reporting Services）、分析服务组件（Analysis Services）和整合服务组件（Integration Services）等服务器组件，如表2.5所示。

表2.5　服务器组件

服务器组件	说明
SQL Server数据库引擎	SQL Server数据库引擎包括数据库引擎（用于存储、处理和保护数据的核心服务）、复制、全文搜索以及用于管理关系数据和XML数据的工具
Analysis Services	Analysis Services包括用于创建和管理联机分析处理（OLAP）以及数据挖掘应用程序的工具
Reporting Services	Reporting Services包括用于创建、管理和部署表格报表、矩阵报表、图形报表以及自由格式报表的服务器和客户端组件，Reporting Services还是一个可用于开发报表应用程序的可扩展平台
Integration Services	Integration Services是一组图形工具和可编程对象，用于移动、复制和转换数据
Master Data Services	Master Data Services（MDS）是针对主数据管理的SQL Server解决方案，可以配置MDS来管理任何领域（产品、客户、帐户）；MDS中可包括层次结构、各种级别的安全性、事务、数据版本控制和业务规则，以及可用于管理数据的用于Excel的外接程序

【TIPS】

SQL Server 2012的版本不同，提供的组件可能也不同，企业版拥有所有功能和组件。

当我们连接服务器时，在"连接到服务器"窗口可以选择不同的服务器类型，如图2.25所示，也就是对应于不同的服务器组件，用于分别提供如表2.5所描述的功能。

图2.25　服务器组件

【TIPS】

SQL Server 2012的服务器组件很多，但是最常用的还是数据库引擎服务、分析服务、报表服务和整合服务，其中最核心的服务是数据库引擎服务。通常情况下，使用数据库系统实际上就是使用数据库引擎。

下面分别介绍这4个主要的服务器组件。

1. 数据库引擎

数据库引擎是用于存储、处理和保护数据的核心服务，利用数据库引擎可控制访问权限并实现创建数据库、创建表、创建视图、查询数据和访问数据库等操作，并且可以用于管理关系数据和XML数据。通常情况下，使用数据库系统实际上就是使用数据库引擎，同时，它也是一个复杂的系统，其本身包含了许多功能组件，如复制、全文搜索等。

2. Analysis Services

Analysis Services是用于创建和管理联机分析处理（OLAP）以及数据挖掘应用程序的工具，其主要作用是通过服务器和客户端技术的组合，以提供联机分析处理和数据挖掘功能。通过Analysis Services，用户可以设计、创建和管理包含来自于其他数据源的多维结构，通过对多维数据进行多角度的分析，可以使得管理人员对业务数据有更全面的理解。通过完成数据挖掘模型的构造和应用，实现数据的表示、发现和管理。

3. Reporting Services

Reporting Services是微软提供的一种基于服务器的报表解决方案，可用于创建和管理包含来自关系数据源和多维数据源数据的企业报表，包括表格报表、矩阵报表、图形报表和自由格式报表等。创建的报表可以通过基于Web 的连接进行查看和管理，也可以作为Windows应用程序的一部分进行查看和管理。

在Reporting Services中可以实现如下任务。

- 使用图形工具和向导创建和发布报表以及报表模型。
- 使用报表服务器管理工具对Reporting Services进行管理。
- 使用应用程序编程接口（API）实现对Reporting Services的编程和扩展。

4. Integration Services

在SQL Server的前期版本中，数据转换服务（Data Transformation Services，DTS）是微软最重要的一个抽取、转换和加载工具（ETL工具），但DTS在可伸缩性方面以及部署包的灵活性方面存在一些局限性。Microsoft SQL Server 2012的整合服务（SSIS）正是在此基础上设计的一个全新的系统。和DTS相似，SSIS包含图形化工具和可编程对象，用于实现数据的抽取、转换和加载等功能。

在Integration Services中可以实现如下任务。

- 使用图形工具和向导生成和调试包。
- 执行如FTP操作、SQL语句执行和电子邮件消息传递等工作流功能的任务。
- 创建用于提取和加载数据的数据源和目标。
- 创建用于清理、聚合、合并和复制数据的转换。
- 使用应用程序编程接口（API）实现对Integration Services对象的编程。

2.4 SQL Server 2012 的管理工具

> 对于数据库管理员来说，管理工具是日常工作中不可缺少的部分。数据库开发人员使用开发工具可以减轻开发过程中的工作量，提高工作效率。从SQL Server 2005开始，已经将几款SQL Server 2000管理工具集成到SQL Server Management Studio中，另外几款集成到SQL Server配置管理器中，并且重命名了索引优化向导。

SQL Server 2012安装后，可以在"开始"菜单中查看都安装了哪些工具，SQL Server提供的主要管理工具如表2.6所示。除了管理工具外，SQL Server还提供了联机丛书和示例，如表2.7所示。

表2.6　管理工具

管理工具	说明
SQL Server Management Studio	SQL Server Management Studio（SSMS）是Microsoft SQL Server 2012中的新组件，这是一个用于访问、配置、管理和开发SQL Server的所有组件的集成环境。SSMS将SQL Server早期版本中包含的企业管理器、查询分析器和分析管理器的功能组合到单一环境中，为不同层次的开发人员和管理人员提供SQL Server访问能力
SQL Server配置管理器	SQL Server配置管理器为SQL Server服务、服务器协议、客户端协议和客户端别名提供基本配置管理

（续表）

管理工具	说明
SQL Server Profiler	SQL Server Profiler提供了图形用户界面，用于监视数据库引擎实例或Analysis Services实例
数据库引擎优化顾问	数据库引擎优化顾问可以协助创建索引、索引视图和分区的最佳组合
Business Intelligence Development Studio	是用于分析服务、报表服务和集成服务解决方案的集成开发环境
连接组件	安装用于客户端和服务器之间通信的组件，以及用于 DB-Library、ODBC 和 OLE DB 的网络库

表2.7　文档和示例

文档和示例	说明
SQL Server 联机丛书	SQL Server 2012的技术文档
SQL Server 示例	提供数据库引擎、分析服务、报表服务和集成服务的示例代码和示例应用程序

接下来重点介绍管理工具：SQL Server Management Studio和SQL Server配置管理器。

2.4.1 Management Studio

　　Management Studio是Microsoft SQL Server 2012提供的一种新集成环境，用于访问、配置、控制、管理和开发SQL Server的所有组件。SQL Server Management Studio将一组多样化的图形工具与多种功能齐全的脚本编辑器组合在一起，可为各种技术级别的开发人员和管理员提供对SQL Server的访问。

　　SQL Server Management Studio将早期版本的SQL Server中所包含的企业管理器、查询分析器和Analysis Manager 功能整合到单一的环境中。此外，SQL Server Management Studio还可以和SQL Server的所有组件协同工作。使用过早期版本的开发人员可以获得熟悉的体验，而数据库管理员可获得功能齐全的单一实用工具，其中包括易于使用的图形工具和丰富的脚本撰写功能。

1. 启动SQL Server Management Studio

　　在任务栏中单击"开始"按钮，执行"所有程序→Microsoft SQL Server 2012→SQL Server Management Studio"命令，打开如图2.26所示的"连接到服务器"对话框。"服务器类型"保持默认设置"数据库引擎"，选择身份认证方式及对应信息后，单击"连接"按钮，出现 Microsoft SQL Server Management Studio初始界面，如图2.27所示，默认情况下刚登录进入Microsoft SQL Server Management Studio时，只会显示对象资源管理器。

图2.26 "连接到服务器"对话框

图2.27　Management Studio初始界面

　　Microsoft SQL Server Management Studio实际上是将早期Microsoft SQL Server 2000中的企业管理器和查询分析器的功能组合在了一个界面上，它主要包含两个工具：图形化管理工具（对象资源管理器）和Transact SQL编辑器（查询分析器）。此外，拥有"模板资源管理器"窗口、"解决方案资源管理器"窗口和"注册服务器"窗口，如图2.28所示。

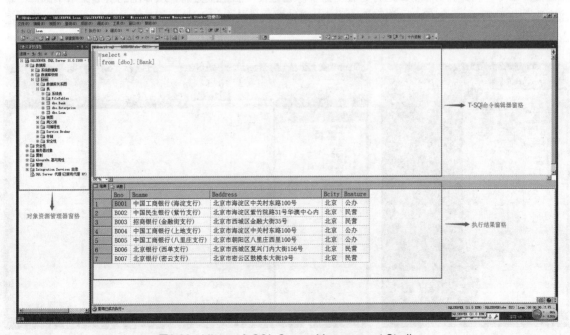

图2.28　Microsoft SQL Server Management Studio

在图2.28中，用户可以通过单击工具栏中的"新建查询"按钮打开Transact SQL编辑器，然后单击"执行"按钮，执行SQL命令，并将结果显示在结果窗格；用户也可以通过执行"视图"菜单中的命令，把"模板资源管理器""解决方案资源管理器" 和"注册服务器"等窗口打开或者关闭，如图2.29所示。

图2.29　选择视图设置

2. 使用对象资源管理器

对象资源管理器是服务器中所有数据库对象的树形视图。对象资源管理器包括与其连接的所有服务器的信息，打开Management Studio时，系统会提示将对象资源管理器连接到上次使用的设置。可以在"已注册的服务器"组件中双击任意服务器进行连接，但无需注册要连接的服务器。

默认情况下，对象资源管理器是可见的，如果看不到对象资源管理器，可以执行"视图→对象资源管理器"命令，将其打开。除此之外，在对象资源管理器中右击服务器，从弹出的快捷菜单中选择"新建查询"打开Transact SQL编辑器，也可以直接在快捷工具栏中点击"新建查询"命令，效果如图2.30所示。

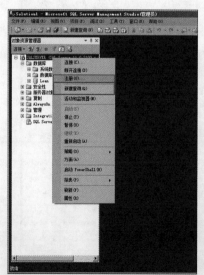 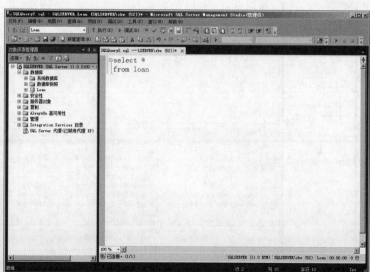

图2.30　打开Transact SQL编辑器

3. 在Transact SQL编辑器中编写和执行查询语句

如果在Transact SQL编辑器中编写查询语句，可以使用以下几种方式打开编辑器。

● 在标准工具栏上，单击"新建查询"按钮。

● 在标准工具栏上，单击与所选连接类型关联的按钮（如"数据库引擎查询"）。

● 在"文件"菜单中，依次执行"打开→文件"命令，在打开的对话框中选择一个文档。

● 在"文件"菜单的"新建"命令下选择查询类型。

打开编辑器后，就可以在编辑器中编写查询语句，系统会将关键字以不同的颜色突出显示，并能检查语法和用法错误，如图2.31所示。

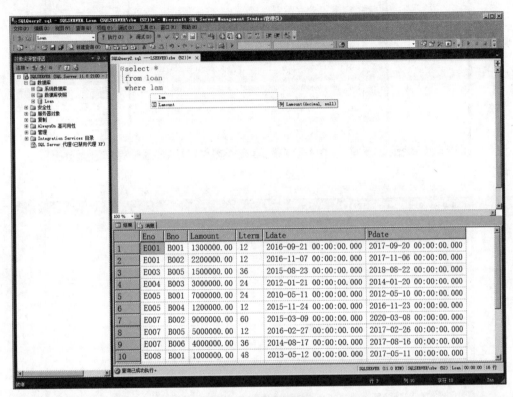

图2.31　查询编辑页面

编辑完成后，可使用以下方式执行查询语句，在结果窗格中显示查询结果，并在消息窗格中给出相关提示。

● 使用快捷键F5。

● 单击标准工具栏中的"执行"按钮。

● 在编辑窗格中单击右键，执行快捷菜单中的"执行"命令。

● 执行"查询"菜单中的"执行"命令。

4. 使用模板资源管理器降低编码难度

在Management Studio的菜单栏中执行"视图→模板资源管理器"命令，界面右侧将会出现"模板资源管理器"窗格，如图2.32所示。在右侧的窗口中选择所需要的模板，例如选择创建数据库模板，右击并在弹出的快捷菜单中执行"打开"命令或者直接双击所选模板，则会将所选模板在编辑器中打开，如图2.33所示。

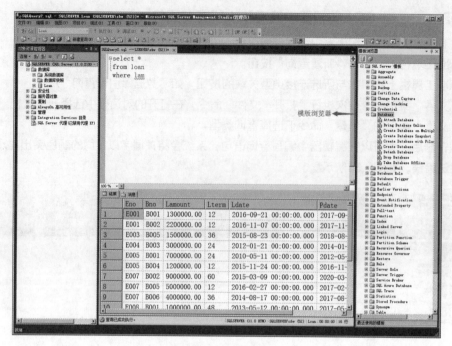

图2.32　选择模板

```
SQLQuery6.s...ator (52))*

-- =================================
-- Create database template
-- =================================
USE master
GO

-- Drop the database if it already exists
IF  EXISTS (
    SELECT name
        FROM sys.databases
        WHERE name = N'<Database_Name, sysname, Database_Name>'
)
DROP DATABASE <Database_Name, sysname, Database_Name>
GO

CREATE DATABASE <Database_Name, sysname, Database_Name>
GO
```

图2.33　打开模板并编辑

5. 管理服务器

服务与服务器是两个不同的概念，服务器是提供服务的计算机，配置服务器主要是对计算机内存、处理器、安全性等几个方面进行配置。SQL Server 2012服务器设置的参数比较多，这里只介绍一些常用的参数。

配置SQL Server 2012服务器的办法：启动SQL Server Management Studio，在"对象资源管理器"窗口里，鼠标右键单击要配置的服务器（实例）名，在弹出的快捷菜单中执行"属性"命令，如图2.34所示。下面介绍各个选项卡。

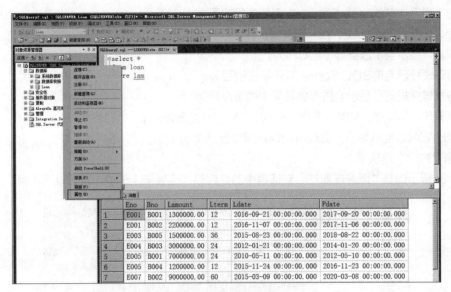

图2.34　配置服务器属性

① 配置"常规"选项卡

如图2.35所示的是"服务器属性"对话框中的"常规"选项卡，此处可以查看服务器的属性，如服务器名、操作系统、CPU数等。此处各项只能查看，不能修改。

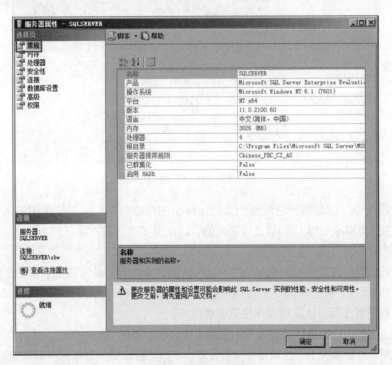

图2.35　"常规"选项卡

- 名称：显示服务器（实例）的名称。
- 产品：显示当前运行的SQL Server的版本。
- 操作系统：显示当前运行的操作系统及版本号。
- 平台：显示运行SQL Server的操作系统和硬件。
- 版本：显示当前运行的SQL Server版本号。

- 语言：显示当前的SQL Server实例所使用的语言。
- 内存：显示当前服务器上的内存大小。
- 处理器：显示当前服务器上的CPU数量。
- 根目录：显示当前SQL Server实例所在的目录。
- 服务器排序规则：显示当前服务器采用的排序规则。
- 已群集化：显示是否安装了SQL Server 2012服务器群集。
- 启用HADR：显示是否开启高可用性数据复制机制HADR。

② 配置"内存"选项卡

如图2.36所示的是"服务器属性"对话框中的"内存"选项卡，选项卡里有以下项目。

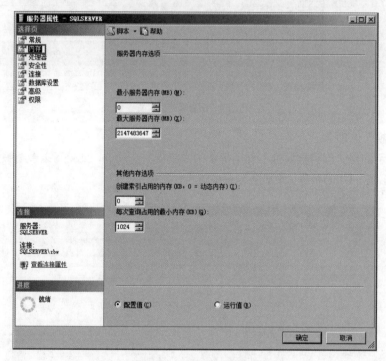

图2.36 "内存"选项卡

- 最小服务器内存：该项指定分配给SQL Server的最小内存，低于这个值的内存是不会被释放的。要根据当前实例的大小和活动设置此值，以确保操作系统不会从SQL Server请求过多的内存，以免影响SQL Server的性能。
- 最大服务器内存：该项指定分配给SQL Server的最大内存。除非知道有多少个应用程序与SQL Server同时运行，并且知道这些应用程序要使用多少内存，那么就可以将此项设为特定值，否则，就不必设置此项，让应用程序按需请求内存。
- 创建索引占用的内存：该项指定在索引创建排序过程中要使用的内存量。其值为0时表示由操作系统动态分配。一般情况下，此项都不需要设置，不过也可以输入704～2147483647之间的值。
- 每次查询占用的最小内存：该项指定为执行查询分配的内存量，默认为1024KB。如果经常执行的SQL查询语句涉及到排序，或查询的数据量很大的情况，可以将此值设得较大。此值的范围为512KB至2147483647KB之间。

③ 配置"处理器"选项卡

如图2.37所示的是"服务器属性"对话框中的"处理器"选项卡，在此选项卡中可以查看或修改CPU选项，一般来说，只有安装了多个处理器才需要配置此项。选项卡里有以下项目。

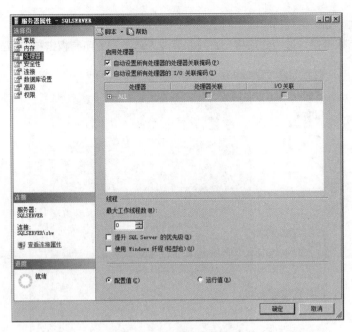

图2.37　"处理器"选项卡

- 自动设置所有处理器的处理器关联掩码：此项设置是否允许SQL Server设置处理器关联。如果启用的话，操作系统将自动为SQL Server 2012分配CPU。
- 自动设置所有处理器的I/O关联掩码：此项设置是否允许SQL Server设置I/O关联。如果启用的话，操作系统将自动为SQL Server 2012分配磁盘控制器。
- 最大工作线程数：也就是允许SQL Server动态设置工作线程数，默认设置为0。一般来说，此值不用修改。
- 提升SQL Server的优先级：指定SQL Server是否应比其他进程具有优先处理的级别。如果服务器上主要运行的服务是SQL Server的话，可以选用此项。
- 使用Windows纤程：使用 Windows纤程代替 SQL Server服务的线程。此选项仅适用于 Windows 2003 Server Edition。

④ 配置"安全性"选项卡

如图2.38所示的是"服务器属性"对话框中的"安全性"选项卡，可以用来查看或修改服务器的安全选项。选项卡里有以下项目。

- 服务器身份验证：用于更改SQL Server 2012服务器的身份验证方式，与安装SQL Server 2012时的选项相同，有"Windows身份验证模式"和"混合模式"（SQL Server和Windows身份验证模式）两种。
- 登录审核：此项设置是否对用户登录SQL Server 2012服务器的情况进行审核。
- 服务器代理帐户：此项指定是否启用可以供xp_cmdshell使用的帐户。xp_cmdshell是一个Transact-SQL存储过程，可以生成Windows命令，并以字符串的形式传递和执行。在执行操作系统命令时，代理帐户可以模拟登录、服务器角色和数据库角色。
- 启用C2审核跟踪：C2是一个政府安全等级，它保证系统能够保护资源并具有足够的审核能力。C2模式允许监视对所有数据库实体的访问企图。C2审核模式数据保存在默认实例或命名实例的Data目录中的某个文件内。如果审核日志文件超过了200MB的大小限制，SQL Server将创建一个新文件，关闭旧文件并将所有新的审核记录写入新文件。此过程将继续下去，直到审核数据目录已满或审核被关闭。C2审核模式将大量事件信息保存在日志文件中，这样可能会导致日志文件迅速增大。如果保存日志数据的空间不足，SQL Server将自行关闭。

- 跨数据库所有权链接：选中此项将允许数据库成为跨数据库所有权链接的源或目标。

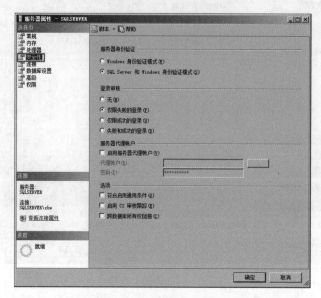

图2.38 "安全性"选项卡

【TIPS】

❶ 更改安全性配置之后需要重新启动服务。

❷ 如果是从"Windows身份验证模式"改到"混合模式"的话，不会自动启用SA帐户。如果要使用SA帐户，要执行带有Enable选项的Alter Login命令。

⑤ 配置"连接"选项卡

如图2.39所示的是"服务器属性"对话框中的"连接"选项卡，在此可以设置与连接服务器相关的属性和参数。选项卡里有以下项目。

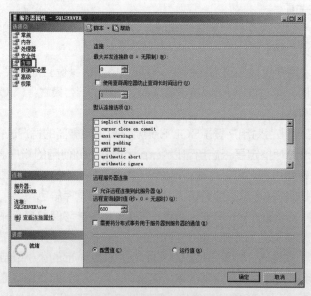

图2.39 "连接"选项卡

- 最大并发连接数：默认值为0，表示无限制。也可以输入数字，限制SQL Server 2012允许的连接数。如果将此值设置过小，可能会阻止管理员进行连接，但是"专用管理员连接"始终可以连接。

- 使用查询调控器防止查询长时间运行：为了避免SQL查询语句执行时间过长，导致SQL Server服务器的资源被长时间占用，可以设置此项。选择此项后输入最长的查询运行时间，超过这个时间后，会自动终止查询，以释放更多的资源。

- 默认连接选项：默认连接的选项内容比较多，不多介绍。

- 允许远程连接到此服务器：选中此项则允许运行SQL Server实例的远程服务器控制存储过程。远程查询超时值指定为在SQL Server超时之前远程操作可执行的时间，默认为600秒。

- 需要将分布式事务用于服务器到服务器的通信：选中此项则允许通过Microsoft分布式事务处理协调器（MS DTC）事务，保护服务器到服务器的操作。

⑥ 配置"数据库设置"选项卡

如图2.40所示的是"服务器属性"对话框中的"数据库设置"选项卡，选项卡里有以下项目。

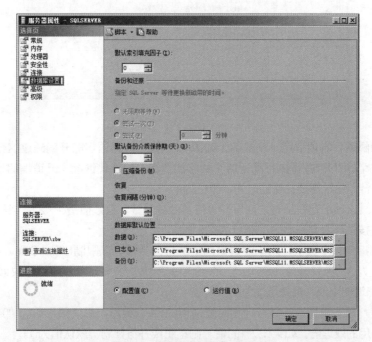

图2.40　"数据库设置"选项卡

- 默认索引填充因子：该项的作用是指定在SQL Server使用数据创建新索引时对每一页的填充程度。SQL Server 2012会为索引分配8KB大小的数据分页。索引的填充因子就是规定向索引页中插入索引数据最多的情况下可以占用的页面空间。

- 备份和还原：此项主要是指定SQL Server 2012等待更换新磁带的时间。"无限期等待"指SQL Server在等待新备份磁带时永不超时。"尝试一次"是指如果需要备份磁带，但它却不可用，则SQL Server将超时。"尝试"的分钟数是指如果备份磁带在指定的时间内不可用，SQL Server将超时。"默认备份介质保持期（天）"提供一个系统范围默认值，指示在用于数据库备份或事务日志备份后每一个备份介质的保留时间。此选项可以防止在指定的日期前覆盖备份。

- 恢复：此项用于设置每个数据库恢复时所需的最大分钟数。如果为0的话，是让SQL Server自动配置。

- 数据库默认位置：用于指定数据文件和日志文件的默认位置。

⑦ 配置"高级"选项卡

如图2.41所示为"服务器属性"对话框中的"高级"选项卡，在该选项卡中可以设置服务器的并行操作行为、网络行为等。选项卡里有以下项目。

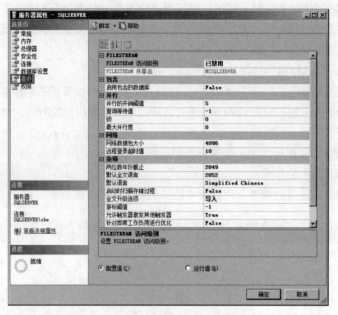

图2.41 "高级"选项卡

- 并行的开销阈值：本项指定一个数字，如果一个SQL查询语句的开销超过这个数字的话，那么就会启用多个CPU来并行执行高于这个数字的查询，以优化性能。开销指的是在特定硬件配置中运行串行计划估计需要花费的时间，单位为s。

- 查询等待值：该项指定在超时之前查询等待资源的秒数，有效值是0~2147483647。默认值是−1，含义是按估计查询开销的25倍计算超时值。

- 锁：该项也指定一个数字，用于设置可用锁的最大数目，以限制SQL Server为锁分配的内存量。默认值为0，也就是允许SQL Server根据系统要求来动态分配和释放锁。推荐使用SQL Server动态地使用锁，也就是设为0。

- 最大并行度：用于设置执行并行计划时能使用的CPU数量，最大值为64。如果设为0的话，则使用所有可用的处理器；如果设为1的话，则不生成并行计划。默认值为0。

- 网络数据包大小：设置整个网络使用的数据包的大小，单位为Byte。默认值是4096Byte。如果应用程序经常执行大容量复制操作或者是发送、接收大量的text和image数据的话，可以将该值设得较大。如果应用程序接收和发送的信息量都很小，那么可以将其设为512Byte。

- 远程登录超时值：该项用于指定从远程登录尝试失败返回之前等待的时间。默认值为20秒，如果设为0的话，则允许无限期等待。此项设置影响为执行异类查询所创建的与OLE DB访问接口的连接。

- 两位数年份截止：该项指定从1753~9999的一个整数，该整数表示将两位数年份解释为四位数的截止年份。

- 默认全文语言：该项用于指定全文索引列的默认语言。全文索引数据的语言分析取决于数据的语言。默认值为服务器的语言。

- 默认语言：该项用于指定默认情况下所有新创建的登录名使用的语言。

- 启动时扫描存储过程：该项用于指定SQL Server在启动时是否扫描并自动执行存储过程。如果设为True，则SQL Server在启动时将扫描并自动运行服务器上定义的所有存储过程。
- 游标阈值：该项用于指定游标集中的行数，如果超过此行数，将异步生成游标键集。当游标为结果集生成键集时，查询优化器会估算为该结果集返回的行数。
- 允许触发器激发其他触发器：该项用于指定触发器是否可以执行启动另一个触发器的操作，也就是指定触发器是否允许递归或嵌套。
- 最大文本复制大小：该项指定用一个INSERT、UPDATE、WRITETEXT或 UPDATETEXT语句向复制列添加的text和image数据的最大值，单位为Byte。

⑧ 设置"权限"选项卡

如图2.42所示为"服务器属性"对话框中的"权限"选项卡，该选项卡用于授予或撤销帐户对服务器的操作权限。

在"登录名或角色"列表框里显示的是多个可以设置权限的对象。单击"添加"按钮，可以添加更多的"登录名"和"服务器角色"到这个列表框里。单击"删除"按钮，可以将列表框中已有的登录名或角色删除。

在"显式－权限"列表框里，可以看到"登录名或角色"列表框里的对象的权限。在"登录名或角色"列表框里选择不同的对象，在"显式－权限"列表框里会有不同的权限显示。在这里也可以为"登录名或角色"列表框里的对象设置权限。

图2.42 "权限"选项卡

2.4.2 SQL Server配置管理器

SQL Server配置管理器可以对服务和SQL Server 2012使用的网络协议进行细致的控制。

1. 管理和配置服务

使用SQL Server配置管理器可以启动、暂停、继续、停止和重新启动服务，还可以查看或更改服务属性。

在"开始"菜单中，执行"程序→Microsoft SQL Server 2012→配置工具"命令，单击"SQL Server配置管理器"。此时将打开SQL Server配置管理器窗口，如图2.43所示。

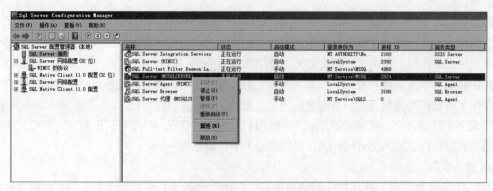

图2.43　SQL Server服务配置

在左侧的窗格中双击"SQL Server服务"节点，右侧将显示当前系统中所有的SQL Server服务，选择其中的一项服务，单击右键并在弹出的快捷菜单中执行"启动""暂停""继续""停止"或者"重新启动"命令，就可以实现对服务的管理。如果执行"属性"命令，可以查看或者更改服务属性。

其中不同的图标表示不同的服务状态，如图2.44所示。

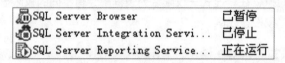

图2.44　服务状态图标

2. 管理网络协议

使用SQL Server配置管理器可以管理服务器和客户端网络协议，其中包括强制协议加密、启功协议、禁用协议和查看别名属性等功能。

双击SQL Server配置管理器左侧窗格中的"SQL Server网络配置"节点，右侧将显示当前系统中所有的SQL Server协议，选择并双击其中的一项协议，在右侧的窗格中将会显示具体的协议名称和状态，如图2.45所示。

右击某一项具体协议，在弹出的快捷菜单中执行"属性"命令，进入如图2.46所示的对话框，可以在"协议"和"IP地址"选项卡中配置IP地址、端口等。

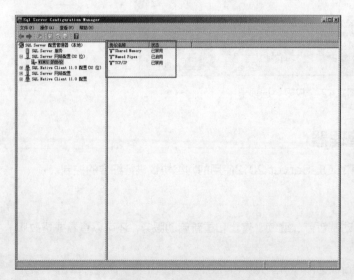

图2.45　网络协议状态

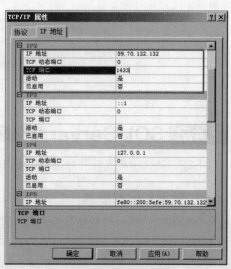

图2.46　配置IP地址和端口

本章小结

　　本章详细介绍了SQL Server 2012的基本概况，讲述了SQL Server 2012的版本体系和新增功能特性，并详细介绍了SQL Server 2012的安装过程，以及SQL Server 2012的组件和主要管理工具。除此之外，本章也讲解了如何配置和管理SQL Server 2012服务器，以及如何管理一些对用户来说非常重要的设置，这也是使用SQL Server 2012的基础。

项目练习

　　1. 请举例说明关闭和暂停SQL Server 2012服务器的区别。
　　2. 请列举SQL Server 2012常用的管理工具。

Chapter

03

数据库的创建与管理

本章概述

　　数据库是长期存储在计算机内的有组织的可共享的数据集合，数据库用于存储表、视图、存储过程、触发器等数据对象，用户在使用数据库管理系统提供的功能时，首先必须将自己的数据放置和保存到数据库中。本章将介绍使用SQL Server 2012创建和管理数据库的基本知识，包括数据库的创建、维护、删除、分离和附加等。

重点知识

- SQL Server 数据库概述
- 创建数据库
- 修改数据库
- 删除数据库
- 分离和附加数据库

3.1 SQL Server 数据库概述

> 从数据库应用和管理的角度看，SQL Server数据库可以分为两大类：系统数据库和用户数据库。系统数据库存储有关SQL Server的系统信息，这些数据库由数据库管理系统自动维护，如果系统数据库遭受破坏，那么SQL Server将不能正常启动。用户数据库由用户创建和维护，用于存储用户所需的数据。

在安装SQL Server 2012时，系统将创建5个系统数据库：Master、Model、Msdb、Tempdb和Resource，如表3.1所示。

表3.1 系统数据库

系统数据库名称	功能说明
Master数据库	记录SQL Server实例的所有系统级信息
Msdb数据库	用于SQL Server代理计划警报和作业
Model数据库	用于SQL Server实例上创建的所有数据库的模板。对Model数据库进行的修改（如数据库大小、排序规则、恢复模式和其他数据库选项）将应用于以后创建的所有数据库
Tempdb数据库	一个工作空间，用于保存临时对象或中间结果集
Resource数据库	一个只读数据库，它包含了SQL Server 2012中的所有系统对象，在物理上保留在Resource数据库中，但在逻辑上显示在每个数据库的SYS架构中

打开Management Studio 2012中的资源管理器，可以看到以上描述的4个系统数据库，如图3.1所示。

而Resource数据库在图3.1中是看不到的，它是一个隐藏的只读数据库，它包含了SQL Server 2012中的所有系统对象。

图3.1 系统数据库

3.1.1 Master数据库

Master数据库是"数据库的数据库"，Master数据库记录SQL Server系统的所有系统级信息。Master数据库是SQL Server的核心，如果该数据库被损坏，SQL Server将无法正常工作，所以定期备份Master数据库是非常重要的。Master数据库中包含以下重要信息：所有登录名或角色、所有系统配置设置、数据库的位置和SQL Server初始化等信息。

3.1.2 Msdb数据库

Management Studio和SQL Server Agent使用Msdb数据库来存储计划信息以及与备份和恢复相关的信息，尤其是SQL Server Agent需要使用它来执行安排工作和警报，记录操作者等的操作。

3.1.3 Model数据库

Model数据库是用在SQL Server实例上创建的所有数据库的模板。因为每次启动 SQL Server 时都会创建Tempdb，所以Model数据库必须始终存在于SQL Server系统中。

当执行CREATE DATABASE语句时，将通过复制Model数据库中的内容来创建数据库的第一部分，然后用空页填充新数据库的剩余部分。

如果修改Model数据库，之后创建的所有数据库都将继承这些修改。

3.1.4 Tempdb数据库

Tempdb系统数据库是连接到SQL Server实例的所有用户都可用的全局资源，它保存所有临时表和临时存储过程。另外，它还用来满足所有其他临时存储要求，例如存储SQL Server 生成的工作表。每次启动SQL Server时，都要重新创建Tempdb，以便系统启动时，该数据库总是空的，在断开连接时SQL Server会自动删除临时表和存储过程。

3.1.5 Resource数据库

Resource数据库是只读数据库，它包含了SQL Server 2012中的所有系统对象。SQL Server 系统对象（如 sys.objects）在物理上持续存在于 Resource 数据库中，但在逻辑上，它们出现在每个数据库的SYS架构中。

Resource数据库是隐藏的，通常应该由Microsoft客户服务专家来打开，用于查找问题和进行客户支持。

3.2 创建数据库

> SQL Server将数据库映射为一组操作系统文件，创建数据库的过程就是创建数据文件和日志文件的过程，数据文件用于存储数据信息，日志文件用于存储日志信息。

3.2.1 数据库文件

每个SQL Server 2012数据库至少拥有两个操作系统文件：一个数据文件和一个日志文件。数据文件包含数据和对象，如表、索引、存储过程和视图。日志文件包含恢复数据库中的所有事务所需的信息。为了便于分配和管理，可以将数据文件集合起来，放到文件组中。

1. 数据文件

数据文件是存放数据库数据和数据库对象的文件。一个数据库可以有一个或多个数据文件。

当有多个数据文件时，有一个文件被定义为主数据文件（Primary Database File）。其他数据文件被称为次数据文件（Secondary Database File）。

- 主数据文件（Primary Database File）：用来存储数据库的数据和数据库的启动信息，每个数据库必须有且只有一个主数据文件，其扩展名为.mdf。实际的主数据文件都有两种名称：操作系统文件名和逻辑文件名（在SQL语句中会用到）。
- 次数据文件（Secondary Database File）：用来存储数据库的数据，一个数据库可以有多个辅助数据文件，扩展名为.ndf。用于扩展存储空间，次要文件可用于将数据分散到多个磁盘上，如果数据库超过了单个 Windows 文件的最大长度，可以使用次要数据文件，这样数据库就能继续增长。

每个数据库文件有两个名称。

（1）逻辑文件名（logical_file_name）

在所有Transact-SQL 语句中引用物理文件时所使用的名称，在数据库中的逻辑文件名必须是唯一的。

（2）物理文件名（os_file_name）

包含目录路径的物理文件名。

2. 日志文件

事务日志文件保存用于恢复数据库的日志信息。每个数据库必须至少有一个日志文件，也可以为多个。事务日志的建议文件扩展名是 .ldf。

3. 文件组

为便于分配和管理，可以将数据文件分成文件组（日志文件不包括在文件组内）。有两种类型的文件组。

- 主文件组（Primary）：主文件组包含主数据文件和任何没有明确分配给其他文件组的其他文件。系统表的所有页均分配在主文件组中。
- 用户定义文件组：用户定义文件组是通过在CREATE DATABASE或ALTER DATABASE 语句中使用 FILEGROUP关键字指定的任何文件组。

⚠ 【例3.1】执行存储过程

在Master数据库下，执行存储过程sys.sp_helpfile，得到的结果如图3.2所示，逻辑文件名在name列，物理文件名在filename列，最大容量在maxsize列，增长容量在growth列，文件组在filegroup列。

	name	fileid	filename	filegroup	size	maxsize	growth	usage
1	master	1	D:\Program Files\Microsoft SQL Server\MSSQL.1\MSSQL\DATA\master.mdf	PRIMARY	4096 KB	Unlimited	10%	data only
2	mastlog	2	D:\Program Files\Microsoft SQL Server\MSSQL.1\MSSQL\DATA\mastlog.ldf	NULL	1280 KB	Unlimited	10%	log only

图3.2 数据库文件

3.2.2 使用Management Studio创建数据库

下面介绍在Management Studio下创建数据库的步骤。

1. 新建数据库

在对象资源管理器中的数据库节点上右击，如图3.3所示，在弹出的快捷菜单中执行"新建数据库…"命令，弹出"新建数据库"对话框，如图3.4所示。

2. 在"新建数据库"对话框中设置

在如图3.4所示的界面中设置如下内容。

（1）数据库名称。

（2）所有者：创建数据库的用户。

（3）数据库文件。包括数据文件（一个或多个）或日志文件（一个或多个），如果需要设置多个数据文件或日志文件，单击"添加"或"删除"按钮，对文件设置如下选项。

① 逻辑名称。

② 文件组：每个数据库至少有两个文件（一个主文件和一个事务日志文件）和一个文件组。

③ 初始大小：根据数据库表中数据大小进行估算。

④ 增长方式：根据数据库增长的需要来设置。

⑤ 物理路径：设置数据库文件的磁盘位置。

图3.3　新建数据库的快捷菜单

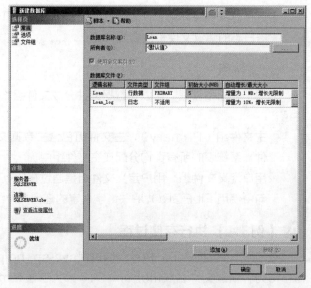

图3.4　"新建数据库"对话框

3. 设置"选项"

单击"选择页"列表框中的"选项"，可以打开"选项"页面，设置创建数据库的各个选项，如图3.5所示。

4. 设置"文件组"

单击"选择页"列表框中的"文件组"，可以打开"文件组"页面，可以在其中添加或删除文件组，如图3.6所示。

图3.5 创建数据库的选项

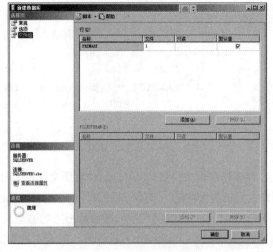

图3.6 设置文件组

5. 创建完成

单击"确定"按钮，数据库创建成功。可在对象资源管理器中看到刚创建的数据库。

3.2.3 用SQL命令创建数据库

使用CREATE DATABASE可以创建一个新数据库及存储该数据库的文件，语法格式如下：

```
CREATE DATABASE database_name
    [ ON
        [ PRIMARY ] [ <filespec> [,...n ]
        [, <filegroup> [,...n ] ]
    [ LOG ON { <filespec> [,...n ] } ]
    ]
    [ COLLATE collation_name ]
    [ WITH <external_access_option> ]
]
```

参数说明如下。

database_name：新数据库的名称。

ON：指定数据库文件或文件组的明确定义。

PRIMARY：指明主数据库文件或主文件组。一个数据库只能有一个主文件，如果没有指定PRIMARY，那么 CREATE DATABASE 语句中列出的第一个文件将成为主文件。

<filegroup>：控制文件组属性。其语法格式为：

```
<filegroup> ::= FILEGROUP filegroup_name <filespec> [, ...n]
```

其中<filespec>控制文件属性。其格式如下：

```
<filespec> ::=
{
```

```
(
NAME = logical_file_name ,
FILENAME = 'os_file_name'
    [, SIZE = size [ KB | MB | GB | TB ] ]
    [, MAXSIZE = { max_size [ KB | MB | GB | TB ] | UNLIMITED } ]
    [, FILEGROWTH = growth_increment [ KB | MB | GB | TB | % ] ]
) [,...n ]
}
```

其中有逻辑文件名（NAME），物理文件名（FILENAME），初始大小（SIZE，默认单位为MB），可增大到的最大容量（MAXSIZE），自动增长（FILEGROWTH）。每个文件之间以逗号分隔。

LOG ON：明确指定存储数据库日志的磁盘文件（日志文件）。LOG ON 后跟以逗号分隔的用以定义日志文件的 <filespec> 项列表。如果没有指定 LOG ON，将自动创建一个日志文件，其大小为该数据库的所有数据文件大小总和的25% 或512 KB，取两者之中的较大者。

⚠️ **【例3.2】 创建未指定文件的数据库**

所有参数均为默认值。

```
CREATE DATABASE Loan    --创建数据库
```

⚠️ **【例3.3】 创建指定文件的数据库**

包含单个数据文件和日志文件，数据文件、日志文件的初始尺寸、大小和增长幅度（单位都是MB）由用户进行指定（假设已在D盘建立名为DataBase的文件夹）。

```
CREATE DATABASE Loan
ON
(NAME = Loan_data,
    FILENAME = 'D:\DataBase\Loandate.mdf',
    SIZE = 10,
    MAXSIZE = 50,
    FILEGROWTH = 5)
LOG ON
(NAME = Loan_log,
    FILENAME = 'D:\DataBase\Loanlog.ldf',
    SIZE = 5MB,
    MAXSIZE = 25MB,
    FILEGROWTH = 5MB)
```

⚠️ **【例3.4】 建立指定多个数据和事务日志文件的数据库**

要求该数据库具有三个100MB的数据文件和两个100MB的事务日志文件。

🔑 **【TIPS】**

主文件是列表中的第一个文件，并使用PRIMARY关键字显式指定。事务日志文件在LOG ON关键字后指定。

```
CREATE DATABASE Loan
CREATE DATABASE Loan
ON
PRIMARY
    (NAME =Loandata1,
    FILENAME = 'D:\DataBase\Loandata1.mdf',
    SIZE = 100MB,
    MAXSIZE = 200MB,
    FILEGROWTH = 20MB),
    (NAME =Loandata2,
    FILENAME = 'D:\DataBase\Loandata2.ndf',
    SIZE = 200MB,
    MAXSIZE = 500MB,
    FILEGROWTH = 20%),
    (NAME =Loandata3,
    FILENAME = 'D:\DataBase\Loandata3.ndf',
    SIZE = 200MB,
    MAXSIZE = unlimited,
    FILEGROWTH = 10)
LOG ON
    (NAME =Loanlog1,
    FILENAME = 'D:\DataBase\Loanlog1.ldf',
    SIZE = 50MB,
    MAXSIZE = 500MB,
    FILEGROWTH = 10%),
    (NAME = Loanlog2,
    FILENAME = 'D:\DataBase\Loanlog2.ldf',
    SIZE = 100MB,
    MAXSIZE = unlimited,
    FILEGROWTH = 30MB)
```

3.3　数据库的操作

> 本节将对数据库的查看、修改等操作进行介绍。

3.3.1　查看数据库属性

　　对象资源管理器是Management Studio的一个组件，可连接到数据库引擎、实例和其他服务。它提供了服务器中所有对象的视图，并具有可用于管理这些对象的用户界面。如图3.7所示，在打开数据库文件夹目录树后，可以选择各种数据库对象进行信息浏览。

1. 使用Management Studio查看数据库属性

下面说明如何使用Management Studio中的对象资源管理器查看数据库的当前设置选项。在对象资源管理器中，展开"数据库"，右键单击要查看的数据库，在弹出的快捷菜单中执行"属性"命令，弹出"数据库属性"窗口，如图3.8所示。

在"数据库属性"对话框中，各选项页说明如下。

（1）常规：可以看到数据库的状态、所有者、创建时间、容量、备份、维护等属性信息。

（2）文件：可以像创建数据库时那样重新指定数据库文件和事务日志文件的名称、存储位置、初始容量大小等属性。

（3）文件组：可以添加或删除文件组，要删除文件组，需要移动文件组的文件。

图3.7　查看数据库

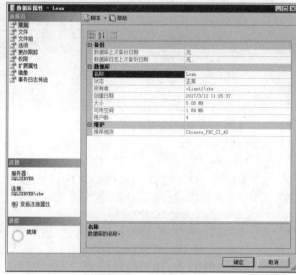

图3.8　数据库属性

（4）选项：可以设置数据库的许多属性，包括自动、游标、恢复、杂项、状态几部分，常用的数据库选项及其说明如表3.2所示。使用sp_configure系统存储过程或者SQL Management Studio可以设置服务器范围。连接级设置是使用SET语句来指定的，详细信息参阅SQL Server 2012联机丛书。

表3.2　数据库选项

选　　项	说　　　明
自动关闭	指定在最后一个用户退出后，数据库是否完全关闭并释放资源。可取的值包括True和False。如果设置为True，则在最后一个用户注销之后，数据库会完全关闭并释放其资源
自动收缩	指定数据库文件是否可定期收缩。可取的值包括True和False
默认游标	如果设置为True，则游标默认为LOCAL。设置如果为False，则Transact-SQL游标默认为GLOBAL
ANSI NULL 默认值	指定当等于（＝）和不等于（＜＞）比较运算符用于空值时是否可以进行操作，为True时，可以对空值进行等于和不等于操作

（续表）

选　项	说　明
允许带引号的标识符	指定在用引号时，是否可以将SQL Server关键字用作标识符（对象名称或变量名称）。可取的值包括True和False
递归触发器已启用	指定触发器是否可以递归调用
数据库只读设置	指定数据库是否为只读。可取的值包括True和False。如果设置为True，则用户只能读取，但不能修改数据或数据库对象
限制访问	指定哪些用户可以访问该数据库，多个用户、单个用户或是限制用户

（5）权限：使用"权限"页可以查看或设置数据库安全对象的权限，如图3.9所示。单击"添加"按钮，可以将用户或角色添加到上边的表格。在上边的表格中选中一个项，然后在"显式－权限"表格中可以为其设置适当的权限。

（6）扩展属性：使用扩展属性，可以向数据库对象添加自定义属性。

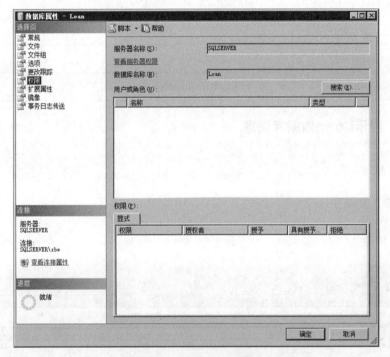

图3.9　数据库权限设置

（7）镜像：使用镜像可以配置和修改数据库的数据库镜像属性。（注：数据库镜像包含一个数据库的两个副本，这两个副本通常驻留在不同的计算机上，称为"主体数据库"和"镜像数据库"。镜像是将对主体数据库执行的每个插入、更新或删除操作的事务日志应用到镜像数据库）

（8）事务日志传送：在此页可以配置和修改数据库的日志传送属性。日志传送能够将事务日志备份从一个数据库（称为"主数据库"）发送到另一台服务器（称为"辅助服务器"）上的辅助数据库。在辅助服务器上，这些事务日志备份将还原到辅助数据库中，并与主数据库保持紧密同步。

2. 使用各种视图、系统函数和系统存储过程来查看数据库属性

表3.3列出了返回有关数据库、文件和文件组信息的目录视图、系统函数和系统存储过程。

表3.3　数据库信息相关视图、函数、存储过程

视　　图	函　　数	存储过程和其他语句
sys.databases	DATABASE_PRINCIPAL_ID	sp_databases
sys.database_files	DATABASEPROPERTYEX	sp_helpdb
sys.data_spaces	DB_ID	sp_helpfile
sys.filegroups	DB_NAME	sp_helpfilegroup
sys.allocation_units	FILE_ID	sp_spaceused
sys.master_files	FILE_IDEX	DBCC SQLPERF
sys.partitions	FILE_NAME	
sys.partition_functions	FILEGROUP_ID	
sys.partition_parameters	FILEGROUP_NAME	
sys.partition_range_values	FILEGROUPPROPERTY	
sys.partition_schemes	FILEPROPERTY	
sys.dm_db_partition_stats	fn_virtualfilestats	

⚠ 【例3.5】 显示Loan数据库信息

```
sp_helpdb Loan
```

执行结果如图3.10所示。

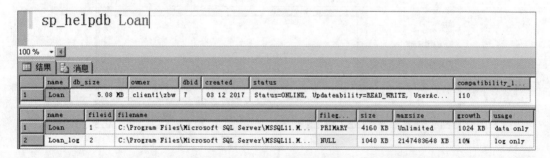

图3.10　Loan数据库信息

可以从名称上看到每个视图、函数、存储过程的功能，如sp_helpfile返回与当前数据库关联的文件的物理名称及属性。sp_helpfilegroup返回与当前数据库相关联的文件组的名称及属性，具体参数请查阅SQL Server联机丛书。

3.3.2　修改数据库

可以在Management Studio中利用数据库属性的设置更改数据库各项参数，也可使用ALTER DATABASE命令来更改数据库，ALTER DATABASE可以更改数据库的属性或其文件和文件组。

ALTER DATABASE的语法格式如下：

```
ALTER DATABASE database_name
{
  <add_or_modify_files>
  |<add_or_modify_filegroups>
  |<set_database_options>
  |MODIFY NAME = new_database_name
  |COLLATE collation_name
}
```

各参数简要说明如下。

database_name：要修改的数据库的名称。

MODIFY NAME = new_database_name：使用指定的名称 new_database_name 重命名数据库。

<add_or_modify_files>：指定添加、修改或删除的数据库文件。

其语法格式为：

```
<add_or_modify_files>::=
{
  ADD FILE <filespec> [ ,...n ]
         [ TO FILEGROUP { filegroup_name | DEFAULT } ]
  |ADD LOG FILE <filespec> [ ,...n ]
  |REMOVE FILE logical_file_name
  |MODIFY FILE <filespec>
}
```

<add_or_modify_filegroups>：指定添加、修改或删除的文件组。

<set_database_options>：更改数据库参数。

⚠ 【例3.6】 将数据库名LOAN更改为LOAN1

```
ALTER DATABASE LOAN MODIFY NAME = LOAN1
```

⚠ 【例3.7】 将一个 5MB 的数据文件添加到LOAN数据库

```
ALTER DATABASE LOAN
ADD FILE
(
    NAME = LOANdat2,
    FILENAME = 'D:\Database\LOANdat2.ndf',
    SIZE = 5MB,
    MAXSIZE = 100MB,
    FILEGROWTH = 5MB
)
```

⚠ 【例3.8】 删除上例中添加的数据库文件

```
ALTER DATABASE LOAN
REMOVE FILE LOANdat2
```

⚠ 【例3.9】 移动数据库文件的位置

```
ALTER DATABASE LOAN
MODIFY FILE
(
    NAME = LOANdat2,
    FILENAME = N'C:\ LOANdat2.ndf'
)
```

⚠ 【例3.10】 更改数据库文件大小

```
ALTER DATABASE LOAN
MODIFY FILE
(NAME = LOANdat2,
SIZE = 20MB
)
```

⚠ 【例3.11】 向数据库添加两个日志文件

```
ALTER DATABASE LOAN
ADD LOG FILE
(
    NAME = LOANlog2,
    FILENAME = 'D:\Database\LOANlog.ldf',
    SIZE = 5MB,
    MAXSIZE = 100MB,
    FILEGROWTH = 5MB
),
(
    NAME = test1log3,
    FILENAME = 'D:\Database\LOANlog.ldf',
    SIZE = 5MB,
    MAXSIZE = 100MB,
    FILEGROWTH = 5MB
)
```

⚠ 【例3.12】 更改数据库选项

```
ALTER DATABASE LOAN SET SINGLE_USER   --单用户
ALTER DATABASE LOAN SET READ_ONLY  --只读
ALTER DATABASE LOAN  SET AUTO_SHRINK ON   --自动收缩
GO
```

3.3.3 收缩数据库

数据库在使用一段时间后，时常会出现因数据删除而造成数据库中空闲空间过多的情况，需要使用收缩的方式来缩减数据库空间。可在"数据库属性"窗口的"选项"页中选择"自动收缩"选项，使系统自动收缩数据库，如图3.11所示。

图3.11 自动收缩数据库

也可用人工的方法来收缩。

在目标数据库上右击，在弹出的快捷菜单中执行"任务→收缩→数据库"命令，弹出"收缩数据库"对话框，如图3.12所示。

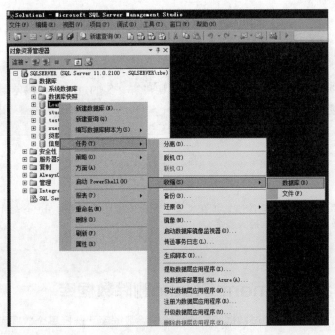

图3.12 手动收缩数据库

在如图3.12所示的快捷菜单中执行"数据库"命令，可对整个数据库进行收缩，执行"文件"命令，可对某个文件进行收缩。如果选择收缩数据库，会弹出如图3.13所示的对话框，可勾选"在释放未使用的空间前重新组织文件"复选框。勾选此复选框等效于执行具有指定目标百分比选项的DBCC SHRINKDATABASE，用户必须指定目标百分比选项。清除此选项等效于执行具有TRUNCATEONLY选项的DBCC SHRINKDATABASE。

单击"确定"按钮，开始收缩数据库，收缩结束之后可以再打开此对话框查看数据库大小。也可对单个数据库文件进行压缩，方法是在目标数据库上右击，在弹出的快捷菜单中执行"任务→收缩→文件"命令。

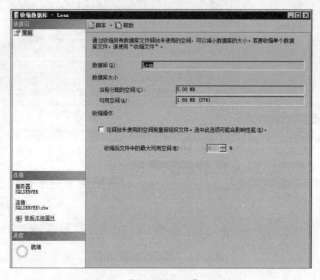

图3.13 "收缩数据库"对话框

3.4 删除数据库

> 删除数据库的过程就是删除数据文件和日志文件的过程，可以使用图形界面或者命令界面删除数据库。

【TIPS】

无法删除系统数据库。不能删除当前正在使用（表示正在打开供任意用户读写）的数据库。只有通过还原备份，才能重新创建已删除的数据库。

3.4.1 使用Management Studio删除数据库

在Management Studio中通过数据库快捷菜单删除数据库。选择某个数据库，右击并在弹出的快捷菜单中执行"删除"命令，如图3.14所示。

执行"删除"命令后弹出如图3.15所示的窗口。

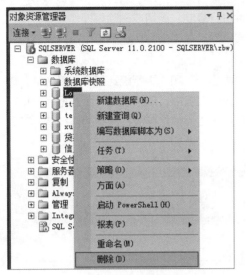

图3.14 删除数据库的命令

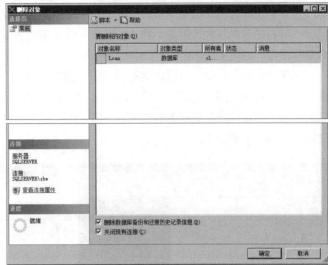

图3.15 "删除对象"窗口

勾选"删除数据库备份和还原历史记录信息"和"关闭现有连接"复选框,单击"确定"按钮,完成数据库删除。

3.4.2 使用命令删除数据库

使用DROP DATABASE命令删除数据库。其语法格式为:

```
DROP DATABASE { database_name } [ ,...n ]
```

【例3.13】 删除数据库

```
DROP DATABASE LOAN              --删除单个数据库
DROP DATABASE LOAN1, LOAN2      --删除多个数据库
```

3.5 分离和附加数据库

> 数据库由数据文件和日志文件组成,我们使用Management Studio来管理数据库中的数据,所有的数据均存储在数据文件中,所有的日志均存储在日志文件中,如果想要实现数据文件和日志文件的迁移(包括复制和剪切),必须将数据库从平台中分离出来。分离出来的数据文件和日志文件可以复制或迁移到其他任何地方,如果想再次管理这个数据库,那么就必须将这个数据文件和日志文件附加到Management Studio平台中。

3.5.1 分离数据库

分离数据库是指将数据库从服务器分离，以便对数据文件进行复制、剪切或删除等操作。要分离数据库，可右击对象资源管理器中的"数据库"节点下的数据库，然后在弹出的快捷菜单中执行"任务→分离"命令，如图3.16所示。

执行"分离"命令，弹出如图3.17所示的窗口，勾选"删除连接"和"更新统计信息"复选框，单击"确定"按钮，即可实现对数据库的分离。此时，在对象资源管理器中，SQL Server数据库引擎的实例节点下将不再显示数据库的信息，分离之后的数据文件和日志文件依然存放在原有的路径下，可以进行迁移和删除等操作。

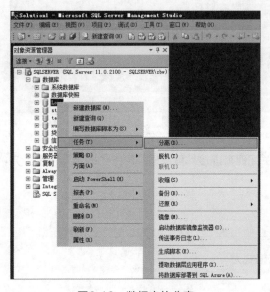

图3.16　数据库的分离

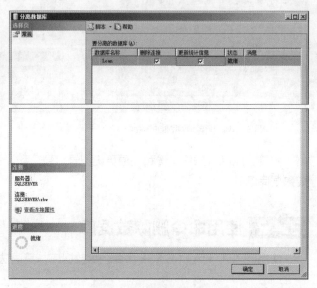

图3.17　数据库的分离选项

【TIPS】

❶ 如果不勾选"删除连接"复选框，而此时还有数据库连接没有断开，那么分离数据库就会失败。

❷ 下列情况下无法执行分离操作：

- 数据库正在使用，且无法切换到SINGLE_USER模式。
- 数据库为系统数据库。

3.5.2 附加数据库

在使用数据的附加功能之前，应先将数据库包含的所有数据文件和日志文件放到已知路径下。

【TIPS】

　　正在被使用的数据库是不允许复制其数据文件和日志文件的，除非该数据库已被分离。

附加数据库的具体步骤如下。

Step 01 在Management Studio对象资源管理器中，连接到数据库引擎实例。在如图3.18所示的页面中，右击"数据库"节点，在弹出的快捷菜单中执行"附加"命令。

Step 02 打开如图3.19所示的"附加数据库"对话框。单击"添加"按钮，然后在"定位数据库文件"对话框中选择主数据文件，次要数据文件和日志文件会自动添加上去。

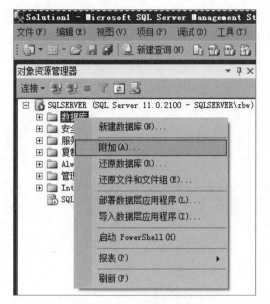

图3.18 附加数据库的命令

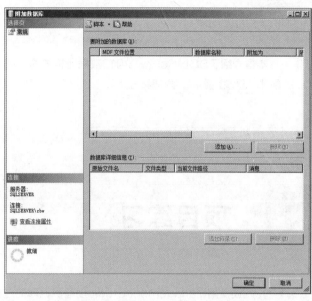

图3.19 "附加数据库"对话框

Step 03 添加后的情况如图3.20所示。在"数据库详细信息"部分列出了数据库的所有文件信息。

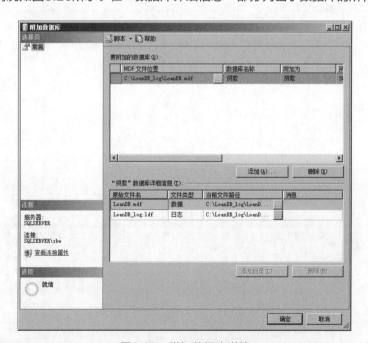

图3.20 附加数据库详情

Step 04 若要为附加的数据库指定不同的名称，在"要附加的数据库"列表中的"附加为"列中输入名称。还可以通过在"所有者"列中选择其他项来更改数据库的所有者。准备好附加数据库后，单击"确定"按钮，完成附加。

在对象资源管理器的"数据库"节点中查看不到刚附加的数据库时，在菜单栏中执行"视图→刷新"命令，以刷新对象资源管理器中的对象，就可以看到新附加的数据库了。

本章小结

　　本章介绍了SQL Server 2012数据库相关的知识，其内容主要包括数据库的基本概念，数据库的创建、修改、删除、附加和分离。

项目练习

　　1. 阐述使用Management Studio创建数据库的过程。

　　2. 举例说明收缩数据库的流程。

Chapter
04

数据表的创建与管理

本章概述

    数据表是数据库中最重要、最基本的操作对象，是实际存储数据的地方。数据库中的很多对象，如视图、索引、触发器等，都是依附于数据表而存在的。对数据库的很多管理和操作实际上就是对数据库中表的管理和操作。

    本章将首先介绍数据表和数据类型等相关基本概念，然后通过一些具体的示例介绍创建、修改、删除数据表和管理数据表约束的方法，最后讲述管理数据表数据的方法。通过本章的学习，读者可以理解数据表相关基本概念，熟练掌握创建和管理数据表的方法，并能对数据表中的数据进行灵活操作。

重点知识

- 数据表简介
- 创建数据表
- 管理数据表
- 管理约束
- 管理数据表数据

4.1 数据表简介

> 为了更好地理解和掌握数据表的设计与使用，本节首先对数据表及其相关的基础知识进行简要介绍。

4.1.1 什么是数据表

表是关系模型中表示实体及实体间关系的方式，是数据库存储数据的主要对象。SQL Server 2012数据库中的表由行和列组成。

- 列：用来保存对象的某一类属性，每列又称为一个字段，每列的标题称为字段名。
- 行：用来保存一条记录，是数据对象的一个实例，包括若干列信息项。

例如，图4.1显示的是银行借贷管理系统数据库（Loan）中的企业表（Enterprise）的部分截图。表中的每一行数据都表示了一个唯一的完整的企业信息。表中的每一列都是对企业某种属性的描述。

	Eno	Ename	Eaddress	Ephone	Eowner	Ecapital
1	E001	北京志诚软件开发有限公司	北京市海淀区中关村软件园	62599388	赵志诚	10000000.00
2	E002	北京泽鹏建材有限公司	北京市密云县檀西路13号	51071932	任泽鹏	5000000.00
3	E003	北京博得装饰材料有限公司	北京市朝阳区西大望路23号	58631473	刘宇飞	2000000.00
4	E004	北京吉利通交通设备有限公司	北京大兴区工业开发区广阳大街6号	60213478	王志强	35000000.00
5	E005	北京创维汽车零部件有限公司	北京市海淀区上地东路29号	62599381	闫军	17000000.00
6	E006	北京润正时代在线技术有限公司	北京市朝阳区亚运村汇欣大厦	84990581	张宝文	6000000.00
7	E007	北京泰德青洗服务有限公司	北京市西城区复兴门外大街6号	68560576	刘栋	1000000.00
8	E008	北京金凤凰投资有限公司	北京市海淀区中关村昌平园	62577298	金凤凰	30000000.00

图4.1 企业信息表

在表中，行的顺序可以是任意的，一般按照数据插入的先后顺序存储。在使用过程中，可以使用排序语句或按照索引对表中的行进行排序。

在表中，列的顺序也可以是任意的。在同一个表中列名必须是唯一的，即不能有名称相同的多个列同时存在于一个表中。但在同一个数据库的不同表中，可以使用相同的列名。在创建数据表的过程中，需要为数据表的每一列指定数据类型，用于限制各列的所允许的数据值。SQL Server 2012中的数据类型可以分为两类，分别是：基本数据类型和用户自定义数据类型。下面将介绍这两类数据类型。

4.1.2 基本数据类型

SQL Server 2012提供的基本数据类型，根据数据的表现方式和存储方式的不同可以分为：整数数据类型、浮点型数据类型、货币数据类型、字符数据类型、日期时间数据类型、二进制等数据类型。

1. 整数类型

整数类型用来保存各种整数，根据所占内存大小的不同，可分为bigint、int、samllint和tinyint，如表4.1所示。

表4.1   整型数据类型

数据类型	内存空间	取值范围
tinyint	8bit	0~255
samllint	16bit	−32768~32767
int	32bit	−2147483648~2147483647
bigint	64bit	−9223372036854775808~9223372036854775807

其中，最常用的是int类型。对于常见的整数应用，int类型基本都可以满足其需求。

2. 浮点类型

浮点类型表示有小数部分的数字。根据所占内存大小的不同，可分为float、real、decimal、numeric，如表4.2所示。

表4.2   浮点型数据类型

数据类型	内存空间	取值范围
float[(n)]	由n的值决定	−1.79E+308 ~ 2.23E+308、0、2.23E−308 ~ 1.79E+308
real	32bit	−3.40E+38 ~ 1.18E−38、0、1.18E−38 ~ 3.40E+38
numeric[(p[,s])]	随精度变化	−1038 +1 ~ 1038 −1
decimal[(p[,s])]	随精度变化	−1038 +1 ~ 1038 −1

float类型在使用时，要以float[(n)]的形式来指定小数的精度。其中，n是尾数的位数，范围是1 ~ 53，1 ~ 24表示单精度（4个字节），25 ~ 53表示双精度（8个字节）。没有指定n的值，默认为float(53)，real等价于float(24)。

decimal和numeric是带固定精度和小数位数的数值数据类型，使用形式是decimal[(p[,s])]。其中，p（精度）用来表示最多可以存储的十进制数字总位数，包括小数点左边和右边的位数，精度值的范围是1 ~ 38，默认为18。S（小数位数）指明小数点右边的最大位数。numeric在功能上等价于decimal。

3. 货币类型

顾名思义，货币类型主要用于存储货币数量，根据其所占内存大小的不同，可以分为money和smallmoney两种类型，如表4.3所示。

表4.3   货币数据类型

数据类型	内存空间	取值范围
money	64bit	−922,337,203,685,477.5808 ~ 922,337,203,685,477.5807
smallmoney	32bit	−214,748.3648 ~ 214,748.3647

money 和smallmoney 类型主要用于存储货币数量。输入数据时，可以在前面加上一个货币符号，如美元符号"＄"或人民币符号"￥"。

4．字符类型

字符类型主要用于存储字符串，可分为char、varchar、nchar、nvarchar，如表4.4所示。

表4.4　字符数据类型

数据类型	内存空间	取值范围
char(n)	n字节	非Unicode字符数据，长度为n，n的取值为1~ 8000
varchar(n|max)	n+2字节	非Unicode字符数据，长度为n，n的取值为1~ 8000，但可以根据实际存储的字符数改变存储空间，max最大值为$2^{31}-1$
nchar(n)	2n字节	Unicode字符数据，长度为n，n的取值为1~4000
nvarchar(n|max)	2n+2字节	Unicode字符数据，长度为n，n的取值为1~ 4000，但可以根据实际存储的字符数改变存储空间，max最大值为$2^{30}-1$

char(n)和nchar(n)是固定长度的字符型，如果输入的数据无法填充满系统所分配的空间，则系统自动用空格填充剩余空间。varchar(n)和nvarchar(n)是可变长度的字符型，根据实际需要分配空间，前提是分配的实际空间长度不能超过事先指定的长度n。

5．日期时间类型

日期时间类型主要用于日期和时间数据，可细分为date、time、smalldatetime、datetime、datetime2、datetimeoffset等数据类型，如表4.5所示。

表4.5　日期时间类型

数据类型	内存空间	取值范围
date	3字节	0001－01－01~ 9999－12－31
time	3~ 5字节	00:00:00~ 23:59:59
smalldatetime	4字节	1900－01－01~ 2079－06－06
datetime	8字节	1753－01－01~ 9999－12－31
datetime2	6~ 8字节	0001－01－01~ 9999－12－31
datetimeoffset	8~ 10字节	0001－01－01~ 9999－12－31

除了取值范围不同，这些日期时间类型的最主要的区别在于精度。date、datetime2、datetimeoffset的日期范围相同，但精度不同，date只能精确到天，datetime2能精确到100纳秒。datetimeoffset除了包含datetime2的所有特性，还增加了对时区的支持。time类型专门用来存储时间，精度是100纳秒。

6．二进制类型

二进制类型用来存储没有明确编码的二进制数据，如图片、音频数据或加密数据。根据所占内存大小的不同，可分为binary、varbinary，如表4.6所示。

表4.6　二进制类型

数据类型	内存空间	取值范围
binary[(n)]	n字节	n字节的二进制数据，其中n的取值为1～8000
varbinary[(n|max)]	n+2字节	n的取值为1～8000，max指示最大存储为231 −1

如果没有指定长度，则binary与varbinary类型默认长度为1。如果存储的数据大小差异非常大，建议使用varbinary。如果存储的数据超过8000字节，则应使用varbinary(max)。

7．其他数据类型

- cursor：游标数据类型，用于创建游标变量或者定义存储过程的 OUTPUT 参数。它是唯一的不能赋值给表的列字段的数据类型。
- table：用于存储对表或视图处理后的结果集。这种新的数据类型可以使一个变量存储一个表，从而使函数或存储过程返回处理结果更加方便快捷。
- rowversion：每个数据库都有一个计数器，此计数器是数据库行版本。当对数据库中包含rowversion列的表执行插入或更新操作时，该计数器的值就会自动更新。一个表只能有一个rowversion列。
- timestamp：是一个特殊的用于表示先后顺序的时间戳数据类型。该数据类型可以为表中数据行加上一个版本戳。
- uniqueidentifier：是一个具有16字节的全局唯一性标识符，用来确保对象的唯一性。可以在定义列或变量时使用该数据类型，主要目的是在合并复制和事务复制中确保表中数据行的唯一性。
- sql_variant：用于存储除文本、图形数据和timestamp数据外的其他合法的SQL Server 数据，可以为程序开发提供方便。
- xml：存储 xml数据的数据类型。可以在列中或者 xml 类型的变量中存储 xml 实例。存储xml数据类型的数据实例的最大值是2GB。

4.1.3　自定义数据类型

SQL Server允许用户根据需要创建用户自定义数据类型。创建用户自定义数据类型需要指定该类型的名称、所基于的系统数据类型和是否允许为空三个要素。可以通过两种方式创建用户自定义数据类型：（1）图形化工具；（2）使用系统存储过程或SQL命令。

1. 在图形界面下创建用户自定义数据类型

创建用户自定义数据类型的具体操作步骤如下：

Step 01 启动Microsoft SQL Server Management Studio，并连接到SQL Server 2012。

Step 02 在"对象资源管理器"中，依次展开"数据库→Loan→可编程性→类型"。

Step 03 右键单击"用户定义数据类型"，在弹出菜单中执行"新建用户定义数据类型"命令，如图4.2所示。

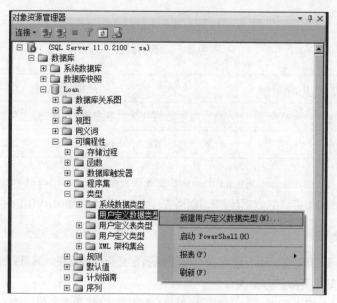

图4.2 "新建用户定义数据类型"命令

Step 04 在打开的"新建用户定义数据类型"窗口中输入自定义数据类型的名称，所依据的系统数据类型和长度，并选择是否允许为空，其他参数不用修改，如图4.3所示。

Step 05 单击"确认"按钮，完成用户定义数据类型的创建，即可看到新创建的自定义数据类型，如图4.4所示。

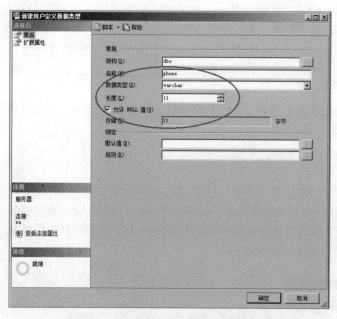

图4.3 "新建用户定义数据类型"窗口

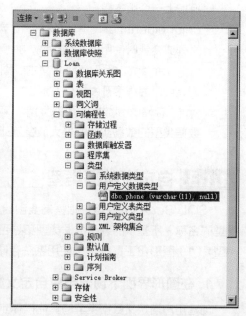

图4.4 新建的用户定义数据类型

2. 使用系统存储过程创建用户自定义数据类型

使用系统存储过程创建用户自定义数据类型的语法格式如下：

```
sp_addtype    [@typename=] type,
              [@phystype=] system_data_type
```

```
[,[@nulltype=] 'null_type']
```

参数说明如下。

type：用于指定用户定义的数据类型的名称。

system_data_type：用于指定系统提供的数据类型。注意，不能使用timestamp数据类型。

null_type：用于指定用户定义的数据类型的null属性。

⚠ 【例4.1】 自定义一个telephone数据类型

```
USE Loan
GO
SP_ADDTYPE telephone, 'varchar(11)','not null'
GO
```

SQL Server 2012还允许用户使用图形化工具、系统存储过程或SQL命令来删除用户自定义数据类型。需要注意的是，数据库中正在使用的用户自定义数据类型不能被删除。

4.1.4 数据表的数据完整性

数据完整性是指数据的精确性和可靠性。例如，企业表中的字段"注册资金"的值必须大于0，职工表中的字段"性别"的值只能是"男"或"女"。

SQL Server 2012的数据完整性主要分为以下类型。

- 实体完整性：实体完整性指的是数据表中的每条记录都必须是唯一的。实体完整性通过索引、UNIQUE约束、PRIMARY KEY 约束或 IDENTITY 属性强制表的标识符列或主键的完整性。
- 域完整性：域完整性是指数据库表中的列必须满足某种特定的数据类型或约束，可以强制域完整性限制类型（通过使用数据类型）、限制格式（通过使用 CHECK 约束）或限制可能值的范围（通过使用FOREIGN KEY约束、CHECK约束、DEFAULT定义、NOT NULL定义）。
- 引用完整性：引用完整性通过FOREIGN KEY约束，以外键与主键之间的关系为基础，要求不能引用不存在的值。
- 用户定义完整性：用户定义完整性使开发人员可以定义不属于其他任何完整性类别的特定业务规则。SQL Server提供了一些工具来帮助用户实现数据完整性，其中最主要的是约束和触发器。

4.2　创建数据表

> 在创建表之前，需要先设计表结构，考虑该表中存储哪些数据，应该由哪些列组成，并为每一列指定所属的数据类型。确定表结构之后，可以通过两种方式创建数据表：（1）图形化工具；（2）SQL语句。

下面分别采用以上两种方式创建银行信息表（Bank），表结构如表4.7所示。

表4.7　银行信息表

字段名称	说　明	字段类型	字段宽度	是否允许为空
Bno	银行编号，主键	char	6	NOT NULL
Bname	银行名称	varchar	50	NOT NULL
Baddress	所在位置	varchar	50	
Bcity	所在城市	varchar	20	
Bnature	银行性质	varchar	20	

其中，空值（NULL）不是0或"空白"，而是表示数值未知。不允许为空（NOT NULL）表示数据列不允许出现空值，以确保该数据列必须包含有确定意义的数据。

4.2.1 在图形界面下创建数据表

创建数据表的具体操作步骤如下：

Step 01 启动Microsoft SQL Server Management Studio，并连接到SQL Server 2012。

Step 02 在"对象资源管理器"中，依次展开"数据库→Loan"。

Step 03 右键单击"表"节点，在弹出的快捷菜单中执行"新建表"命令，如图4.5所示。

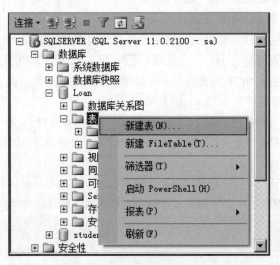

图4.5　执行"新建表"命令

Step 04 打开"表设计"窗口，在该窗口中输入银行信息表中的字段名，选择字段类型，并指定该字段是否允许为空等信息，如图4.6所示。

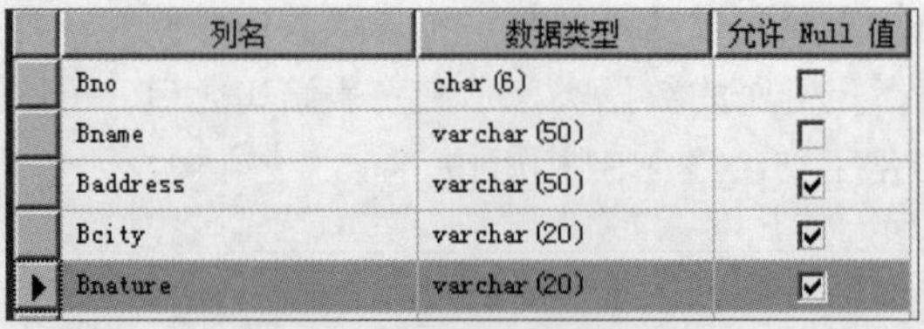

列名	数据类型	允许 Null 值
Bno	char(6)	☐
Bname	varchar(50)	☐
Baddress	varchar(50)	☑
Bcity	varchar(20)	☑
Bnature	varchar(20)	☑

图4.6　"表设计"窗口

Step 05 右键单击字段Bno，在弹出的快捷菜单中执行"设置主键"命令，将其设置为银行表的主键，如图4.7所示。

图4.7　设置数据表的主键

Step 06 表设计完成后，单击工具栏中的 图标或者直接关闭"表设计"窗口，在弹出的"选择名称"对话框中输入表名称Bank，单击"确定"按钮，完成表的创建，如图4.8所示。

Step 07 选中"表"节点，单击"对象资源管理器"窗口中的 按钮，即可看到新增的表Bank，如图4.9所示。

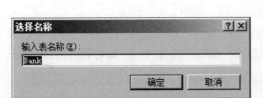

图4.8　"选择名称"对话框　　　　图4.9　新增的数据表Bank

4.2.2　使用SQL语句创建数据表

除了能够使用图形界面方式创建数据表，还可以使用CREATE TABLE语句来创建数据表。CREATE TABLE语句所涉及到选项数量众多，为了简单起见，我们仅列出一些最常用的选项。

CREATE TABLE语句的基本语法格式如下：

```
CREATE TABLE 表名
(
    列名1   数据类型   列属性,
```

```
    列名2    数据类型    列属性,
    ......    ......
    列名n    数据类型    列属性
)
```

其中,列属性包括[NULL|NOT NULL] [PRIMARY KEY][DEFAULT]等属性。

由上述语法可以看出,在CREATE TABLE语句中需要指定的信息与表设计器中需要指定的信息完全相同,包括表名、列名、列的数据类型以及列属性等。

下面举例说明使用SQL语句创建数据表的方法。

⚠ 【例4.2】使用SQL语句创建企业表Enterprise

代码如下:

```
USE Loan
GO
--企业表
CREATE TABLE Enterprise
(
    Eno char(8) NOT NULL PRIMARY KEY, --主键,
    Ename varchar(50) NOT NULL,         --企业名称
    Eaddress varchar(50) NOT NULL,      --企业地址
    Ephone char(13),                    --企业电话
    Ecapital decimal(10,2),             --注册资金
    Efoundtime smalldatetime,           --成立时间
    Eowner varchar(20)                  --法人代表
)
GO
```

在Microsoft SQL Server Management Studio中,单击工具栏上的"新建查询"按钮,新建一个当前连接查询,在查询编辑器中输入上面的代码,如图4.10所示。

在Microsoft SQL Server Management Studio中,单击工具栏上的"运行"按钮,程序执行成功之后,选中"表"节点,单击"对象资源管理器"窗口中的 ⊡ 按钮,即可看到新增的表Enterprise,如图4.11所示。

图4.10　输入创建企业表的语句代码

图4.11　新增的数据表Enterprise

4.3 管理数据表

> 数据表创建后，可以根据需要改变数据表中已经定义的许多选项。用户除了可以增加、修改、删除字段，还可以删除不需要的数据表。本节的重点就是介绍管理数据表的方法。

4.3.1 修改数据表

修改数据表操作主要包括增加新字段、修改字段的数据类型、删除字段等操作。这些操作可以通过两种方式完成：（1）图形化工具；（2）SQL语句。

1. 增加字段

（1）在图形界面下增加字段

例如，在数据表Bank中，增加一个新的字段，字段名为telephone，数据类型为varchar（11），允许为空。

右键单击Bank数据表，在弹出的快捷菜单中执行"设计"命令，弹出表设计窗口，添加新字段telephone，并设置字段类型为varchar（11），允许空值，如图4.12所示。

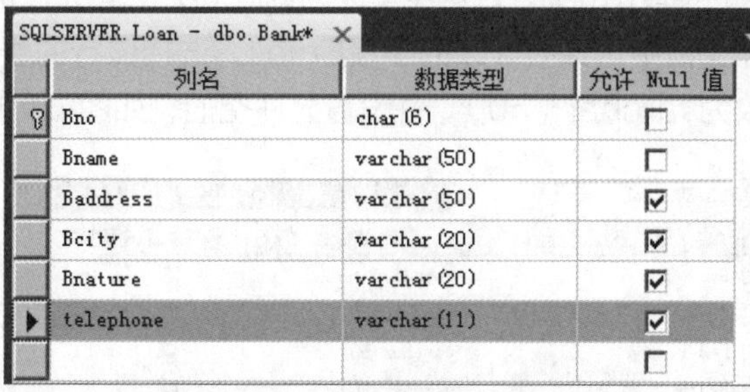

列名	数据类型	允许 Null 值
Bno	char (6)	☐
Bname	varchar (50)	☐
Baddress	varchar (50)	☑
Bcity	varchar (20)	☑
Bnature	varchar (20)	☑
telephone	varchar (11)	☑
		☐

图4.12　增加字段telephone

修改完成后，单击工具栏中的 ■ 按钮，保存新增字段。

（2）使用SQL语句增加字段

可以使用ALTER TABLE语句在数据表中添加字段。基本语法格式如下：

```
ALTER TABLE 表名
ADD列名 数据类型 列属性
```

其中，列属性包括：[NULL|NOT NULL] [PRIMARY KEY][DEFAULT]等属性。

⚠ 【例4.3】在Bank表中增加字段Email

在Bank表中增加字段Email，数据类型varchar（20），允许空值，输入代码如下。

```
USE Loan
```

```
GO
ALTER TABLE Bank
ADD Email varchar(20) NULL
GO
```

新建一个当前连接查询，在查询编辑器中输入上面的代码，执行之后，重新打开Bank的表设计窗口，如图4.13所示。

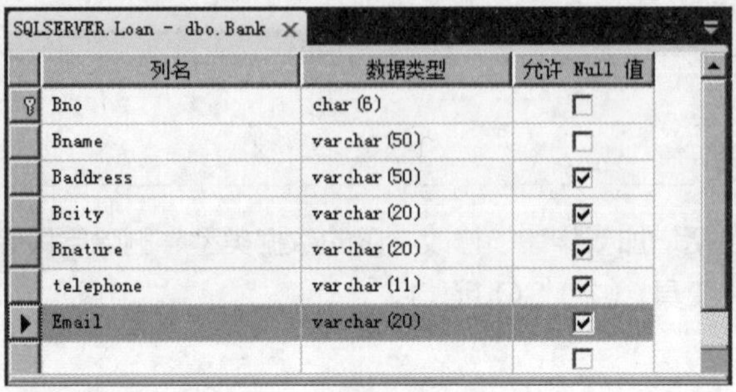

图4.13　增加字段Email

从图4.13可以看到，成功添加了新字段Email，数据类型varchar（20），允许空值。

2. 修改字段

（1）在图形界面下增加字段

例如，修改数据表Bank的字段Email，数据类型改为varchar（50），允许为空。

在数据表Bank的表设计窗口中选择要修改的字段Email，选择该行的数据类型，在下拉列表中选择varchar（20），然后修改为varchar（50），并设置允许空值，如图4.14所示。

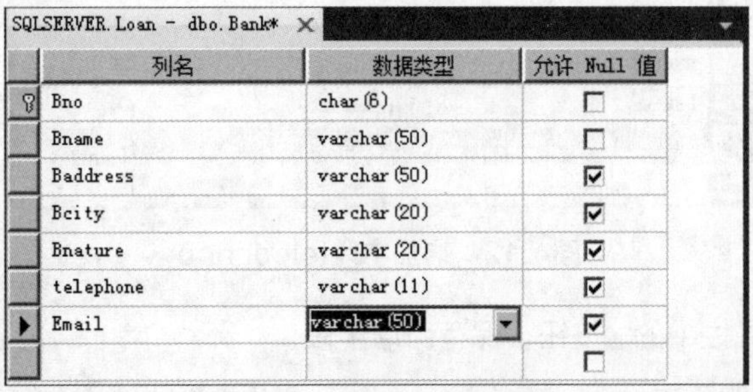

图4.14　修改字段Email

（2）使用SQL语句修改字段

可以使用ALTER TABLE语句修改数据表中的字段。基本语法格式如下：

```
ALTER TABLE 表名
ALTER COLUMN列名 数据类型 列属性
```

其中，列属性包括：[NULL|NOT NULL] [PRIMARY KEY][DEFAULT]等属性。

⚠ 【例4.4】 修改表中的字段

修改Bank表中的字段telephone，数据类型修改varchar（50），并允许空值。

```
USE Loan
GO
ALTER TABLE Bank
ALTER COLUMN telephone varchar(50) NULL
GO
```

新建一个当前连接查询，在查询编辑器中输入上面的代码，执行之后，重新打开Bank的表设计窗口，如图4.15所示。

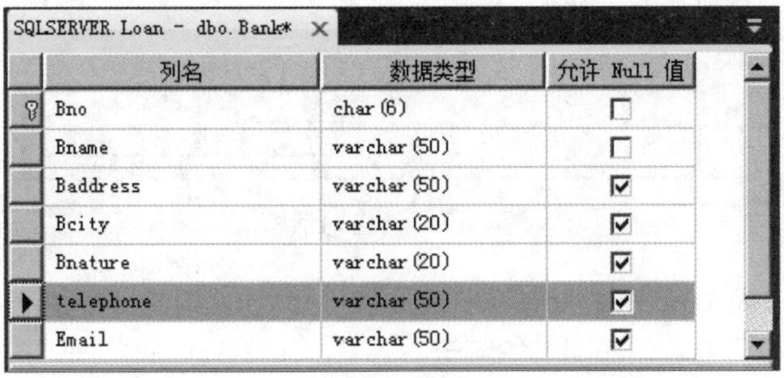

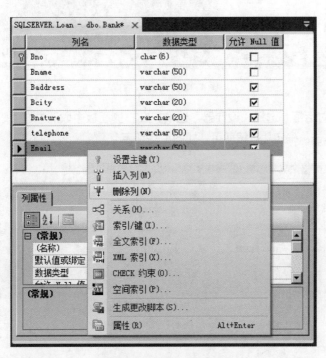

图4.15　增加字段telephone

从图4.15可以看到，字段telephone的数据类型已经修改varchar（50），并允许空值。

3. 删除字段

（1）在图形界面下增加字段

例如，删除数据表Bank的字段Email。

在数据表Bank的表设计窗口中选择要删除的字段Email，右键单击，在弹出的快捷菜单中执行"删除列"命令，然后关闭表设计器即可完成字段的删除，如图4.16所示。

图4.16　修改字段Email

如果在保存过程中，无法删除该字段，则弹出警告对话框，如图4.17所示。

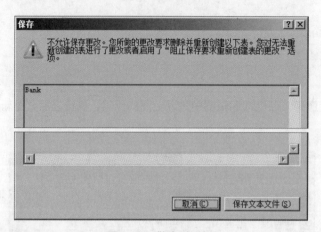

图4.17　警告对话框

可以采用如下的方法解决该问题，具体操作介绍如下：

Step 01 执行"工具→选项"命令，如图4.18所示。

图4.18　警告对话框

Step 02 打开"选项"对话框，选择"设计器"选项，在右侧面板中取消勾选"阻止保存要求重新创建表的更改"复选框，单击"确定"按钮即可，如图4.19所示。

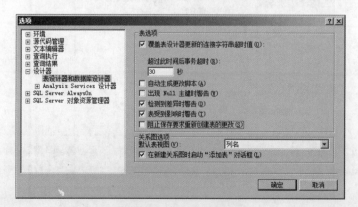

图4.19　"选项"对话框

（2）使用SQL语句删除字段

可以使用ALTER TABLE语句删除数据表中的字段。基本语法格式如下：

```
ALTER TABLE 表名
DROP COLUMN 列名
```

⚠ 【例4.5】删除Bank表中的字段telephone

```
USE Loan
GO
ALTER TABLE Bank
DROP COLUMN telephone
GO
```

在查询编辑器中输入上面的代码，执行成功之后，Bank表中的telephone将会被删除。

4.3.2　删除数据表

删除数据表操作比较简单，可以通过两种方式完成：（1）图形化工具；（2）SQL语句。

（1）在图形界面下删除数据表

在SQL Server Management Studio中，选中要删除的数据表，单击右键，在弹出的快捷菜单中执行"删除"命令，将弹出"删除对象"对话框，如图4.20所示。单击"确定"按钮，选中的表就从数据库中被删除了。

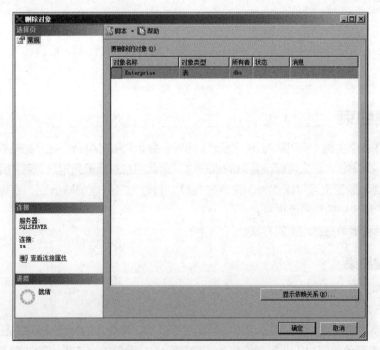

图4.20　"删除对象"对话框

（2）使用SQL语句删除数据表

可以使用DROP TABLE语句删除数据表，基本语法格式如下：

```
DROP TABLE 表名
```

⚠️ 【例4.6】删除Loan数据库中的数据表Bank

```
USE Loan
GO
DROP TABLE Bank
GO
```

在查询编辑器中输入上面的代码，执行成功之后，Bank表将会被删除。

在使用DROP TABLE语句删除数据表时，需要注意以下几点：

- DROP TABLE语句不能删除系统表。
- DROP TABLE语句不能删除正被其他表引用的表。
- DROP TABLE语句可以一次性删除多个表，表名之间用逗号分开。

4.4 管理约束

> 约束是SQL Server提供的自动强制数据完整性的一种方式，它是通过定义列的取值规则来维护数据的完整性，是强制数据完整性的标准机制。

SQL Server 2012共有5种约束，分别是：主键约束、唯一性约束、检查约束、默认值约束和外键约束。

4.4.1 主键约束

一个表只能有一个主键（PRIMARY KEY）约束，并且PRIMARY KEY约束中的列不能接受空值。由于PRIMARY KEY 约束可保证数据的唯一性，因此经常对标识列定义这种约束，如银行编号可作为银行表的主键，职工工号可以作为职工表的主键。有时为了数据的唯一性，还需要另外创建主键列，如网上交易记录表中的交易流水号。

下面介绍创建和删除主键约束的方法。

1. 创建主键约束

（1）在图形界面下创建主键约束

具体步骤如下：

Step 01 在"对象资源管理器"中，右键单击要创建约束的表，在弹出的快捷菜单中执行"设计"命令。

Step 02 在打开的表设计窗口中，选择要设置为主键的列，右键单击，在弹出的快捷菜单中执行"设置主键"命令，将一个或多个列设置为主键，如图4.21所示。

需要注意的是，将某列设置为主键时，该列不允许空值。

Step 03 设置完成后，单击工具栏中的■按钮，保存主键设置，然后关闭窗口即可。

图4.21 将多个列设置为主键

（2）使用SQL语句创建主键约束

通常情况下，在创建数据表时创建主键约束。

⚠ **【例4.7】创建数据表并设置主键约束**

创建数据表Bank02，并设置主键约束PRIMARY KEY。

```
USE Loan
GO
CREATE TABLE Bank02
(
    BankID int PRIMARY KEY, --设置主键
    BankName varchar(20)
)
```

或者将PRIMARY KEY写到后面，如下所示。

```
CREATE TABLE Bank02
(
    BankID int,
    BankName varchar(20),
    CONSTRAINT pk_bank_ID PRIMARY KEY(BankID)   --设置主键
)
GO
```

新建一个当前连接查询，在查询编辑器中输入上面的代码，通过表设计窗口打开数据表Bank02，如图4.22所示。

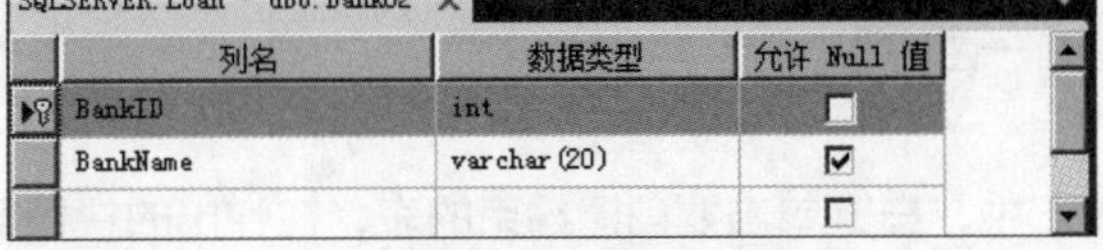

图4.22 成功设置主键窗口

从图4.22可以看到，主键已经成功设置。

2. 删除主键约束

（1）在图形界面下删除主键约束

选择要删除主键的列，右键单击，在弹出的快捷菜单中执行"删除主键"命令，就可以将主键删除，如图4.23所示。单击工具栏中的■按钮，并关闭窗口即可。

图4.23　删除主键

（2）使用SQL语句删除主键约束

⚠️【例4.8】删除数据表中的主键约束

删除数据表Bank02中的主键约束pk_bank_ID。

```
USE Loan
GO
ALTER TABLE Bank02
DROP CONSTRAINT pk_bank_ID
GO
```

4.4.2 唯一性约束

使用唯一性（UNIQUE）约束可以确保在非主键列中不输入重复的值。可以对一个表定义多UNIQUE约束，UNIQUE约束允许NULL值。

下面介绍创建和删除唯一性约束的方法。

1. 创建唯一性约束

（1）在图形界面下创建唯一性约束

具体步骤如下：

Step 01 在"对象资源管理器"中，右键单击要创建约束的表，在弹出的快捷菜单中执行"设计"命令。

Step 02 右键单击该表中的某一列，在弹出的快捷菜单中执行"索引/键"命令，如图4.24所示。

图4.24　选择"索引/键"菜单命令

Step 03 打开"索引/键"对话框,可以看到该表中已经存在的约束,如图4.25所示。

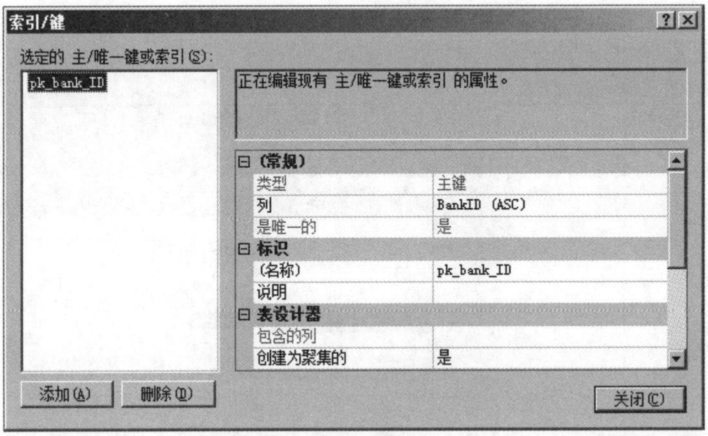

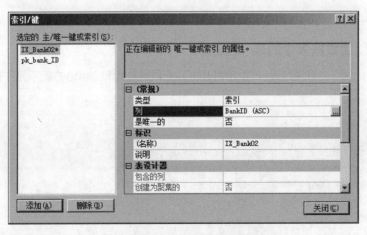

图4.25　"索引/键"对话框

Step 04 单击"添加"按钮,添加一个新的约束,然后单击"列"右侧的按钮,如图4.26所示。

图4.26　"索引/键"对话框

Step 05 打开"索引列"对话框,在"列名"中列出表中所有的字段,选择添加唯一性约束的字段BankName,排序顺序使用升序,然后单击"确定"按钮,如图4.27所示。返回"索引/键"对话框。

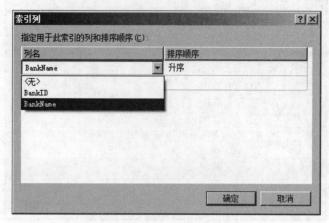

图4.27 "索引列"对话框

Step 06 在"索引/键"对话框中设置唯一性为"是",修改索引名称为IX_Bank02,如图4.28所示。设置完成后,单击"关闭"按钮,然后关闭窗口即可。

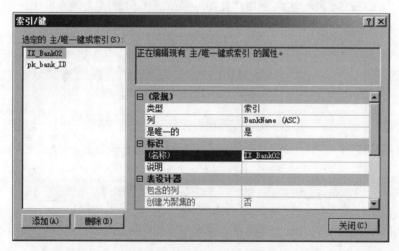

图4.28 "索引/键"对话框

(2)使用SQL语句创建唯一性约束

⚠ 【例4.9】 创建数据表中的唯一性约束

创建数据表Bank03,并通过唯一性约束UNIQUE限制BankName的值不允许重复。

```
USE Loan
GO
CREATE TABLE Bank03
(
   BankID int PRIMARY KEY,          --设置主键约束
   BankName varchar(20) UNIQUE      --设置唯一性约束
)
GO
```

2. 删除唯一性约束

（1）在图形界面下删除唯一性约束

在"索引/键"对话框中选择要删除的唯一性约束，单击"删除"按钮，然后单击"关闭"按钮关闭窗口即可。

（2）使用SQL语句删除唯一性约束

⚠ 【例4.10】删除唯一性约束

删除数据表Bank02中的唯一性约束IX_Bank02。

```
USE Loan
GO
ALTER TABLE Bank02
DROP CONSTRAINT IX_Bank02
GO
```

4.4.3 检查约束

检查（CHECK）约束通过限制输入到列中的值来强制数据的完整性。例如，可以通过任何基于逻辑运算符返回TRUE或FALSE的逻辑（布尔）表达式创建 CHECK 约束。

1. 创建检查约束

（1）在图形界面下创建检查约束

具体步骤如下：

`Step 01` 在"对象资源管理器"中，右键单击要创建约束的表，在弹出的快捷菜单中执行"设计"命令。

`Step 02` 在打开的表设计窗口中，右键单击该表中的某一列，在弹出的快捷菜单中执行"CHECK约束"命令，如图4.29所示。

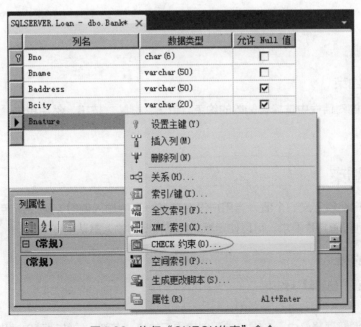

图4.29 执行"CHECK约束"命令

Step 03 在弹出的对话框中设置约束表达式，例如Bnature='公办' OR Bnature='民营'，并设置约束的名称，设置效果如图4.30所示，最后单击"关闭"按钮即可。

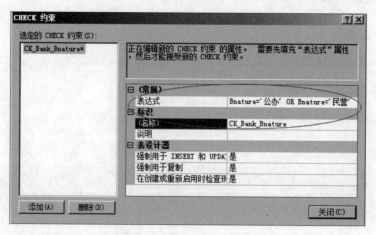

图4.30 创建Check约束

（2）使用SQL语句创建Check约束

⚠ 【例4.11】创建Check约束

创建银行表Bank04，并通过Check约束对银行所在城市的长度进行限制，要求最小长度为4个字节。

```
USE Loan
GO
CREATE TABLE Bank04
(
    BankID int PRIMARY KEY,
    BankName varchar(50),
    BankCity varchar(30) CHECK(len(BankName)>=4)   --Check约束
)
GO
```

2. 删除检查约束

在图4.28所示的对话框中选择要删除的约束，单击"删除"按钮，然后单击"关闭"按钮关闭窗口即可。

4.4.4 默认约束

默认约束使用户能够定义一个值，当用户没有在某一列中输入值时，则将所定义的值提供给这一列。如果用户对此列没有特殊要求，可以使用默认约束为此列输入默认值。

1. 创建默认约束

（1）在图形界面下创建默认约束

具体步骤如下：

Step 01 在"对象资源管理器"中，右键单击要创建约束的表，在弹出的快捷菜单中执行"设计"命令。

Step 02 在打开的表设计窗口中，选择该表中的某一列，在下面的"列属性"中选择"默认值或绑定"选项，在其后面的文本框中输入具体的值。例如，为银行表的Bnature列设置默认值"公办"，如图4.31所示。

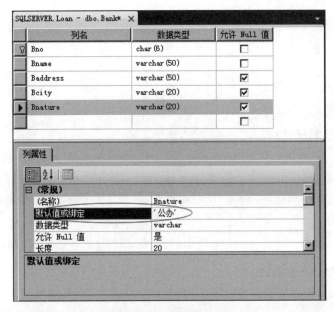

图4.31　创建默认约束

Step 03 设置完成后，单击工具栏中的■按钮，保存默认约束。

（2）使用SQL语句创建默认约束

⚠ 【例4.12】创建默认约束

创建银行表Bank05，并为BankCity列指定默认值"北京"。

```
USE Loan
GO
CREATE TABLE Bank05
(
    BankID int PRIMARY KEY,
    BankName varchar(50),
    BankCity varchar(30) DEFAULT '北京'    --默认值约束
)
GO
```

2. 删除默认约束

在图4.31中，将"列属性"中的"默认值或绑定"文本框中的内容清空，然后单击工具栏中的■按钮，保存对表的修改。

4.4.5 外键约束

外键（FOREIGN KEY）是用于建立两个表数据之间连接的一列或多列。在外键引用中，当一个表（引用表）的列引用了另一个表（被引用表）的主键值的一列或多列时，就在两表之间建立了连接，而这个列就成为引用表的外键。

下面我们以银行表（Bank）和贷款表（Loan）为基础介绍建立外键的方法。其中，银行表为上一节已经创建过的Bank表，创建贷款表（Loan）的语句代码如下：

```
USE Loan
GO
CREATE TABLE Loan
(
    Eno char(8),              --企业代码
    Bno char(6),              --银行代码
    Lamount decimal(10,2),    --贷款金额
    Lterm int,                --贷款期数
    Ldate datetime,           --贷款时间
    Pdate datetime,           --还款时间
    PRIMARY KEY(Eno,Bno)      --主键约束
)
GO
```

执行上述代码创建Loan数据表。

下面通过图形化工具和SQL语句方式建立银行表和贷款表之间的外键关系。

1. 创建外键约束

（1）在图形界面下创建外键约束

具体步骤如下：

Step 01 在"对象资源管理器"中，右键单击要创建约束的表，在弹出的快捷菜单中执行"设计"命令。

Step 02 在打开的表设计窗口中，右键单击该表中的某一列，在弹出的快捷菜单中执行"关系"命令，如图4.32所示。

图4.32　执行"关系"命令

Step 03 在打开的"外键关系"对话框中,单击"添加"按钮,添加要选中的关系,如图4.33所示。

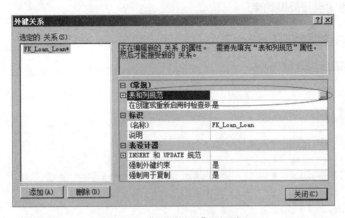

图4.33 "外键关系"对话框

Step 04 在"外键关系"对话框中,单击"表和列规范"文本框中的 ▦ 按钮,选择要创建外键约束的主键表和外键表,如图4.34所示。

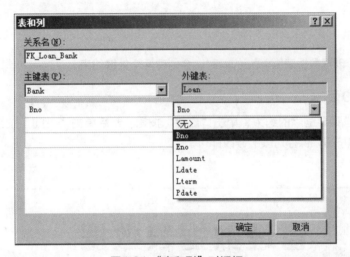

图4.34 "表和列"对话框

Step 05 在"表和列"对话框中,设置关系的名称,选择主键表及被引用的列。然后,单击"确定"按钮,返回"外键关系"对话框中,如图4.35所示。

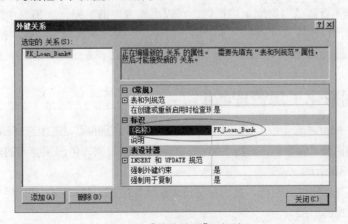

图4.35 "外键关系"对话框

Step 06 单击"关闭"按钮，关闭对话框，最后单击工具栏中的🔒按钮，保存外键约束。

（2）使用SQL语句创建外键约束

⚠️ 【例4.13】创建贷款表Loan 2

建立与企业表和银行表外键关系。

```
USE Loan
GO
CREATE TABLE Loan2
(
 Eno char(8) FOREIGN KEY REFERENCES Enterprise(Eno),    --外键约束
 Bno char(6) FOREIGN KEY REFERENCES Bank(Bno),          --外键约束
 Lamount decimal(10,2), --贷款金额
 Lterm int,             --贷款期数
 Ldate datetime,        --贷款时间
 Pdate datetime,        --还款时间
 PRIMARY KEY(Eno,Bno)   --主键约束
)
GO
```

执行上述代码，创建数据表Loan2的同时，会创建两个外键约束。

2. 删除外键约束

在图4.35中，选择要删除的约束，单击"删除"按钮，然后单击"关闭"按钮，关闭该窗口，最后单击工具栏中的🔒按钮，保存对表的修改即可。

4.5 管理数据表数据

> 　　表创建以后，只是一个没有数据的空表。因此向表中添加数据可能是创建表之后首先要执行的操作。无论表中是否有数据，都可以根据需要向表中添加数据。当表中的数据不合适或者出现了错误时，可以更新表中的数据。如果表中的数据不再需要了，则可以删除这些数据。本节将介绍添加、修改和删除表中数据的方法。

4.5.1 通过图形化工具管理数据

在SQL Server Management Studio中，选择要编辑数据的表，这里选择Bank表，单击右键，在弹出的快捷菜单中执行"编辑前200行"命令，即可显示该数据表中已经存储的前200行数据，最后有一个空行，如图4.36所示。

● 添加记录：将光标定位在空行，然后在空行里面添加数据，数据添加完成后，单击工具栏中的🔒按钮，完成数据的添加。

● 修改记录：选中要修改的数据，直接修改即可，修改完成后单击工具栏中的■按钮，完成数据的修改。

● 删除记录：选择要删除的行，右键单击，在弹出的快捷菜单中执行"删除"命令，弹出"删除"对话框，如图4.37所示。

	Bno	Bname	Baddress	Bcity	Bnature
▶	B001	中国工商银行…	北京市海淀区…	北京	公办
	B002	中国民生银行…	北京市海淀区…	北京	民营
	B003	招商银行(金…	北京市西城区…	北京	民营
	B004	中国工商银行…	北京市海淀区…	北京	公办
	B005	中国工商银行…	北京市朝阳区…	北京	公办
	B006	北京银行(西…	北京市西城区…	北京	民营
	B007	北京银行(密…	北京市密云区…	北京	民营
*	NULL	NULL	NULL	NULL	NULL

图4.36　显示数据表中的数据　　　　　　图4.37　删除数据对话框

单击"是"按钮，即可完成数据的删除。

4.5.2　用INSERT语句插入数据

还可以使用INSERT语句进行数据的添加，INSERT语句的基本格式如下：

```
INSERT INTO 表名(列名1, 列名2, ……, 列名n)
VALUES(值1, 值2, ……, 值n)
```

其中，INSERT INTO后面要指定要插入数据的数据表名，并且同时指定表的列名称，VALUES子句指定要插入的具体数据。

⚠ 【例4.14】 在Bank表中添加一条记录

```
USE Loan
GO
INSERT INTO Bank(Bno, Bname, Baddress, Bcity, Bnature)
VALUES('B008', '北京银行(王府井支行)', '东长安街33号', '北京', '公办')
GO
```

在Microsoft SQL Server Management Studio中，单击工具栏中的"新建查询"按钮，新建一个当前连接查询，在查询编辑器中输入上面的代码，程序执行结果，如图4.38所示。有一行记录受影响。

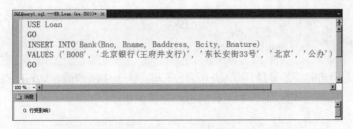

图4.38　使用INSERT INTO语句插入一条记录

另外，当完全按照表中字段的存储顺序来安排VALUES子句中的值，并且值的个数和字段个数完全一致时，则可以在INSERT INTO子句中省略数据表的列名。此时，INSERT语句的基本语法格式可以简化为如下形式：

```
INSERT INTO 表名
VALUES(值1，值2 ，……，值n)
```

例如，可以对【例4.14】中的代码进行简化，简化结果如下所示。

```
USE Loan
GO
INSERT INTO Bank
VALUES('B008', '北京银行(王府井支行)', '东长安街33号', '北京', '公办')
GO
```

🔑【TIPS】

向表中插入数据时，数字数据可以直接插入，但是字符数据和日期数据要用英文单引号引起来，不然就会提示系统错误。

另外，一般情况下，使用INSERT语句一次只能插入一行数据，但是如果在INSERT语句中包含了SELECT语句，就可以一次插入多行数据了。使用SELECT语句插入数据的基本语法形式为：

```
INSERT INTO 表名 （列名1，列名2，……，列名n）
SELECT语句
```

使用INSERT……INTO形式插入多行数据时，需要注意下面两点：
（1）要插入的数据表必须已经存在。
（2）要插入数据的表结构必须和SELECT语句的结果集兼容，也就是说，二者的列的数量和顺序必须相同、列的数据类型必须兼容等。

4.5.3 用UPDATE语句更新数据

可以使用UPDATE语句更新表中已经存在的数据，该语句既可以一次更新一行数据，也可以一次更新多行数据，甚至可以一次更新表中的全部数据行。
UPDATE语句的基本语法格式如下所示：

```
UPDATE 表名
SET 列名1＝值1，列名2＝值2，……，列名n＝值n
WHERE 条件表达式
```

当执行UPDATE语句时，如果使用了WHERE子句，则表中所有满足WHERE条件的行都将被更新，如果没有指定WHERE子句，则表中所有的行都将被更新。

⚠ 【例4.15】 将表中的属性更新

将Bank表中银行编号为B008的银行所属性质修改为"民营"。

```
USE Loan
GO
UPDATE Bank SET Bnature = '民营'
WHERE Bno='B008'
GO
```

执行结果如图4.39所示,有一行记录被更新。

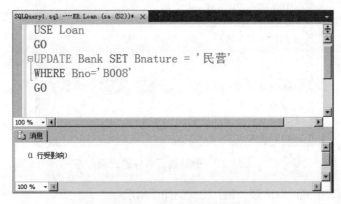

图4.39　更新数据表数据

⚠ 【例4.16】 将所有银行的所在城市统一修改为"北京"

实例代码如下:

```
USE Loan
GO
UPDATE Bank SET Bcity = '北京'
GO
```

▇ 4.5.4 用DELETE语句删除数据

当表中的数据不再需要的时候,可以将其删除。一般情况下,可以使用DELETE语句删除表中的数据。该语句可以从一个表中删除一行或多行数据。

使用DELETE语句删除数据的基本语法格式如下:

```
DELETE FROM 表名
WHERE 条件表达式
```

在DELETE语句中,如果使用了WHERE子句,表示从指定的表中删除满足WHERE条件的数据行。如果没有使用WHERE子句,则表示删除指定表中的全部数据。

⚠ 【例4.17】 删除表格中的某项记录

删除Bank表中银行编号为B008的记录。

```
USE Loan
GO
DELETE FROM Bank
WHERE Bno='B008'
GO
```

执行结果如图4.40所示，有一行记录被删除。

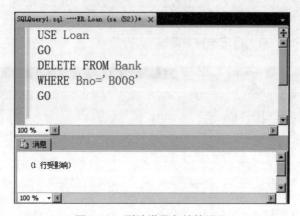

图4.40　删除满足条件的记录

如果想删除Bank表中的所有记录，输入的代码如下所示：

```
USE Loan
GO
DELETE FROM Bank
GO
```

【 TIPS 】

　　在删除数据时，需要注意的是，DELETE语句只是删除表中存储的数据，表结构依然存在于数据库中。如果需要删除表结构，应该使用前面介绍的DROP TABLE语句。

如果要删除表中的全部记录，还可以使用TRUNCATE TABLE语句，该语句的语法格式如下：

```
TRUNCATE TABLE 表名
```

TRUNCATE TABLE语句的作用相当于无WHERE子句的DELETE语句，可以将表中的数据全部删除。使用DELETE语句删除数据时，被删除的数据记录在日志中，而使用TRUNCATE TABLE语句删除数据时，系统将立即释放表中数据和索引所占的空间，并且这种数据变化不记录在日志中，所以TRUNCATE TABLE语句的执行速度更快。

本章小结

　　数据表是数据库中最重要、最基本的操作对象，是实际存储数据的地方。对数据库的很多管理和操作实际上就是对数据库中表的管理和操作。本章首先介绍了有关表的基本概念、基本数据类型和自定义数据类型，然后在此基础上重点介绍了数据表的管理技术，详细讲解了如何利用图形化工具和SQL语句进行数据表的创建、修改和删除操作，约束的创建和删除操作以及数据表中数据的添加、更新和删除操作。

　　通过本章的学习，读者可以理解数据表相关概念，熟练掌握创建和管理数据表的方法，并能够对数据表中的数据进行灵活操作。

项目练习

（1）通过图形化工具和SQL语句两种方式创建银行表Bank，表结构如表4.8所示。

表4.8 银行信息表（Bank）

字段名称	说　明	字段类型	字段宽度	是否允许为空
Bno	银行编号，主键	char	6	NOT NULL
Bname	银行名称	varchar	50	NOT NULL
Baddress	所在位置	varchar	50	
Bcity	所在城市	varchar	20	
Bnature	银行性质	varchar	20	

　　（2）使用SQL语句修改Bank表，为该表新增一列telephone（联系电话），数据类型为VARCHAR(11)，允许为空。

　　（3）使用SQL语句修改Bank表，将列telephone（联系电话）的数据类型修改为VARCHAR(20)，允许为空。

　　（4）使用SQL语句修改Bank表，删除列telephone（联系电话）。

　　（5）使用图形化工具修改Bank表，为列Bnatrue设置默认值"公办"。

　　（6）使用图形化工具修改Bank表，添加CHECK约束，将列Bnatrue的值限制为"公办"和"民营"。

　　（7）通过SQL语句删除数据表中的CHECK约束。

　　（8）使用INSERT语句在Bank表中添加两条记录。

　　（9）使用UPDATE语句更新Bank表中的数据，并通过图形化工具查看更新结果。

　　（10）使用DELETE语句删除Bank表中Bnatrue='公办'的数据，并查看删除结果。

　　（11）删除数据表Bank。

Part 2
核心技术

Chapter

05

数据查询

本章概述

　　数据库管理系统最重要的功能就是提供数据查询，数据查询就是根据用户实际需求对数据进行筛选，并以特定格式进行显示。在Microsoft SQL Server 2012系统中，可以使用SELECT语句执行数据查询操作，该语句具有非常灵活的使用方式和丰富的功能，它既可以完成简单的单表查询，也可以完成复杂的连接查询和嵌套查询。

　　本章将以"银行借贷管理系统"数据库Loan为例，在银行表Bank、企业表Enterprise和借贷关系表Loan的基础上讲述有关数据查询的技术，包括简单查询、连接查询、嵌套查询、联合查询等查询技术。通过本章的学习，读者可以比较全面地了解使用SELECT语句进行数据查询的技术。

重点知识

- 查询工具的使用
- 使用SELECT进行查询
- 使用WHERE子句进行条件查询
- 排序查询
- 使用聚合函数统计汇总查询
- 分组查询
- 嵌套查询
- 集合查询
- 连接查询

5.1　查询工具的使用

" Microsoft SQL Server 2012系统中的查询编辑器就是用来帮助用户编写SQL语句的工具，SQL语句可以在编辑器中执行，用于完成数据查询等操作。本节将介绍如何利用查询编辑器完成数据查询以及如何更改查询结果的显示方法。"

5.1.1　编辑查询

编辑查询语句之前，首先需要打开查询编辑器窗口。具体步骤如下：

Step 01 启动Microsoft SQL Server Management Studio，并连接到SQL Server 2012。

Step 02 单击工具栏左上方的 新建查询(N) 按钮，打开新的"查询编辑器"窗口。

Step 03 在"查询编辑器"窗口中输入以下代码：

```
USE Loan
GO
SELECT * FROM Bank
GO
```

输入代码的过程中，编辑器会根据输入的内容改变字体颜色，同时给出相应的提示信息列表供用户选择，用户可以选择，也可以手动输入。

Step 04 单击SQL编辑器工具栏上的 ✓ 按钮，对用户输入的语句进行分析，检查是否有语法错误。

Step 05 单击SQL编辑器工具栏上的 执行(X) 按钮，执行用户输入的语句，如图5.1所示。

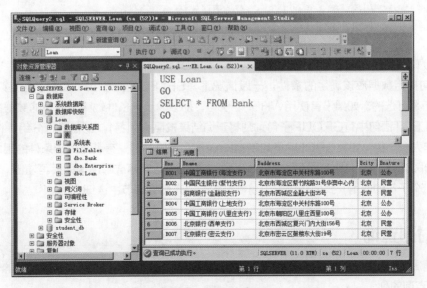

图5.1　SSMS窗口

可以看到，右侧的查询窗口自动划分为两个子窗口，上面的子窗口中为执行的查询语句，下面的"结果"子窗口中显示了查询语句的执行结果。

5.1.2 查询结果的显示方法

在查询窗口的工具栏中，提供了3种不同的显示结果的格式，如图5.2所示。

图5.2 查询结果显示格式图标

图5.2所示的3个图标按钮，它们依次表示"以文本格式显示结果""以网格格式显示结果""将结果保存到文件中"。默认情况下，查询结果以网格格式显示。

5.2 使用SELECT进行查询

> SELECT语句的功能非常强大，它能够以任意顺序、从任意数目的列中查询数据，并在查询过程中进行计算。最基本的SELECT语句有三个基本的组成部分：SELECT字句、FROM子句和WHERE子句。

SELECT语句的完整语法格式如下：

```
SELECT [ ALL | DISTINCT ] < 目标列表达式 > [,< 目标列表达式 >] …
FROM  < 表名或视图名 > [,< 表名或视图名 >] …
[ WHERE  < 条件表达式 >]
[ GROUP BY  < 列名1 > [ HAVING < 条件表达式 > ] ]
[ ORDER BY  < 列名2 > [ ASC | DESC ] ]
```

SELECT子句用于指定将要查询的列名称，FROM子句指定将要查询的对象（表或视图），WHERE子句指定数据应该满足的条件。一般情况下，SELECT子句和FROM子句是必不可少的，WHERE子句是可选的。如果没有使用WHERE子句，那么表示无条件地查询所有的数据。

如果SELECT语句中有GROUP子句，则将查询结果按照< 列名1 >的值进行分组，将该属性列值相等的记录作为一个组。如果GROUP子句带有HAVING短语，则只有满足指定条件的组才会输出。

如果有ORDER子句，则结果还要按照< 列名2 >的值进行升序或降序排列后再输出。

对于每一个子句的使用，我们将按照由易到难的顺序在后续章节中详细介绍。

5.2.1 对列查询

在很多情况下，用户可能只对表中一部分列的值感兴趣，这时可以在SELECT子句的<目标列表达式>中指定要查询的列。

1. 查询全部列

查询表的全部列时，可以使用"*"来表示所有的列。

⚠ 【例5.1】查询银行表（Bank）中的所有记录

输入代码如下：

```
USE Loan
GO
SELECT * FROM Bank
GO
```

在查询编辑器中输入上面的代码，执行结果如图5.3所示。

2. 查询部分列

如果只需要查询表的部分列信息，则在SELECT和FROM之间的<目标列表达式>中给出需要查询的列即可，各列之间用逗号隔开。

⚠ 【例5.2】查询银行表信息

查询银行表中的银行编号、银行名称、银行性质3列信息，输入代码如下：

```
USE Loan
GO
SELECT Bno, Bname, Bnature
FROM Bank
GO
```

在查询编辑器中输入上面的代码，执行结果如图5.4所示。

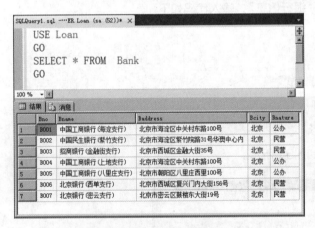

图5.3 查询银行表中的所有记录

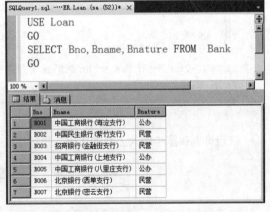

图5.4 查询银行表中的部分列信息

3. 为列设置别名

可以利用AS关键字为查询结果中的列设置别名，即结果中的列标题，以提高结果的可读性。

⚠ 【例5.3】查询信息并设置别名

查询银行表中的银行编号、银行名称、银行性质3列信息，并为它们设置别名，输入代码如下：

```
USE Loan
```

```
GO
SELECT Bno AS 银行编号,Bname AS 银行名称,Bnature AS 银行性质
FROM Bank
GO
```

在查询编辑器中输入上面的代码，执行结果如图5.5所示。

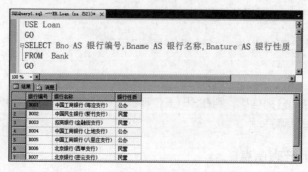

图5.5　为查询结果中的列设置别名

对比图5.4与图5.5，可以发现结果的列标题发生了变化，列标题由英语单词变成了汉字。

4. 查询的列为表达式

在SELECT查询结果中，可以根据需要使用算术运算符或逻辑运算符，对查询结果进行处理。

⚠【例5.4】利用字符串表达式连接信息

查询银行表中的银行编号、银行名称、银行性质3列信息，并利用字符串运算符把它们连接在一起，构成一个字符串表达式，为表达式设置别名"银行信息"，输入代码如下：

```
USE Loan
GO
SELECT Bno + Bname + Bnature AS 银行信息
FROM Bank
GO
```

在查询编辑器中输入上面的代码，执行结果如图5.6所示。

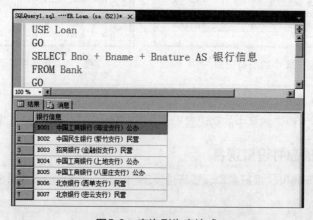

图5.6　查询列为表达式

5.2.2 对行选择

1. 消除结果中的重复行

数据表中通常没有重复的行（记录），但当我们仅仅选择表的部分列时，就有可能在结果中出现重复的行，如果不想出现重复行，则可以使用关键字DISTINCT来解决该问题。

⚠ 【例5.5】查询银行表中的"银行性质"列的信息

输入代码如下：

```
USE Loan
GO
SELECT Bnature FROM Bank              --没有使用DISTINCT进行过滤
GO
SELECT DISTINCT Bnature FROM Bank     --使用DISTINCT进行过滤
GO
```

在查询编辑器中输入上面的代码，执行结果如图5.7所示。

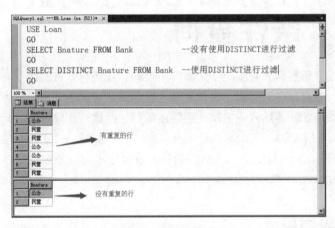

图5.7   查询结果对比

通过对比这两个查询结果可以发现，在SELECT里面使用DISTINCT关键字，可以过滤掉结果中重复的行。

2. 限制结果返回的行数

可以使用TOP N [PERCENT]选项限制结果返回的行数，TOP N表示返回结果的前N条记录，TOP N [PERCENT] 表示返回结果的前N%（上取整）条记录。

⚠ 【例5.6】查询银行表中的前3条记录

输入代码如下：

```
USE Loan
GO
SELECT TOP 3 * FROM Bank
GO
```

在查询编辑器中输入上面的代码，执行结果如图5.8所示，只返回3条记录。

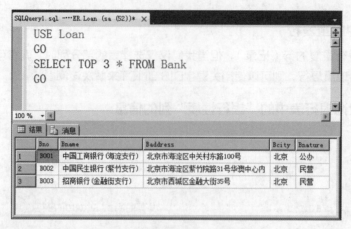

图5.8　限制结果返回的行数

5.3 使用WHERE子句进行条件查询

> 本节主要介绍包含WHERE子句的简单查询，通过在WHERE子句中设置查询条件可以筛选符合条件的记录，也就是说，只有满足查询条件的记录才会出现在结果集中。在查询条件表达式中经常使用的运算符包括比较运算符、逻辑运算符、字符匹配运算符（LIKE）、范围运算符（BETWEEN…AND…）、集合运算符（IN）和空值运算符（IS NULL）。下面我们将通过具体示例介绍每种运算符的用法。

5.3.1 使用比较运算符

比较运算符是查询条件中最常用的，是用于比较大小的运算符，主要包括以下几种运算符：=（等于），>（大于），<（小于），>=（大于等于），<=（小于等于），!=或<>（不等于）。

⚠ 【例5.7】使用比较运算符查询信息

查询银行表中的编号等于B005的银行信息。

```
USE Loan
GO
SELECT * FROM Bank
WHERE Bno = 'B005'
GO
```

程序执行结果如图5.9所示，结果中只有编号等于B005的银行信息。

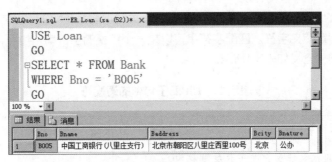

图5.9 使用比较运算符

5.3.2 使用逻辑运算符

逻辑运算符主要包括AND、OR和NOT，用于连接WHERE子句的多个查询条件。其中，AND运算符表示只有在所有的条件都为真时，才返回真。OR运算符表示只要有一个条件为真，就可以返回真。NOT运算符取反。当一个WHERE子句同时包含多个逻辑运算符时，其优先级从高到低依次为NOT、AND和OR。用户也可以通过括号改变优先级。

⚠ **【例5.8】使用逻辑运算符查询信息**

查询银行表中的编号小于B005并且性质为"公办"的银行信息。

```
USE Loan
GO
SELECT * FROM Bank
WHERE Bno < 'B005' AND Bnature='公办'
GO
```

程序执行结果如图5.10所示，结果中只有两条记录。

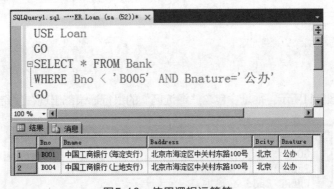

图5.10 使用逻辑运算符

5.3.3 使用LIKE运算符

LIKE是模式匹配运算符，用于指出一个字符串是否与指定的字符串相匹配。使用LIKE运算符的语法格式如下：

```
[NOT] LIKE '匹配字符串' [ESCAPE '<转换字符>' ]
```

其中，方括号中的内容是可选的，例如，如果LIKE关键字前面有NOT关键字，表示该条件取反。ESCAPE子句用于指定转义字符。匹配字符串可以是一个完整的字符串，也可以包含通配符%、_、[]、[^]，这四种通配符的含义如表5.1所示。

表5.1　LIKE子句中的通配符

通配符	含义
%	代表任意长度（长度可以为0）的字符串
_	代表任意单个字符
[]	指定范围或集合中的任意单个字符
[^]	不在指定范围或集合中的任意单个字符

需要强调的是，带有通配符的字符串必须使用单引号引起来。下面是一些带有通配符的示例：

- LIKE 'AB%'　　　　　返回以AB开始的任意字符串。
- LIKE '%ABC'　　　　返回以ABC结束的任意字符串。
- LIKE '%ABC%'　　　返回包含ABC的任意字符串。
- LIKE '_AB'　　　　　返回以AB结束的3个字符的字符串。
- LIKE '[ACE]%'　　　返回以A、C、E开始的任意字符串。
- LIKE 'L[^a]%'　　　返回以L开始、第2个字符不是a的任意字符串。

下面通过例子来说明LIKE运算符的使用。

⚠ 【例5.9】使用LIKE运算符查询信息

查询银行表中的地址包含"海淀区"的银行信息。

```
USE Loan
GO
SELECT * FROM Bank
WHERE Baddress LIKE '%海淀区%'
GO
```

程序执行结果如图5.11所示，地址中包含"海淀区"的银行记录都出现在了结果中。

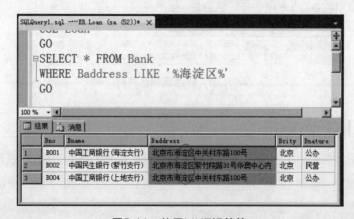

图5.11　使用LIKE运算符

5.3.4 使用BETWEEN…AND…运算符

运算符BETWEEN…AND…和NOT BETWEEN…AND…可以用来查找列的值在或不在指定的范围内。其中，BETWEEN后是范围的下限（包含下限），AND后是范围的上限（包含上限）。

⚠ 【例5.10】 查询编号之间的信息

查询银行表中编号在B002与B006之间的银行信息。

```
USE Loan
GO
SELECT * FROM Bank
WHERE Bno BETWEEN 'B002' AND 'B006'
GO
```

程序执行结果如图5.12所示，编号在B002与B006之间的银行信息都出现在了结果中。

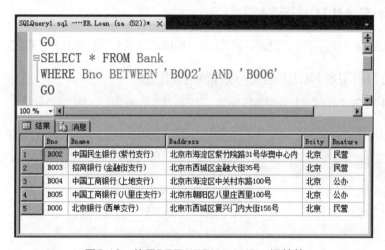

图5.12　使用BETWEEN…AND…运算符

5.3.5 使用IN运算符

运算符IN可以用来表示列的值属于或不属于指定的集合。如果值属于指定的集合，返回true，否则返回false。

⚠ 【例5.11】 使用IN运算符查询信息

查询银行表中编号为B002、B004或B006的银行信息。

```
USE Loan
GO
SELECT * FROM Bank
WHERE Bno IN('B002','B004','B006')    --集合中有3个元素
GO
```

程序执行结果如图5.13所示，编号为B002、B004或B006的银行信息都出现在了结果中。

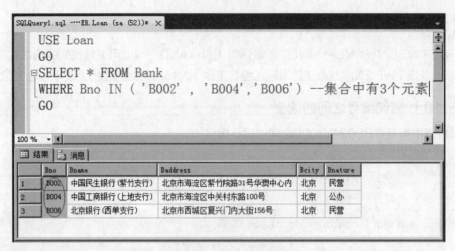

图5.13 使用IN运算符

5.3.6 使用IS NULL运算符

运算符IS NULL可以判断列的值是否是NULL。如果是NULL则返回true，否则返回false。

⚠️【例5.12】使用IS NULL运算符查询银行信息

查询银行表中所在城市为NULL的银行信息。

```
USE Loan
GO
--增加一个银行记录，指定其所在城市为NULL
INSERT INTO Bank VALUES('B011','中国银行','北京市东直门20号', NULL, NULL)
GO
SELECT * FROM Bank
WHERE Bcity IS NULL
GO
```

程序执行结果如图5.14所示，所在城市为NULL的银行信息出现结果中。

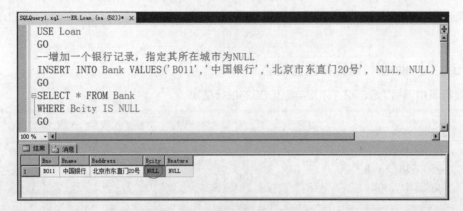

图5.14 使用IS NULL运算符

5.4 排序查询

> 使用ORDER BY子句可以按一个或多个属性列对数据进行排序。ORDER BY子句通常位于WHERE子句后面，默认的排序方式有两种（升序和降序），通过关键字ASC和DESC来指定。其中，ASC表示升序，DESC表示降序，默认值为升序。当排序列包含空值（NULL）时，若使用ASC关键字，则排序列为空值的记录最后显示；若使用DESC关键字，则排序列为空值的记录最先显示。

⚠ 【例5.13】降序排列银行信息

查询银行表中所有银行信息，并按银行名称降序排列。

```
USE Loan
GO
SELECT * FROM Bank
ORDER BY Bname DESC
GO
```

程序执行结果如图5.15所示，已经按照名称进行了降序排列。

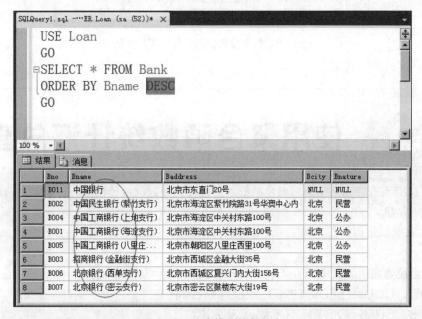

图5.15　降序排列银行信息

当基于多个属性对数据进行排序时，出现在ORDER BY子句中的列的顺序是非常重要的，因为系统是按照排序列的先后进行排序的。如果第一个属性相同，则依据第二个属性排序，如果第二个属性相同，则依据第三个属性排序，依此类推。另外，在执行多列排序时，每一个列都可以指定是升序还是降序。

⚠ 【例5.14】降序排列银行名称和银行性质

查询银行表中所有银行信息，并按银行名称、银行性质降序排列。

```
USE Loan
GO
SELECT * FROM Bank
ORDER BY Bname DESC, Bnature DESC
GO
```

程序执行结果如图5.16所示，首先按照名称进行了降序排列，如果名称相同，再根据性质进行降序排列。

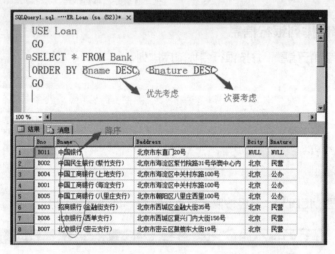

图5.16　降序排列银行名称和银行性质

5.5　使用聚合函数统计汇总查询

> 在SELECT语句中使用聚合函数进行统计，并返回统计结果，可以得到很多有价值的信息。

常用的聚合函数包括COUNT()、SUM()、AVG()、MAX()和MIN()。
- 计数函数：COUNT([DISTINCT | ALL] 列名称|*)
- 求和函数：SUM([DISTINCT | ALL] 列名称)
- 求平均值函数：AVG([DISTINCT | ALL] 列名称)
- 求最大值函数：MAX([DISTINCT | ALL] 列名称)
- 求最小值函数：MIN([DISTINCT | ALL] 列名称)

其中，DISTINCT短语指明在计算时取消指定列中的重复值，只处理唯一值；而ALL短语则指明不取消重复值。默认情况下为ALL。

⚠ **【例5.15】统计银行表中记录的个数**

```
USE Loan
GO
SELECT COUNT(*) AS 记录个数 FROM Bank
GO
```

程序执行结果如图5.17所示。

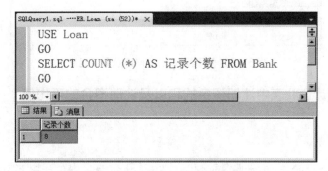

图5.17 使用COUNT()聚合函数

⚠ **【例5.16】统计银行表中"银行性质"列中的不同值的个数**

```
USE Loan
GO
SELECT COUNT(DISTINCT Bnature) AS 记录个数 FROM Bank
GO
```

程序执行结果如图5.18所示。

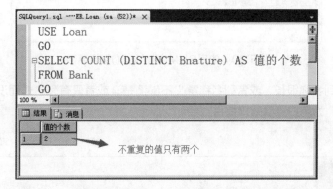

图5.18 使用带有DISTINCT选项的COUNT()聚合函数

⚠ **【例5.17】统计银行表中的最大编号和最小编号**

```
USE Loan
GO
SELECT MAX(Bno) AS 最大编号, MIN(Bno) AS 最小编号
FROM Bank
GO
```

程序执行结果如图5.19所示。

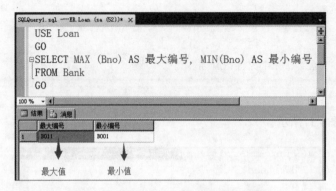

图5.19　使用MAX()和MIN()聚合函数

⚠️ **【例5.18】统计企业表中注册资金的和以及注册资金的平均值**

```
USE Loan
GO
SELECT SUM(Ecapital) AS 注册资金之和，AVG(Ecapital) AS 平均注册资金
FROM Enterprise
GO
```

程序执行结果如图5.20所示。

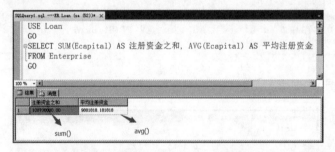

图5.20　使用SUM()和AVG()聚合函数

如果结果集中的列名称很长，或者列名称意义不够清楚，或者只有表达式而没有列名称，这时可以使用别名改变列标题，为用户查看结果提供方便。

5.6　分组查询

使用GROUP BY子句可以将查询结果按某个字段或多个字段进行分组，字段值相等的为一组。这样做的目的是为了细化聚合函数的作用对象，如果未对查询结果分组，聚合函数将作用于整个查询结果；而对查询结果分组后，聚合函数将分别作用于每个组。

⚠️ 【例5.19】 分组统计每种类型的银行数量

```
USE Loan
GO
SELECT Bnature AS 银行性质,COUNT(*) AS 银行数量
FROM Bank
GROUP BY Bnature
GO
```

程序执行结果如图5.21所示，按照"银行性质"的值把8家银行分成了3组。其中，民营银行4家、公办银行3家、性质为NULL值的银行1家。

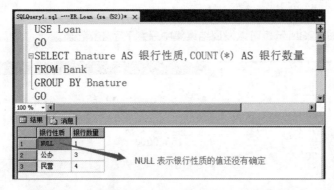

图5.21 使用GROUP BY子句和COUNT()聚合函数

⚠️ 【例5.20】 分组统计每个企业的贷款总金额

```
USE Loan
GO
SELECT Bno AS 企业编号,SUM(Lamount) AS 贷款总金额
FROM Loan
GROUP BY Bno
GO
```

程序执行结果如图5.22所示。

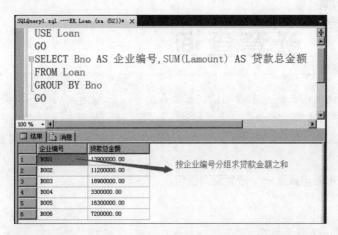

图5.22 使用GROUP BY子句和SUM()聚合函数

如果分组后还要求按一定的条件对这些组进行筛选，最终只输出满足指定条件的组，则可以使用HAVING短语指定筛选条件。

⚠️ **【例5.21】输出总金额大于15000000的记录**

```
USE Loan
GO
SELECT Bno AS 企业编号,SUM(Lamount) AS 贷款总金额
FROM Loan
GROUP BY Bno
HAVING SUM(Lamount) > 15000000
GO
```

程序执行结果如图5.23所示，可以发现结果集中只剩下了2条记录。

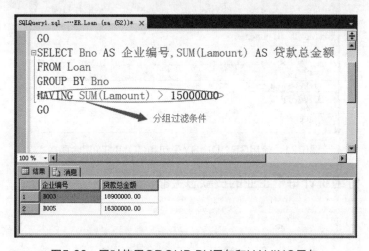

图5.23 同时使用GROUP BY子句和HAVING子句

HAVING短语与WHERE子句的区别在于作用对象不同。WHERE子句作用于基表或视图，从中选择满足条件的记录。HAVING短语作用于分组，从分组中选择满足条件的组。

5.7 嵌套查询

> 在SQL语言中，将一个查询语句嵌套在另一个查询语句内部的查询称为嵌套查询，嵌套查询又称为子查询。

例如，下面的SQL语句就是一个嵌套查询语句。

```
SELECT Bname FROM Bank
WHERE Bno IN(SELECT Bno
```

```
        FROM Loan
        WHERE Bno = 'B001')
```

在本例中，下层查询语句SELECT Bno FROM Loan WHERE Bno = 'B001' 嵌套在上层查询语句SELECT Bname FROM Bank WHERE Bno IN的WHERE子句中。其中，上层查询语句称为外层查询或者父查询，下层查询语句称为内层查询或子查询。

SQL语言允许多层嵌套查询，即一个子查询中还可以嵌套其他子查询。在使用子查询时，需要注意以下几点：

- 子查询必须使用圆括号括起来。
- 子查询中不能使用ORDER BY子句。
- 如果子查询中使用了ORDER BY子句，则ORDER BY子句必须与TOP子句同时出现。
- 嵌套查询一般的求解方法是由里向外，即每个子查询要在上一级查询处理之前求解，子查询的结果用于建立其父查询要使用的查找条件。

5.7.1 带IN的嵌套查询

在嵌套查询中，子查询的结果往往是一个集合，所以谓词IN是嵌套查询中最常使用的谓词。其主要使用方式为：

```
WHERE 〈 条件表达式 〉
IN （子查询）
```

⚠ 【例5.22】查询与"中国工商银行(海淀支行)"属于同一种性质的银行信息

先分步完成查询，再构造嵌套查询完成查询要求。

（1）查询"中国工商银行(海淀支行)"的性质属性值

```
USE Loan
GO
SELECT Bnature FROM Bank
WHERE Bname = '中国工商银行(海淀支行)'
GO
```

查找结果为"公办"，如图5.24所示。

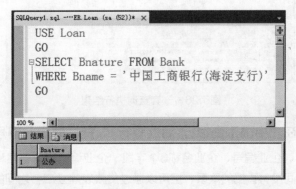

图5.24 查询"中国工商银行(海淀支行)"的性质属性值

（2）根据第1步查到的结果，查找属于该性质的银行信息

查找结果如图5.25所示。

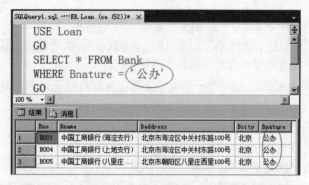

图5.25　根据第（1）步的查询结果，查询银行信息

```
USE Loan
GO
SELECT * FROM Bank
WHERE Bnature = '公办'
GO
```

下面我们将第（1）步查询嵌入到第（2）步查询中，构造嵌套查询，具体代码如下：

```
USE Loan
GO
SELECT * FROM Bank
WHERE Bnature IN
            (SELECT Bnature FROM Bank
            WHERE Bname = '中国工商银行(海淀支行)')
GO
```

程序执行结果和上面第（2）步得到的结果完全一样，如图5.26所示。

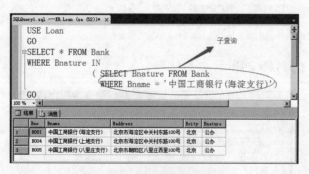

图5.26　嵌套查询执行结果

⚠ 【例5.23】查询在"中国工商银行(海淀支行)"贷款的企业编号和名称

本查询涉及银行名称、企业编号、企业名称3个字段。企业编号和企业名称在企业表中，银行名称在银行表中，这两个表之间没有直接的联系，但可以通过贷款表建立二者之间的联系，因此查询实际上涉及3个数据表。具体代码如下：

```
USE Loan
GO
SELECT Eno,Ename FROM Enterprise
WHERE Eno IN
            (SELECT Eno FROM Loan
             WHERE Bno IN
                        (SELECT Bno FROM Bank
                         WHERE Bname = '中国工商银行(海淀支行)'
                         )
            )
GO
```

查询结果如图5.27所示。

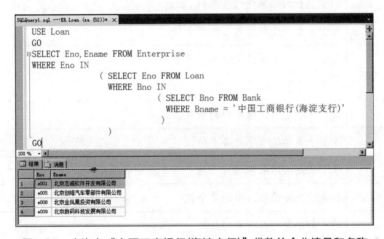

图5.27　查询在"中国工商银行(海淀支行)"贷款的企业编号和名称

由【例5.22】和【例5.23】可以看出，当查询涉及多个表时，用嵌套查询逐步求解，层次清楚，易于构造，具有结构化程序设计的特点。

5.7.2 带比较运算符的嵌套查询

带有比较运算符的子查询是指父查询与子查询之间用比较运算符进行连接。当用户能确切知道内层查询返回的是单值时，可以用=、>、<、>=、<=、!=或<>等比较运算符。

例如，在【例5.22】中，由于一家银行只可能具有一种银行性质，也就是说子查询的结果是一个值，因此可以用=代替IN，其SQL语句如下：

```
USE Loan
GO
SELECT * FROM Bank
WHERE Bnature =
            (SELECT Bnature FROM Bank
             WHERE Bname = '中国工商银行(海淀支行)')
GO
```

需要注意的是，子查询一定要跟在比较运算符之后。

5.7.3 带ANY或ALL的嵌套查询

子查询返回单值时，可以用比较运算符，但返回多值时，要用ANY或ALL谓词修饰符。使用ANY或ALL谓词时，必须同时使用比较运算符，其语义如表5.2所示。

表5.2　ANY和ALL语义说明

运算符	语义
>ANY	大于子查询结果中的某个值
>ALL	大于子查询结果中的所有值
<ANY	小于子查询结果中的某个值
<ALL	小于子查询结果中的所有值
>=ANY	大于等于子查询结果中的某个值
>=ALL	大于等于子查询结果中的所有值
<=ANY	小于等于子查询结果中的某个值
<=ALL	小于等于子查询结果中的所有值
=ANY	等于子查询结果中的某个值
=ALL	等于子查询结果中的所有值（通常没有实际意义）
!=(或< >)ANY	不等于子查询结果中的某个值
!=(或< >)ALL	不等于子查询结果中的任何一个值

为了方便介绍ANY和 ALL的用法，下面我们创建两个数据表tb_1和tb_2：

```
USE Loan
GO
CREATE TABLE tb_1(id1 INT NOT NULL)
GO
CREATE TABLE tb_2(id2 INT NOT NULL)
GO
```

为表添加数据并查询表中数据，结果如图5.28所示。

```
INSERT INTO tb_1 VALUES(1),(7),(9),(11)
INSERT INTO tb_2 VALUES(2),(4),(8),(16)
GO
SELECT * FROM TB_1
SELECT * FROM TB_2
GO
```

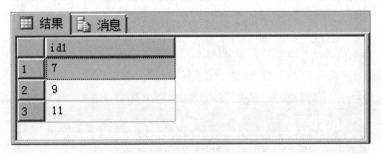

图5.28 创建表、添加数据、查询数据

⚠ 【例5.24】ANY嵌套查询

查询tb_1中id1的值，要求该值大于tb_2中的某一个id2的值。

```
USE Loan
GO
SELECT id1 FROM tb_1
WHERE id1 > ANY(SELECT id2 FROM tb_2)
GO
```

查询结果如图5.29所示，可以发现只要id1大于id2的最小值2，就会出现在结果中。

	id1
1	7
2	9
3	11

图5.29 带有ANY的子查询语句

⚠ 【例5.25】ALL嵌套查询

查询tb_1中id1的值，要求该值大于tb_2中的所有id2的值。

```
USE Loan
GO
SELECT id1 FROM tb_1
WHERE id1 > ALL(SELECT id2 FROM tb_2)
GO
```

查询结果如图5.30所示，可以发现结果集为空，因为id1没有大于id2的最大值16的值。

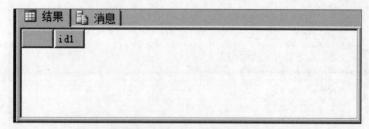

图5.30　带有ALL的子查询语句

5.7.4　带EXISTS的嵌套查询

EXISTS关键字后面的参数是一个任意的子查询。如果子查询有返回行（至少返回一行），那么EXISTS的结果为true，此时外层查询语句将执行查询；如果子查询没有返回任何行，那么EXISTS的结果为false，此时外层查询语句将不执行查询。

⚠ 【例5.26】带EXISTS的嵌套查询

查询银行表中的所有数据，如果贷款表中存在编号为B001的银行信息。

```
USE Loan
GO
SELECT * FROM Bank
WHERE  EXISTS(SELECT * FROM Loan WHERE Bno = 'B001')
GO
```

查询结果如图5.31所示。

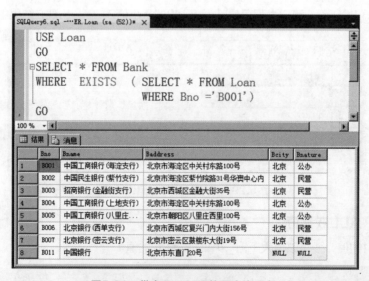

图5.31　带有EXISTS的子查询语句

由于带EXISTS关键字的子查询只关心内层查询是否有返回值，并不需要查看具体的返回值，因此在子查询中可以使用星号（*）代替所有的列名。

5.8 集合查询

> SELECT查询语句的结果集往往是一个包含了多行数据（记录）的集合。在数学领域中，集合之间可以进行并、交、差等运算。在Microsoft SQL Server 2012中，两个查询语句之间也可以进行集合运算，其中主要包括并运算UNION、交运算INTERSECT和差运算EXCEPT。

5.8.1 并运算

在进行并运算时，参与运算的两个查询语句，其结果中的列的数量和顺序必须相同，且数据类型必须兼容。

默认情况下，UNION运算符将从结果中删掉重复的行，但可以通过使用UNION ALL运算符保留所有的行。

⚠ 【例5.27】查询贷款给企业编号为E001或者E007的银行编号

```
USE Loan
GO
SELECT Bno FROM Loan
WHERE Eno = 'E001'
UNION ALL
SELECT Bno FROM Loan
WHERE Eno = 'E007'
GO
```

查询结果如图5.32所示，可以发现结果中有重复的行，这是查询语句中使用了ALL关键字的缘故。如果没有使用ALL关键字，则结果中不会出现重复行。

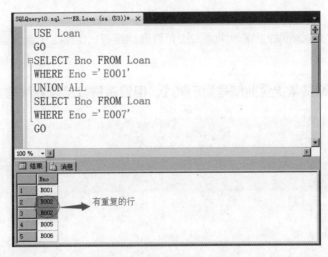

图5.32　UNION ALL运算

5.8.2 交运算

交运算（INTERSECT）返回两个查询语句检索出来的共有行。

⚠ **【例5.28】查询同时贷款给企业编号为E001和E007的银行编号**

```
USE Loan
GO
SELECT Bno FROM Loan
WHERE Eno = 'E001'
INTERSECT
SELECT Bno FROM Loan
WHERE Eno = 'E007'
GO
```

查询结果如图5.33所示。

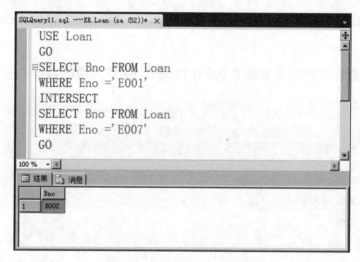

图5.33　INTERSECT运算

5.8.3 差操作

差运算（EXCEPT）返回的是第一个查询语句查询结果有，但第二个查询语句的查询结果中没有的行。

⚠ **【例5.29】查询贷款给企业编号为E001，但没有贷款给企业编号为E007的银行编号**

```
USE Loan
GO
SELECT Bno FROM Loan
WHERE Eno = 'E001'
EXCEPT
SELECT Bno FROM Loan
WHERE Eno = 'E007'
GO
```

查询结果如图5.34所示。

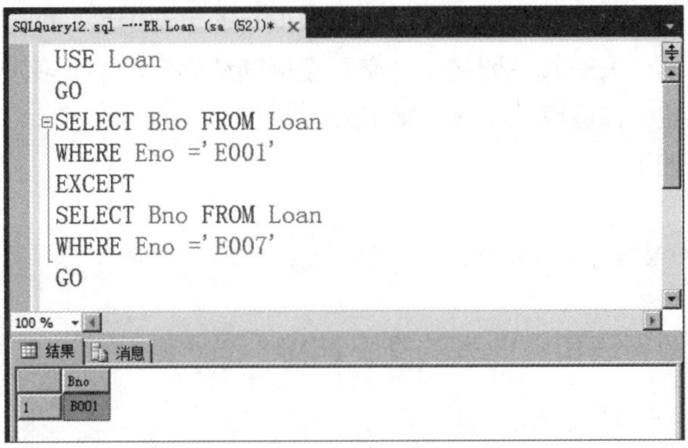

图5.34　EXCEPT运算

5.9 连接查询

> 　　在关系数据库管理系统中，数据之间往往存在一定的联系，且分散存储在不同的数据表中。但是，在实际应用中往往需要同时从两个或两个以上的数据表中检索数据，并且每个表中的数据往往仍以单独的列出现在结果集中。实现从两个或两个以上表中检索数据且结果集中出现的列来自于两个或两个以上表中的检索操作称为连接技术。连接查询是关系数据库中非常重要的查询方式，包括交叉连接、内连接、外连接三种。

连接可以在SELECT 语句的FROM子句或WHERE子句中建立，在FROM子句中指出连接时有助于将连接操作与WHERE子句中的搜索条件区分开来。所以，在Transact-SQL中推荐使用这种方法。

在FROM子句中指定连接条件的语法格式为：

```
SELECT 〈 目标列表达式 〉
FROM 〈 表1 〉 连接类型 〈 表2 〉
[ON(连接条件)]
```

其中连接类型可以是交叉连接（CROSS JOIN）、内连接（INNER JOIN）、外连接；ON子句指出连接条件，它由被连接表中的列和比较运算符、逻辑运算符等构成。

在WHERE子句中指定连接条件的语法格式为：

```
SELECT 〈 目标列表达式 〉
FROM 〈 表1 〉 , 〈 表2 〉
[WHERE(连接条件)]
```

连接可以对同一个表操作，也可以对多表操作，对同一个表操作的连接又称作自连接。

5.9.1 交叉连接查询

交叉连接也称为笛卡儿积，它返回两个表中所有数据行的全部组合，即结果集的数据行数等于两个表的数据行数之积，列为两个表的属性列之和。交叉连接的结果会产生很多没有意义的记录，而且执行该操作非常耗费时间。因此，该运算的实际意义不大。

交叉连接的语法格式如下：

```
SELECT 字段列表 FROM 表名1 CROSS JOIN表名2
```

⚠ **【例5.30】查询银行表和企业表的交叉连接**

```
USE Loan
GO
SELECT Bno, Bname, Baddress, Bcity,
       Eno, Ename, Eaddress, Ephone,
       Ecapital, Efoundtime, Eowner
FROM Bank CROSS JOIN Enterprise
GO
```

查询结果如图5.35所示。

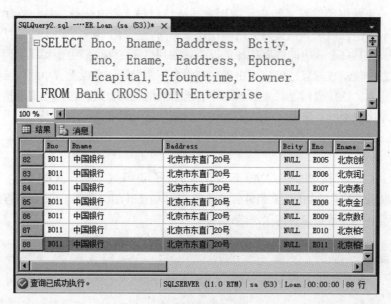

图5.35　交叉连接

其中，银行表有8条记录，企业表有11条记录，交叉连接后得到8*11=88条记录。需要注意的是，在进行多表连接时，如果引用的列有重名现象，则需要在列名前面加上表名，即用"表名.列名"的形式表示，以示区分。

5.9.2 内连接查询

内连接（INNER JOIN）使用比较运算符比较被连接列的列值，并列出与连接条件相匹配的数据行。根据所使用的比较方式不同，内连接又分为等值连接、非等值连接和自连接。

1. 等值与非等值连接查询

连接查询中用来连接两个表的条件称为连接条件或连接谓词，它的一般格式为：

表名1.列名1 比较运算符 表名2.列名2

可以使用的比较运算符有：>、>、=、<、<=、!=（或<>），还可以使用BETWEEN…AND…之类的谓词。当连接运算符为等号（=）时，称为等值连接。使用其他比较运算符就构成了非等值连接。

⚠ 【例5.31】 查询每个企业的贷款情况

企业基本情况信息存放在Enterprise表中，贷款情况信息存放在Loan表中，所以本查询实际上涉及Enterprise与Loan两个表。这两个表之间的联系是通过公有属性Eno来实现。

```
USE Loan
GO
SELECT Enterprise.Eno, Ename, Ephone,
        Ecapital,Lamount,Lterm,Ldate,Pdate
FROM Enterprise INNER JOIN Loan
ON Enterprise.Eno = Loan.Eno
GO
```

查询结果如图5.36所示。

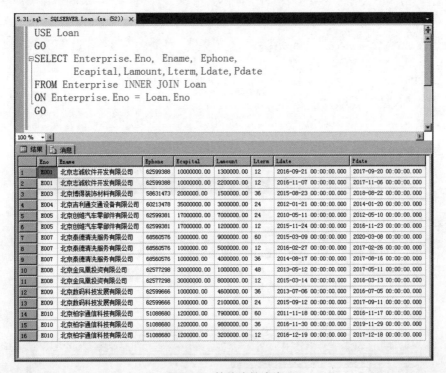

图5.36　等值连接查询

本例中，SELECT子句、ON子句中的Eno属性名前都加上了数据表名作为前缀，这是为了避免混淆，因为在Enterprise表和Loan表中都有属性Eno。而其他属性名在参加连接的这两个表中是唯一的，所以可以省略前缀。

SQL Server 2012系统执行该连接操作的过程描述如下：

（1）在Enterprise表中找到第一个记录，然后从头开始扫描Loan表，逐一查找与Enterprise第一个记录的Eno相等的记录。

（2）如果在Loan表中找到了满足条件的记录，就将Enterprise中的第一个记录与该记录拼接起来，形成结果表中的一个记录。然后，继续查找Loan表剩下的记录，直到全部记录查找完毕；如果没有在Loan表中找到满足条件的记录，则Enterprise中的第一个记录将不会出现在结果集中。

（3）查找Enterprise中的第二个记录，再继续从头开始扫描Loan表，逐一查找满足连接条件的记录，找到后就将Enterprise中的第二个记录与该记录拼接起来，形成结果表中的一个记录。

（4）重复以上操作，直到Enterprise表中的全部记录都处理完毕。

非等值连接就是连接条件的中关系运算符不是等号（ = ）， 通常情况下，非等值连接没有多大意义，很少单独使用，它通常和等值连接一起组成复合条件，共同完成一组查询。

2. 自连接查询

连接不仅可以在不同的表之间进行，也可以在同一个表之间进行，这种连接称为自连接。由于连接的两个表其实是一个表，为了加以区分，需要为表起别名。

⚠ 【例5.32】自连接查询

使用银行表查找与编号B001的银行性质相同的银行编号、银行名称和银行性质，要求不包含编号为B001的银行自身。

```
USE Loan
GO
SELECT b2.Bno,b2.Bname,b2.Bnature
FROM Bank as b1 , Bank as b2
WHERE b1.Bnature = b2.Bnature  AND b1.Bno='B001'
      AND b2.Bno!='B001'
GO
```

查询结果如图5.37所示。

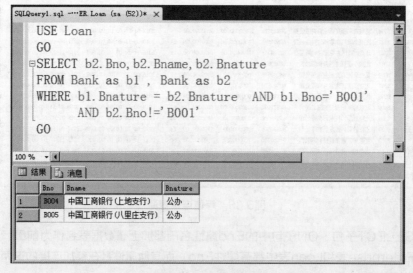

图5.37　自连接查询

5.9.3 外连接查询

在内连接操作中，只有满足连接条件的记录才能作为结果输出，如在【例5.31】的结果表中没有出现编号为E002和E006的企业信息，原因在于他们没有贷款，在贷款表中没有相应的记录。但是有时需要以企业表为主体列出每个企业的基本情况及其贷款情况，若某个企业没有贷款，则只输出其基本情况信息，其贷款信息为空值即可，这时可以使用外连接（OUTER JOIN）查询来实现。

外连接有三种形式。

- 左外连接（LEFT OUTER JOIN）：左外连接的结果集中将包含左边表的所有记录（不管右边的表中是否存在满足连接条件的记录），以及右边表中满足连接条件的记录。
- 右外连接（RIGHT OUTER JOIN）：右外连接的结果集中将包含右边表的所有记录（不管左边的表中是否存在满足连接条件的记录），以及左边表中满足连接条件的记录。
- 全连接（FULL OUTER JOIN）：左外连接与右外连接结果集的并集。

⚠ **【例5.33】使用左外连接查询所有企业贷款（含没有贷款企业）情况**

代码如下：

```
USE Loan
GO
SELECT Enterprise.Eno, Ename, Ephone,Ecapital,
        Lamount,Lterm,Ldate,Pdate
FROM Enterprise LEFT OUTER JOIN Loan
ON Enterprise.Eno = Loan.Eno
GO
```

查询结果如图5.38所示。编号为E002和E006的企业信息也出现在了结果集中，由于它们没有对应的贷款信息，所以和贷款有关的信息用NULL表示。

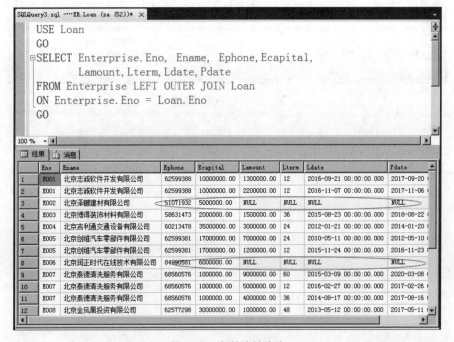

图5.38 左外连接查询

⚠️ **【例5.34】使用右外连接查询所有银行（含无借贷记录的）的借贷情况**

代码如下：

```
USE Loan
GO
SELECT  Eno,Lamount,Lterm,Ldate,Pdate,
        Bank.Bno, Bname, Baddress
FROM Loan RIGHT OUTER JOIN Bank
ON Loan.Bno = Bank.Bno
GO
```

查询结果如图5.39所示。所有的银行都出现在了结果集中，包括没有借贷记录的B007和B011两家银行。

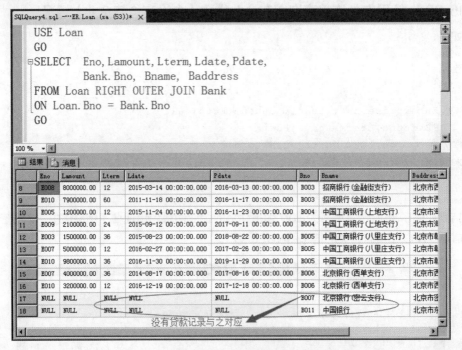

图5.39　右外连接查询

本章小结

数据查询是数据库管理系统提供的最重要的功能之一。在Microsoft SQL Server 2012系统中可以使用SELECT语句执行数据查询操作，该语句的使用方式非常灵活并具有丰富的功能，它既可以完成简单的单表查询，也可以完成复杂的连接查询和嵌套查询。

本章详细介绍了查询语句的语法格式和基本用法，利用这些查询语句可以完成大部分数据查询操作，包括基本数据查询、条件查询、分组查询、嵌套查询、集合查询、连接查询等操作。

通过本章的学习，读者可以熟练掌握使用SELECT语句进行数据查询的相关技术，为将来的数据库编程和数据库操作打下坚实的基础。

项目练习

（1）创建学生成绩管理数据库（XSCJDB），并在该数据库中创建学生表Student（学号、姓名、性别、年龄、系别）、课程表Course（课程号、课程名、学分数、学时数）和成绩表SC（学号、课程号、成绩），然后在每个表里添加若干条记录。

（2）查询选修了课程的学生学号（取消重复值）。

（3）查询每个学生选修课程的门数，并为结果集中的目标列指定新的列标题。

（4）查询计算机系所有学生的信息。

（5）查询学生姓名中包含"华"字的学生的姓名、年龄。

（6）查询姓"陈"并且年龄大于20岁的学生的姓名和所属院系。

（7）将所有学生信息按照平均成绩进行排序。

（8）查询选课超过一门的学生信息。

（9）找出平均成绩最高的学生的姓名、学号和成绩。

Chapter

06

视图

本章概述

　　视图是一种常用的数据库对象，是保存在数据库中的SELECT查询，也被称为虚拟表。常用于集中、简化和定制显示数据库中的数据信息，为用户以多角度观察数据库中的数据提供方便。

　　本章将通过实例来介绍视图的概念、视图的作用，以及创建、修改和删除视图的基本方法。通过本章的学习，读者可以了解视图的概念和作用，掌握使用图形化工具和SQL命令创建、修改视图、删除视图的方法，以及通过视图更新数据的方法。

重点知识

- 认识视图
- 创建视图
- 修改视图
- 查看视图
- 通过视图更新数据
- 删除视图

6.1 认识视图

> 视图是从一个或多个表中导出的逻辑表，它没有自己独立的数据实体，不需要像表一样物理地存储在数据库中，但它的作用与表非常相似，可以像使用表一样在查询语句中使用。

6.1.1 视图的概念

视图是一个虚拟表，从一个或多个表中导出的逻辑表。视图还可以在已经存在的视图的基础上定义。视图一经定义便存储在数据库中，通过视图看到的数据只是存放在基本表中的数据。对视图的操作与对表的操作一样，可以对其进行数据的添加、修改、删除和查询。通过视图对数据进行修改时，对应的基本表中的数据也会发生变化。同样的，基本表中的数据发生变化时，也会自动反映到视图中。

6.1.2 视图的分类

在Microsoft SQL Server 2012系统中，可以把视图分成3种类型，即标准视图、索引视图和分区视图。

- 标准视图：通常情况下的视图都是标准视图，它是一个虚拟表，没有数据，在数据库中仅保存其定义。
- 索引视图：如果希望提高多行数据的视图性能，可以创建索引视图。索引视图是被物理化的视图，它包含经过计算的物理数据。索引视图在数据库中不仅保存其定义，而且生成的记录也被保存。使用索引视图可以提高查询性能，但不适用于经常更新的基本数据表。
- 分区视图：通过使用分区视图，可以连接一台或多台服务器成员表中的分区数据，使得这些数据看起来就像是来自同一个表中一样。

6.1.3 视图的优点

与直接从数据表中查询数据相比，视图有很多优点，例如使查询简单化，提高了数据的安全性、掩码数据库的复杂性以及为了向其他应用程序输出而重新组织数据等。

- 查询简单化：如果一个查询非常复杂，跨越多个数据表，那么可以通过将这个复杂查询定义为视图，从而简化用户对数据的访问，因为用户只需要查询视图即可。
- 提高数据的安全性：视图创建了一种可以控制的环境，即数据表中的一部分数据允许访问，而另一部分则不允许访问。那些没有必要的、敏感的或不适合的数据都从视图中排除了，用户只能查询和修改视图中显示的数据。可以为用户只授予访问视图的权限，而不授予访问数据表的权限，从而提高数据库的安全性能。
- 掩码数据库的复杂性：视图把数据库设计的复杂性与用户的使用方式屏蔽开了。在设计数据库和数据表时，因为种种因素，通常命名的名字都是十分复杂和难以理解的，而视图可以将那些难以理解的列替换成数据库用户容易理解和接受的名称，从而为用户的使用提供极大便利。

● 为向其他应用程序输出而重新组织数据：可以创建一个基于连接两个或多个表的复杂查询的视图，然后把视图中的数据引出到另外一个应用程序中，以便对这些数据进行进一步的分析和使用。

6.2 创建视图

> 在Microsoft SQL Server 2012中，可以通过两种方式完成视图的创建：一是使用图形化工具，二是使用SQL命令。

6.2.1 在图形界面下创建视图

在图形界面下创建视图的具体操作步骤如下：

Step 01 启动Microsoft SQL Server Management Studio，并使用Windows或SQL Server身份验证建立连接。

Step 02 展开"对象资源管理器"（如果没有出现该窗格，可以执行"视图→对象资源管理器"命令，打开该窗格），打开指定的服务器实例，选中"数据库"节点，再打开指定的数据库，如Loan数据库。

Step 03 右键单击"视图"节点，从弹出菜单中执行"新建视图"命令，如图6.1所示。

Step 04 弹出"添加表"对话框，在"表"选项卡中列出了用来创建视图的基本表，在本例中我们选择了Enterprise，单击"添加"按钮，然后单击"关闭"按钮，如图6.2所示。

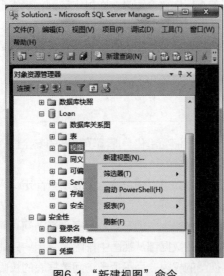

图6.1 "新建视图"命令

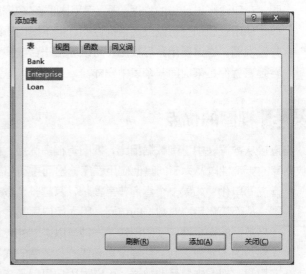

图6.2 "添加表"对话框

【TIPS】

一个视图可以基于多个基本表，如果选择多个基本表，可以按住Ctrl键，然后分别选择列表中的数据表。

Step 05 基本表选择结束之后，将显示如图6.3所示的定义视图窗口，该窗口分为4个区域。第一个区域是"关系图"窗格，在这里可以添加和删除数据表。第二个区域是"条件"窗格，在这里可以为列设置别名，设置排序类型、排序顺序和筛选条件。第三个区域是SQL窗格，在这里可以输入SQL执行语句。第四个区域是"结果"窗格，在这里可以查看执行结果。在本例中我们在"关系图"窗格中添加的是Enterprise表，选中的列是该表的Eno、Ename和Eaddress列。

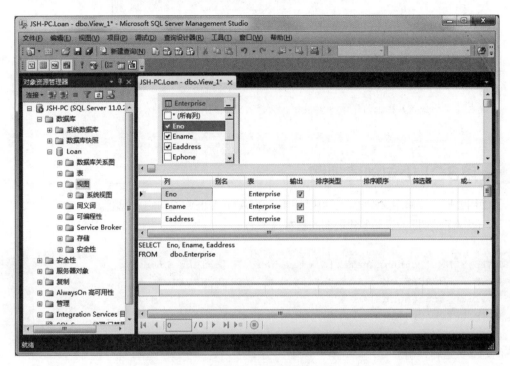

图6.3　定义视图

Step 06 单击"执行"按钮，在"结果"窗格中将显示视图的执行结果，如图6.4所示。

Eno	Ename	Eaddress
e001	北京志诚软件开发有限公司	北京市海淀区中关村软件园
e002	北京泽鹏建材有限公司	北京市密云县檀西路13号
e003	北京博得装饰材料有限公司	北京市朝阳区西大望路23号
e004	北京吉利通交通设备有限公司	北京大兴区工业开发区广阳大街6号
e005	北京创维汽车零部件有限公司	北京市海淀区上地东路29号
e006	北京润正时代在线技术有限公司	北京市朝阳区亚运村汇欣大厦
e007	北京泰德清洗服务有限公司	北京市西城区复兴门外大街6号
e008	北京金凤凰投资有限公司	北京市海淀区中关村昌平园
e009	北京数码科技发展有限公司	北京市海淀区中关村昌平园
e010	北京柏宇通信科技有限公司	北京市朝阳区肯云路26号

图6.4　视图执行结果

Step 07 单击工具栏中的"保存"按钮，在弹出的对话框中输入视图名称，单击"确定"按钮即可完成视图的创建，如图6.5所示。

图6.5　选择名称

 【 TIPS 】

用户也可以单击工具栏上的 按钮，选择打开或关闭这些窗格。

6.2.2 用SQL语句创建视图

除了使用图形化工具定义视图，还可以使用CREATE VIEW语句定义视图。

使用CREATE VIEW语句创建视图的基本语法为：

```
CREATE VIEW [ schema_name.]< view_name > [column_list ]
[ WITH < ENCRYPTION | SCHEMABINGDING | VIEW_METADATA > ]
AS select_statement
[ WITH CHECK OPTION ]
```

下面对参数进行说明。

schema_name：视图所属的架构名称。

view_name：视图的名称。

column_list：视图中列使用的名称，如果未指定列名，则视图将获得与SELECT语句中的列相同的名称。

AS：视图要执行的操作。

select_statement：定义视图的SELECT语句，该语句可以使用多个表和其他视图。

CHECK OPTION：强制针对视图进行UPDATE、INSERT和DELETE操作时要保证更新、插入或删除的行满足视图定义中的谓词条件（即子查询中的条件表达式）。

ENCRYPTION：对视图定义进行加密。

SCHEMABINGDING：将视图绑定到基本表的架构。

VIEW_METADATA：指定返回的元数据信息来自于视图而不是基本表。

【 TIPS 】

视图定义中的SELECT语句不能包括下列内容：

❶ORDER BY子句，如果包含ORDER BY子句，必须同时包含TOP子句。

❷COMPUTE 或COMPUTE BY子句。

❸INTO关键字。

❹OPTION子句。

1. 创建简单视图

创建一个基于单个基本表的视图。

⚠ 【例6.1】 创建一个包含所有银行信息的视图

```
CREATE VIEW vw_allBank
AS
SELECT Bno, Bname, Baddress, Bcity, Bnature
FROM Bank
GO
```

执行结果如图6.6所示，新建的视图vw_allBank出现在"视图"节点的下面。

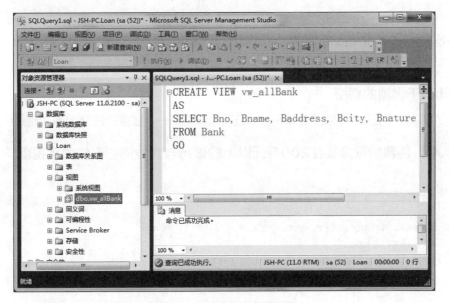

图6.6　在单个表上创建视图

2. 创建带有检查约束的视图

⚠ 【例6.2】 创建一个包含所有公办银行的视图

要求通过该视图进行更新操作时只涉及公办银行。

```
CREATE VIEW vw_pubBank
AS
SELECT Bno, Bname, Baddress, Bcity, Bnature
FROM Bank
WHERE Bnature = '公办'
WITH CHECK OPTION
GO
```

由于在定义vw_ pubBank时，加上了WITH CHECK OPTION子句，所以以后对该视图进行插入、修改和删除操作时，系统会自动加上Bnature = '公办' 的条件。

3. 创建基于多表的视图

视图不仅可以建立在单表上，也可以建立在多个表上。

⚠️ 【例6.3】 创建银行与企业间的借贷关系视图

```
CREATE VIEW vw_loanRelation
AS
SELECT Ename, Bname, Lamount, Lterm, Ldate, Pdate
FROM   Bank INNER JOIN Loan
        ON Bank.Bno = Loan.Bno
        INNER JOIN Enterprise
        ON Loan.Eno = Enterprise.Eno
GO
```

由于在视图vw_loanRelation的定义中同时包含了Bank表与Loan表的同名列Bno，所以在Bno列名前需要加上各自所属表的表名进行区分。

4. 创建基于视图的视图

视图除了可以建立在一个或多个基本表上，还可以建立在一个或多个已定义好的视图上。

⚠️ 【例6.4】 创建贷款金额在200万元以上的银行与企业间的借贷关系视图

```
CREATE VIEW vw_ out2Million
AS
SELECT Ename, Bname, Lamount, Lterm, Ldate, Pdate
FROM vw_loanRelation
WHERE Lamount > 2000000
GO
```

5. 创建带表达式的视图

在视图定义的SELECT语句中，还可以出现聚集函数、GROUP BY等子句。

⚠️ 【例6.5】 为每个企业及其平均贷款金额建立一个视图

```
CREATE VIEW vw_avgLamount(Eno,AvgLamount)
AS
SELECT Eno, AVG(Lamount)
FROM dbo.Loan
GROUP BY Eno
GO
```

🔑【TIPS】

在该视图的定义中，由于输出的列AVG(Lamount)没有列名，所以需要在视图名的后面为该列指定列名。

6.3 修改视图

在Microsoft SQL Server 2012中，可以通过两种方式完成视图的修改：
一是使用图形化工具，二是使用T-SQL的ALTER VIEW语句。

6.3.1 在图形界面下修改视图

在图形界面下创建视图的具体操作步骤如下：

Step 01 在Microsoft SQL Server Management Studio，展开"对象资源管理器"，打开指定的服务器实例，选中"数据库"节点，打开指定的数据库，展开"视图"节点，在其中选中要修改的视图vw_allBank，如图6.7所示。

图6.7　选中要修改的视图

Step 02 鼠标右键单击要修改的视图，从弹出的快捷菜单中执行"设计"命令，在弹出的对话框中修改视图，该对话框与创建视图的对话框相同，可以按照创建视图的方法修改视图。

 【TIPS】

> 对加密存储的视图定义不能通过图形界面方式修改。

6.3.2 使用ALTER VIEW 语句修改视图

使用ALTER VIEW语句可以修改视图的定义，但必须拥有使用视图的权限，当用该语句修改视图时，视图原有的权限不会发生变化。

ALTER VIEW语句的语法格式与CREATE VIEW语句的语法格式基本相同，下面通过具体的实例介绍如何使用T-SQL命令修改视图。

⚠ **【例6.6】将vw_allBank视图修改为只包含民营银行信息的视图**

```
ALTER VIEW vw_allBank
AS
SELECT Bno, Bname, Baddress, Bcity, Bnature
FROM Bank
WHERE Bnature = '民营'
GO
```

🔑**【TIPS】**

ALTER VIEW语句不仅可以修改普通视图，还可以修改加密存储的视图。

6.4 查看视图

> 与视图有关的信息主要分为两类：一类是视图中的数据信息，另一类是视图的
> 定义信息。

6.4.1 查看视图中的数据信息

1. 在图形界面下查看视图中的数据信息

在Microsoft SQL Server Management Studio中，选择要查看的视图vw_allBank，右键单击，并在弹出的快捷菜单中执行"选择前1000行"命令，即可查看该视图输出的数据信息，如图6.8所示。

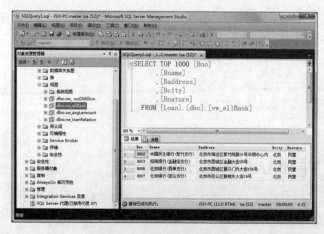

图6.8　视图中的数据信息

2. 使用T-SQL命令查看视图中的数据信息

⚠ 【例6.7】 查询视图vw_allBank中的数据信息

```
SELECT *
  FROM vw_allBank
GO
```

程序执行结果如图6.9所示。

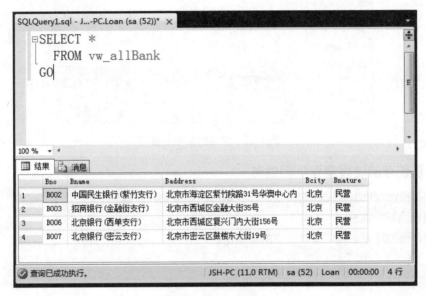

图6.9　程序执行结果

系统执行对视图的查询时，首先进行有效性检查，以确认查询中涉及到的表、视图等是否存在。如果存在，则从数据字典中取出视图的定义，把定义好的查询和用户的查询结合起来，转换成等价的对基本表的查询。例如，本例的查询就相当于执行了下面的SQL语句：

```
SELECT Bno, Bname, Baddress, Bcity, Bnature
FROM Bank
WHERE Bnature = '民营'
GO
```

6.4.2 查看视图的定义信息

1. 在图形界面下查看视图信息

在Microsoft SQL Server Management Studio中，选择要查看的视图vw_allBank，右键单击，并在弹出的快捷菜单中执行"属性"命令，打开"视图属性"窗口，即可查看该视图的基本信息，如图6.10所示。

图6.10　视图的基本信息

2. 使用系统存储过程查看视图信息

使用系统存储过程查看视图的定义信息、文本信息和依赖对象信息。

（1）查看视图基本信息

使用系统存储过程查看视图基本信息的语法格式如下：

```
EXEC sp_help view_name
```

其中，view_name为用户需要查看的视图的名称。

⚠ 【例6.8】查看视图vw_allBank的基本信息

```
EXEC sp_help vw_allBank
```

执行结果如图6.11所示。

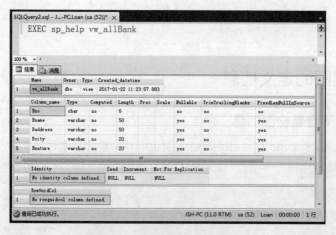

图6.11　查看视图的基本信息

（2）查看视图文本信息

使用系统存储过程查看视图文本信息的语法格式如下：

```
EXEC sp_helptext view_name
```

其中，view_name为用户需要查看的视图的名称。

⚠【例6.9】查看视图vw_allBank的文本信息

```
EXEC sp_helptext vw_allBank
```

执行结果如图6.12所示。

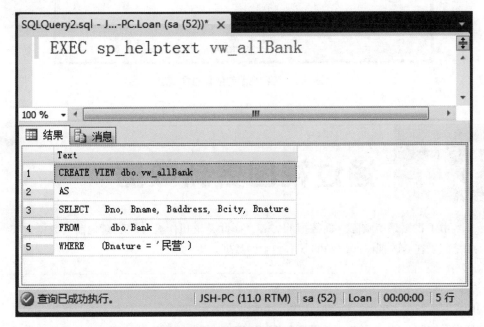

图6.12　查看视图的文本信息

（3）查看视图依赖对象

使用系统存储过程查看视图依赖对象信息的语法格式如下：

```
EXEC sp_depends view_name
```

其中，view_name为用户需要查看的视图的名称。

⚠【例6.10】查看视图vw_allBank的依赖对象信息

```
EXEC sp_depends  vw_allBank
```

执行结果如图6.13所示。

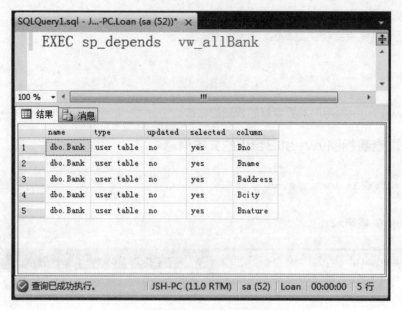

图6.13　查看视图的依赖对象信息

6.5 通过视图更新数据

> 由于视图是不实际存储数据的虚表，因此无论在什么时候更新视图的数据，实际上都是在修改视图所依赖的基本表中的数据。

在利用视图更新基本表中的数据时，应该注意以下几个问题：

- 创建视图的SELECT语句中如果包含GROUP BY子句，则不能修改。
- 更新基于两个或两个以上基表的视图时，每次修改数据只能影响其中的一个基表，也就是说，不能同时修改视图所基于的两个或两个以上的数据表。
- 不能修改视图中没有定义的基表中的列。
- 不能修改通过计算得到值的列、有内置函数的列和有统计函数的列。

更新的基本操作包括插入（INSERT）数据、删除（DELETE）数据和修改（UPDATE）数据。

6.5.1　插入数据

⚠ 【例6.11】 在视图中插入数据

通过视图vw_allBank插入一个新的银行记录，其中，银行编号为B008。

输入的SQL语句如下，执行结果如图6.14所示。

```
USE Loan
GO
```

```
INSERT INTO vw_allBank(Bno,Bname,Baddress,Bcity,Bnature)
    VALUES('B008','浦发银行(西直门支行)','北京西直门外大街18号','北京','民营')
GO
SELECT * FROM Bank
GO
```

查看执行结果，可以发现在Bank表中已经多了一条编号为B008的银行记录。

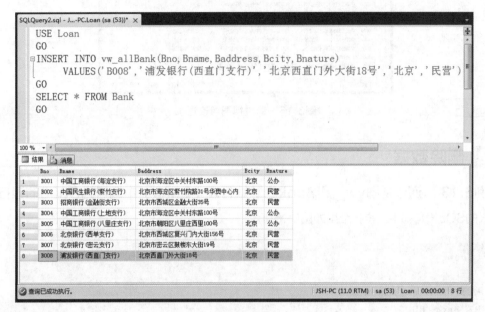

图6.14　通过视图插入记录

6.5.2 修改数据

⚠ 【例6.12】修改地址数据

通过视图vw_allBank修改银行表（Bank）中的记录，将编号为B008的银行的地址修改为"北京市西直门外大街18号金贸大厦A座"。

输入的SQL语句如下，执行结果如图6.15所示。

```
USE Loan
GO
UPDATE vw_allBank
SET Baddress ='北京市西直门外大街18号金贸大厦A座'
WHERE Bno='B008'
GO
SELECT * FROM Bank
GO
```

查看执行结果，可以发现银行表（Bank）中编号为B008的银行的地址信息已被修改为"北京市西直门外大街18号金贸大厦A座"。

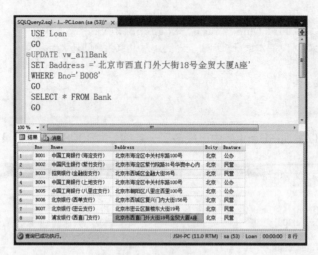

图6.15 通过视图修改记录

6.5.3 删除数据

⚠️ 【例6.13】通过视图vw_allBank删除银行表（Bank）中编号为B008的银行信息

输入的SQL语句如下，执行结果如图6.16所示。

```
USE Loan
GO
DELETE FROM vw_allBank
WHERE Bno='B008'
GO
SELECT * FROM Bank
GO
```

查看执行结果，可以发现银行表（Bank）中编号为B008的银行记录已经被删除。

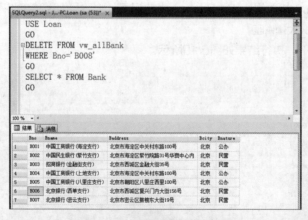

图6.16 通过视图删除记录

为了防止用户通过视图对数据进行增加、删除、修改时，有意无意地对不属于视图范围内的基本表数据进行操作，可在定义视图的时候加上WITH CHECK OPTION子句。这样在视图中进行增、删、改操作时，系统会检查视图定义中的条件，若不满足条件，则拒绝执行该操作。

6.6 删除视图

对于不再使用的视图，可以使用Microsoft SQL Server Management Studio图形化工具或者T-SQL命令进行删除。

1. 在图形界面下删除视图

具体步骤如下：

Step 01 在Microsoft SQL Server Management Studio中，选择要删除的视图vw_ out2Million，右键单击，并在弹出的快捷菜单中执行"删除"命令，如图6.17所示。

Step 02 在弹出的"删除对象"窗口中，单击"确定"按钮，即可完成视图的删除，如图6.18所示。

图6.17 "删除"命令   图6.18 删除视图

2. 使用T-SQL命令删除视图

使用T-SQL命令DROP VIEW删除视图的语法格式如下：

```
DROP VIEW view_name
```

该语句还可以同时删除多个视图，只需要在各视图名称之间用逗号隔开即可。

⚠️ **【例6.14】同时删除视图vw_avgLamount和vw_loanRelation**

输入的SQL语句如下：

```
USE Loan
GO
DROP VIEW vw_avgLamount, vw_loanRelation
GO
```

本章小结

　　本章首先介绍了视图的基本概念、类型和优点，然后通过具体的示例详细讲解了视图的创建、修改和删除操作，以及如何通过视图完成数据的查询和更新操作。通过本章的学习，读者可以了解视图的概念和作用，掌握使用图形化工具和SQL命令创建、修改视图、删除视图的方法，并能够通过视图更新基本表中的数据。

项目练习

　　（1）为企业表建立一个视图，该视图包含企业编号、企业名称、联系电话。
　　（2）为贷款表建立一个视图，该视图包含银行编号、企业编号、贷款金额。
　　（3）为所有企业建立一个贷款总金额视图，并按贷款总金额降序排序。
　　（4）修改在第1题中已经创建好的视图，在视图中增加"地址"列。
　　（5）删除第3题中已经创建好的视图。

Chapter

07

索引

本章概述

　　索引是一种单独的、物理的对数据库表中一列或多列的值进行排序的一种存储结构。索引的作用类似于图书的目录，可以根据目录中的页码快速找到所需的内容。利用索引可以加快从表中查找数据的速度，提高数据库系统的性能。

　　本章首先介绍索引的基本概念和特点，然后通过一些具体的实例讲解创建、修改、删除、优化索引的方法。通过本章的学习，读者可以了解索引的基本概念，掌握使用图形化工具和SQL命令创建、修改、删除和优化索引的方法。

重点知识

- 认识索引
- 索引的分类
- 索引的设计原则
- 创建索引
- 查看索引信息
- 修改索引
- 删除索引
- 索引优化

7.1 认识索引

> 在关系数据库中，索引是一种单独的、物理的对数据库表中一列或多列的值进行排序的一种存储结构，它是某个表中一列或若干列值的集合和相应的指向表中物理标识这些值的数据页的逻辑指针清单。索引的作用相当于图书的目录，可以根据目录中的页码快速找到所需的内容。

索引提供指向存储在表的指定列中的数据值的指针，然后根据用户指定的排序顺序对这些指针排序。数据库使用索引以找到特定值，然后顺着指针找到包含该值的行。这样可以使对应于表的SQL语句执行得更快，可快速访问数据库表中的特定信息。

当表中有大量记录时，若要对表进行查询，第一种搜索信息方式是全表搜索，是将所有记录一一取出，和查询条件进行一一对比，然后返回满足条件的记录，这样做会耗费大量数据库系统时间，并造成大量磁盘I/O操作；第二种就是在表中建立索引，然后在索引中找到符合查询条件的索引值，最后通过保存在索引中的ROWID（相当于图书页码）快速找到表中对应的记录。

索引的优点包括以下几个方面：

- 大大加快数据的检索速度。
- 创建唯一性索引，保证数据库表中每一行数据的唯一性。
- 加速表和表之间的连接。
- 在使用分组和排序子句进行数据检索时，可以显著减少查询中分组和排序的时间。

索引的缺点包括以下几个方面：

- 索引需要占用物理空间，每一个索引都需要占用一定的空间，如果创建大量的索引，索引所需空间可能比实际数据所需空间还要大。
- 创建和维护索引需要耗费时间，并且需要的时间随着数据量的增加而增加。
- 当对表中的数据进行增加、删除和修改的时候，索引也要动态地维护，降低了数据的维护速度。

7.2 索引的分类

> 在SQL Server 2012中提供的索引类型主要包括聚集索引、非聚集索引、唯一索引、包含性索引、索引视图、全文索引、空间索引、筛选索引和XML索引。

按照存储结构划分，可分为聚集索引和非聚集索引两大类。

1. 聚集索引

聚集索引根据数据行的键值在表或视图中排序并存储这些数据行。索引定义中包含聚集索引列。每个表只能有一个聚集索引，因为数据行本身只能按一个顺序排序。

只有当表包含聚集索引时，表中的数据行才按照排序顺序存储。如果表具有聚集索引，则该表称为聚集表。如果表没有聚集索引，则其数据行存储在一个称为堆的无序结构中。

2. 非聚集索引

非聚集索引具有独立于数据行的结构。非聚集索引包含非聚集索引键值，并且每个键值项都有指向包含该键值的数据行的指针。

从非聚集索引中的索引行指向数据行的指针称为行定位器。行定位器的结构取决于数据页是存储在堆中还是聚集表中。对于堆而言，行定位器是指向行的指针。对于聚集表而言，行定位器是聚集索引键。

实际上，可以把索引理解为一种特殊的目录。下面，举例来说明聚集索引和非聚集索引的区别：

其实，我们的汉语字典的正文本身就是一个聚集索引。比如，要查"安"字，就会很自然地翻开字典的前几页，因为"安"的拼音是an，而按照拼音排序汉字的字典是以英文字母a开头并以z结尾的，那么"安"字就自然地排在字典的前部。如果翻完了所有以a开头的部分仍然找不到这个字，那么就说明您的字典中没有这个字。同样的，如果查"张"字，那您也会将您的字典翻到最后部分，因为"张"的拼音是zhang。也就是说，字典的正文部分本身就是一个目录，不需要再去查其他目录来找到您需要找的内容。我们把这种正文内容本身就是一种按照一定规则排列的目录称为"聚集索引"。

如果认识某个字，可以快速地从字典中查到这个字。如果遇到不认识的字，不知道它的发音，那么就不能按照刚才的方法找到要查的字，而需要去根据"偏旁部首"查到要找的字，然后根据这个字后的页码直接翻到某页来找到要找的字。但结合"部首目录"和"检字表"而查到的字的排序并不是真正的正文的排序方法。比如，查"张"字，可以看到在查部首之后的检字表中"张"的页码是672页，检字表中"张"的上面是"驰"字，但页码却是63页，"张"的下面是"弩"字，页面是390页。很显然，这些字并不是真正的分别位于"张"字的上下方，现在看到的连续的"驰、张、弩"三字实际上就是在非聚集索引中的排序，是字典正文中的字在非聚集索引中的映射。

通过上述例子，相信读者已经能够区分聚集索引和非聚集索引。

3. 其他索引

（1）唯一索引

唯一索引可以确保索引列不包含重复的值。例如，如果在Enterprise表的Ename列上创建了唯一索引，则该数据表中任何两个企业都不可以具有相同的名称。唯一索引既可以是聚集索引，也可以是非聚集索引。

（2）包含性索引

包含性索引是一种非聚集索引。在SQL Server 2012中，可以通过包含索引键列和非键列来扩展非聚集索引。通过包含非键列，可以创建覆盖更多查询的非聚集索引，提高查询效率。

（3）索引视图

普通视图就是一段逻辑语句，对系统性能没有任何提升，也不能创建索引。索引视图是把视图里查询出来的数据在数据库上建立快照，它和物理表一样可以创建索引、主键约束等，其性能会有质的提升。缺点是会占用磁盘空间，会降低其所依赖的基本表的增、删、改、查操作的效率。

（4）全文索引

全文索引是用于检索字段中是否包含或不包含指定的关键字，有点儿像搜索引擎的功能。其内部的索引结构采用的是与搜索引擎相同的倒排索引结构，其原理是对字段中的文本进行分词，然后为每一个出现的单词记录一个索引项，这个索引项中保存了所有出现过该单词的记录的信息。也就是说，在索引中找到这个单词后，就知道哪些记录的字段中包含这个单词了，因此适合用大段文本字段的查找。

（5）空间索引

作为一种辅助性的空间数据结构，空间索引介于空间操作算法和空间对象之间，它通过筛选作用，大量与特定空间操作无关的空间对象被排除，从而提高空间操作的速度和效率。

（6）筛选索引

筛选索引是一种经过优化的非聚集索引，尤其适用于涵盖从定义完善的数据子集中选择数据的查询。筛选索引使用筛选谓词对表中的部分行进行索引。

（7）XML索引

XML索引分为主索引和辅助索引。在XML列上可以创建一个主索引和若干个辅助索引，其中辅助索引可以是PATH型、VALUE型以及PROPERTY型。如果要在某列上创建XML辅助索引，那么该列必须要先拥有XML主索引。关于这一点，可以将XML主索引理解为一棵树的树干，辅助索引理解为树上的枝叶。

7.3 索引的设计原则

> 索引设计不合理或缺少索引，都会对数据库和应用程序的性能造成不良影响。高效的索引对获得良好的系统性能非常重要。

设计索引时，应该考虑以下几个原则：

（1）在查询条件表达式中经常用到的列上创建索引。

（2）不要在包括大量重复数据的列上创建索引。

（3）如果索引包含多个列，则应考虑列的顺序。用于联接或搜索条件的列放在前面，其他列基于非重复级别进行排序。

（4）数据量很小的表最好不要使用索引，由于数据量很小，在表中直接查询所需的时间可能比遍历索引的时间还要短，索引可能不会产生优化效果。

（5）索引数量不宜太多，一个表中如果有大量的索引，不仅占用大量的磁盘空间，而且会影响数据增、删、改操作的效率。

7.4 创建索引

> 在Microsoft SQL Server 2012中，可以通过两种方式创建索引：（1）图形化工具；（2）使用SQL命令。

7.4.1 在图形界面下创建索引

在图形界面下创建索引的具体操作步骤如下：

Step 01 启动Microsoft SQL Server Management Studio，并连接到SQL Server 2012。

Step 02 在"对象资源管理器"中，依次展开"数据库→Loan→表"，可以看到已存在的表。

Step 03 选择要创建索引的表，如Enterprise表。单击该表左侧的"+"号，然后选择索引，单击右键，在弹出的快捷菜单中执行"新建索引→非聚集索引"命令，如图7.1所示。

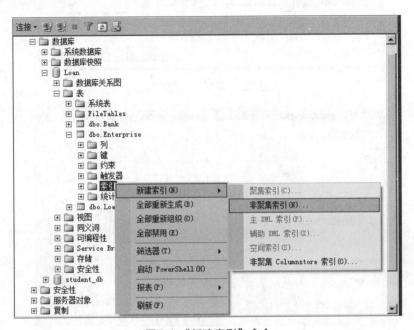

图7.1 "新建索引"命令

Step 04 在打开的"新建索引"窗口中输入索引的名称，设置索引的类型，如图7.2所示。

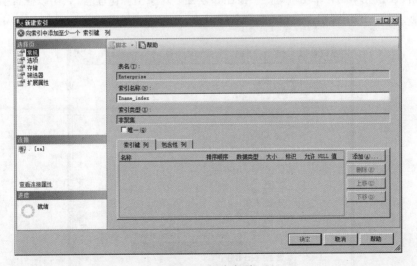

图7.2 新建索引

Step 05 单击"添加"按钮，将弹出"选择列"对话框，选择要添加到索引中的列，这里我们选择的列是Ename，如图7.3所示，然后单击"确定"按钮，关闭该对话框，返回新建索引对话框，结果如图7.4所示。

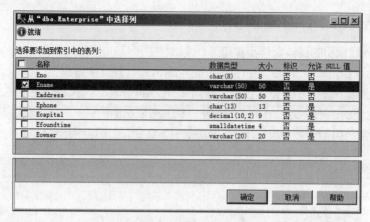

图7.3 "选择列"对话框

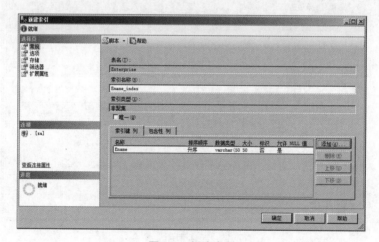

图7.4 新建索引

Step 06 所有属性设置完毕后，单击"确定"按钮，返回"对象资源管理器"，可以在索引节点下面看到名称为Ename_index的新索引，说明该索引创建成功，如图7.5所示。

图7.5 创建索引成功

7.4.2 用SQL语句创建索引

除了能够使用图形界面方式创建索引，还可以使用CREATE INDEX语句来创建索引。

CREATE INDEX语句所涉及的选项数量众多，但很多并不常用，在下面的语法格式中仅列出一些常用的选项：

```
CREATE [UNIQUE][CLUSTERED|NONCLUSTERED] INDEX index_name
ON {TABLE|VIEW}(column [ASC|DESC][,…n])
[INCLUDE(column_name [ ,....n ])]
[WITH(IGNORE_DUP_KEY | DROP_EXISTING)]
```

下面对参数进行说明。

（1）UNIQUE

表示为表或视图创建唯一索引。唯一索引不允许两行具有相同的索引键值。视图的聚集索引必须唯一。

（2）CLUSTERED

表示创建一个聚集索引，索引键值的逻辑顺序决定表中对应行的物理顺序。一个表或视图只允许有一个聚集索引。

具有唯一聚集索引的视图称为索引视图。为一个视图创建唯一聚集索引会在物理上具体化该视图。必须先为视图创建唯一聚集索引，然后才能为该视图定义其他索引。

在创建任何非聚集索引之前创建聚集索引，因为创建聚集索引时会重新生成表中现有的非聚集索引。

如果没有指定 CLUSTERED，则创建非聚集索引。

（3）NONCLUSTERED

表示创建一个非聚集索引。非聚集索引数据行的物理排序独立于索引排序。每个表都最多可包含999 个非聚集索引。

NONCLUSTERED是CREATE INDEX语句的默认值。

对于索引视图，只能为已定义唯一聚集索引的视图创建非聚集索引。

（4）index_name

指定索引名称。索引名称在表或视图中必须唯一，但在数据库中不必唯一。索引名称必须符合标识符的规则。

（5）[ASC | DESC]

确定特定索引列的升序或降序排序方向。默认值为升序ASC。

（6）IGNORE_DUP_KEY

指定对唯一聚集索引或唯一非聚集索引执多行插入操作时，出现重复键值的错误响应。默认值为OFF，OFF表示发出错误消息，并回滚整个INSERT事务。ON表示发出警告信息，只有违反了唯一索引的行插入时才会失败，不回滚事务。

（7）DROP_EXISTING

指定应删除并重建已命名的先前存在的聚集索引或非聚集索引。默认值为OFF，OFF表示如果指定的索引名已经存在，则会显示一条错误信息。ON表示删除并重新创建现有索引。

下面我们通过一些例子来说明如何使用CREATE INDEX语句创建索引。

⚠ 【例7.1】 创建聚集索引

在Bank表的Bno列上创建一个聚集索引。

```
USE Loan
GO
CREATE CLUSTERED INDEX   INDEX_Bank_Bno
ON dbo. Bank(Bno)
GO
```

⚠ 【例7.2】 创建唯一的非聚集索引

在Bank表的Bname列上创建一个唯一的非聚集索引。

```
USE Loan
GO
CREATE UNIQUE NONCLUSTERED INDEX INDEX_Bank_Bname
ON dbo. Bank(Bname)
GO
```

⚠ 【例7.3】 创建非聚集组合索引

在Enterprise表的Ename、Eowner列上创建非聚集组合索引。

```
USE Loan
GO
CREATE NONCLUSTERED INDEX INDEX_Enterprise_ Ename_ Eowner
ON dbo. Enterprise(Ename, Eowner)
GO
```

⚠ 【例7.4】 使用 IGNORE_DUP_KEY 选项

本例首先在该选项设置为 ON 时在临时表中插入多行，然后在该选项设置为 OFF 时执行相同操作，以演示 IGNORE_DUP_KEY 选项的影响。单个行被插入 #Test 表，在执行第二个 INSERT 语句时将导致出现重复值。表中的行计数会返回插入的行数。

```
USE Loan
GO
CREATE TABLE #Test(C1 int, C2 nchar(50));
GO
CREATE UNIQUE INDEX AK_Index ON #Test(C1)
    WITH(IGNORE_DUP_KEY = ON);
GO
INSERT INTO #Test VALUES(1, 'zhangsan');
INSERT INTO #Test VALUES(1, 'lisi');
GO
DROP TABLE #Test;
GO
```

执行第二个 INSERT 语句的结果如图7.6所示。

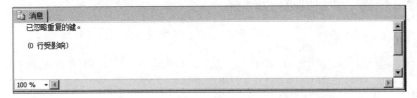

图7.6　第二个INSERT语句的执行结果

【TIPS】

　　重复键值所在行不能成功插入数据表，系统会发出警告并忽略重复行，但不会回滚整个事务。

再次执行相同的语句，但将 IGNORE_DUP_KEY 设置为 OFF。

```
USE Loan
GO
CREATE TABLE #Test(C1 int, C2 nchar(50));
GO
CREATE UNIQUE INDEX AK_Index ON #Test(C1)
    WITH(IGNORE_DUP_KEY = OFF);
GO
INSERT INTO #Test VALUES(1, 'zhangsan');
INSERT INTO #Test VALUES(1, 'lisi');
GO
DROP TABLE #Test;
GO
```

执行第二个 INSERT 语句的结果如图7.7所示。

图7.7　第二个INSERT语句的执行结果

⚠【例7.5】使用 DROP_EXISTING 删除和重新创建索引

本例使用 DROP_EXISTING 选项在 Bank表的 Bname 列上删除并重新创建现有索引。

```
USE Loan
GO
CREATE NONCLUSTERED INDEX_Bank_Bname
ON dbo. Bank(Bname)
WITH(DROP_EXISTING = ON)
GO
```

⚠️ 【例7.6】 为视图创建索引

本例将创建一个视图，并为该视图创建索引。

```
USE Loan
GO
IF OBJECT_ID('dbo.v_BankInfo') IS NOT NULL
  DROP VIEW dbo.v_BankInfo;
GO

CREATE VIEW dbo.v_BankInfo
with SCHEMABINDING
AS
SELECT Bno, Bname, Bnature
FROM dbo. Bank
GO

CREATE UNIQUE CLUSTERED INDEX idx_bank
ON dbo.v_BankInfo(Bno)
GO
```

⚠️ 【例7.7】 创建具有包含性（非键）列的索引

本例创建具有一个键列（Bno）和两个非键列（Bname、Bnature）的非聚集索引。

```
USE Loan
GO
CREATE NONCLUSTERED INDEX idx_id_name
ON dbo.v_BankInfo(Bno, Bname, Bnature)
GO
```

7.5 查看索引信息

> 本节介绍如何查看数据库中已经存在的索引信息。

7.5.1 通过图形界面查看

在图形界面下查看索引信息的具体操作步骤如下：

Step 01 启动Microsoft SQL Server Management Studio，并连接到SQL Server 2012。

Step 02 在"对象资源管理器"中，依次展开"数据库→Loan→表"。

Step 03 展开某一具体表，如Enterprise表，展开该表下面的"索引"节点。右击某一索引，这里我们选择的索引是Ename_index，在弹出的快捷菜单中执行"属性"命令，打开"索引属性"对话框，如图7.8所示。在该对话框中可以查看该索引的信息。

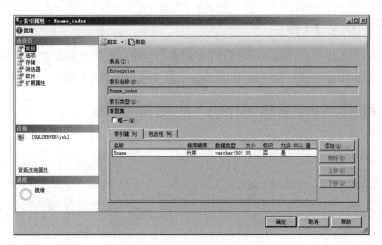

图7.8 "索引属性"窗口

7.5.2 使用系统存储过程查看

系统存储过程sp_helpindex可以返回某个表或视图中的索引信息，语法格式如下：

```
sp_helpindex [@objname] 'name'
```

下面对参数进行说明。

[@objname] 'name'：用户定义的表或视图的限定或非限定名称。

⚠ 【例7.8】查看索引信息

使用系统存储过程sp_helpindex，查看Enterprise表中的索引信息。

```
USE Loan
GO
EXEC sp_helpindex Enterprise
GO
```

执行结果如图7.9所示。

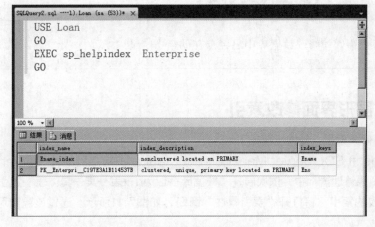

图7.9 查看索引信息

7.5.3 利用系统表查看

可以利用系统表sysobjects和sysindexes查看索引信息。首先根据表名在系统表sysobjects中找到该表的ID号，然后根据ID号在系统表sysindexes找到该表的索引信息。

⚠ **【例7.9】利用系统表查看Enterprise表中的索引信息**

```
USE Loan
GO
SELECT ID,NAME FROM SYSINDEXES
    WHERE ID=(SELECT ID FROM SYSOBJECTS WHERE NAME='Enterprise')
GO
```

执行结果如图7.10所示。

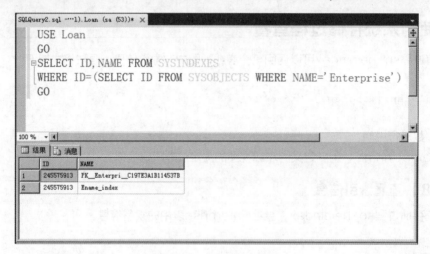

图7.10 查看索引信息

7.6 修改索引

❝ 本节介绍如何修改数据库中已经存在的索引。 ❞

7.6.1 通过图形界面修改索引

在图形界面下修改索引，具体步骤如下：

Step 01 启动Microsoft SQL Server Management Studio，并连接到SQL Server 2012。

Step 02 在"对象资源管理器"中，依次展开"数据库→Loan→表→某一具体表→索引"。

Step 03 双击要修改的索引，将打开"索引属性"窗口，如图7.11所示。通过该窗口可以修改索引的属性值。

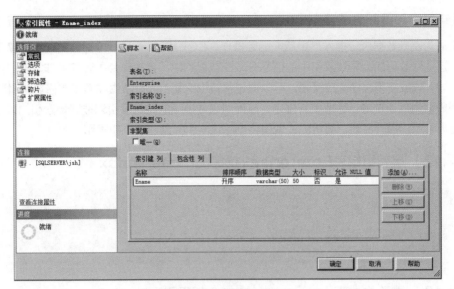

图7.11 "索引属性"窗口

通过SQL语句修改索引

还可以使用 ALTER INDEX 语句修改索引，语法如下：

```
重新生成索引: ALTER INDEX index_name ON table_or_view_name REBUILD
重新组织索引: ALTER INDEX index_name ON table_or_view_name REORGANIZE
禁用索引: ALTER INDEX index_name ON table_or_view_name DISABLE
```

下面通过一些具体的实例来说明如何修改索引。

1. 禁用索引

禁用索引可防止用户访问该索引，对于聚集索引，还可防止用户访问基本表数据。索引定义保留在元数据中，非聚集索引的索引统计信息仍保留。对视图禁用非聚集索引或聚集索引会以物理方式删除索引数据。禁用表的聚集索引可以防止对数据的访问，数据仍保留在表中，但在删除或重新生成索引之前，无法对这些数据执行DML操作。

⚠ 【例7.10】禁用索引

```
USE Loan
GO
ALTER INDEX Ename_index ON Enterprise DISABLE
GO
```

⚠ 【例7.11】启用索引

```
USE Loan
GO
ALTER INDEX Ename_index ON Enterprise REBUILD
GO
```

2. 重新组织和重新生成索引

无论何时对基础数据执行插入、更新或删除操作，SQL Server 2012都会自动维护索引。随着时间的推移，这些修改可能会导致索引中的信息分散在数据库中（含有碎片）。碎片非常多的索引可能会降低查询性能，导致应用程序响应缓慢。可以通过重新组织索引或重新生成索引来修复索引碎片。

重新组织索引是通过进行物理重新排序，从而对表或视图的聚集索引和非聚集索引的叶级别进行碎片整理，提高索引扫描的性能。重新生成索引将删除该索引并创建一个新索引。

⚠ 【例7.12】 重新组织表Enterprise的索引Ename_index

```
USE Loan
GO
ALTER INDEX Ename_index ON Enterprise REORGANIZE
GO
```

⚠ 【例7.13】 重新生成表Enterprise中的全部索引

```
USE Loan
GO
ALTER INDEX ALL ON Enterprise REBUILD
GO
```

3. 重命名索引

重命名索引将用提供的新名称替换当前的索引名称。指定的名称在表或视图中必须是唯一的。
可以使用系统存储过程sp_rename重命名索引，语法格式如下：

```
sp_rename 'object_name', 'new_name' [ ,'object_type']
```

⚠ 【例7.14】 重命名索引

```
EXEC sp_rename 'dbo. Enterprise. Ename_index', 'idx_name', 'INDEX'
```

7.7   删除索引

> 当一个索引不再需要时，可以将其从数据库中删除，以回收它使用的磁盘空间。

7.7.1 通过图形界面删除索引

在图形界面下删除索引，具体步骤如下：

Step 01 启动Microsoft SQL Server Management Studio，并连接到SQL Server 2012。

Step 02 在"对象资源管理器"中，依次展开"数据库→Loan→表→某一具体表→索引"。

Step 03 右击要删除的索引，从弹出的快捷菜单中执行"删除"命令。

Step 04 打开"删除对象"对话框，在"删除对象"对话框中单击"确定"按钮，完成删除操作。

7.7.2 使用SQL语句删除索引

可以使用DROP INDEX语句删除索引，语法格式如下：

```
DROP INDEX index_name ON {table|view}[,…n]
```

⚠ 【例7.15】 从Enterprise表中删除idx_name索引

```
USE Loan
GO
DROP INDEX idx_name ON dbo.Enterprise
GO
```

7.8 索引优化

为了帮助数据库开发人员设计出合适的索引，SQL Server专门提供了一个称为"数据库引擎优化顾问"的工具。使用该工具可以优化数据库，提高查询处理的性能。

为数据库创建合适的索引并不简单，需要考虑许多因素：

- 数据库的数据模型。
- 表中数据的数量和分布。
- 数据查询需求。
- 查询发生频率。
- 数据更新频率。

数据库引擎优化顾问检查指定数据库中处理查询的方式，然后建议如何通过修改物理设计结构（如索引、索引视图和分区）来改善查询处理性能。

第一次使用"数据库引擎优化顾问"图形用户界面（GUI）工具时，必须由sysadmin 固定服务器角色的成员来启动，以初始化应用程序。初始化结束后，db_owner固定数据库角色的成员便可使用"数据库引擎优化顾问"来优化它们拥有的数据库了。

使用"数据库引擎优化顾问"GUI工具的具体步骤如下：

Step 01 启动Microsoft SQL Server Management Studio，并连接到SQL Server 2012。

Step 02 单击"新建查询"快捷菜单，并更改数据库上下文为Loan。

Step 03 在查询编辑器中，输入以下SQL语句，并将其保存为LoanScript.sql文件。

```
SELECT Enterprise.Ename, Bank.Bname,
       Loan.Lamount, Loan.Ldate,
       Loan.Pdate
FROM Bank INNER JOIN Loan
       ON Bank.Bno = Loan.Bno
       INNER JOIN  Enterprise
       ON Loan.Eno = Enterprise.Eno
WHERE(Bank. Bname like '中国工商银行%')
GO
```

Step 04 启动数据库引擎优化顾问。执行"工具→数据库引擎优化顾问"命令。

Step 05 在"连接到服务器"对话框中，采用默认设置，直接单击"连接"按钮。数据库引擎优化顾问将打开如图7.12所示的配置。

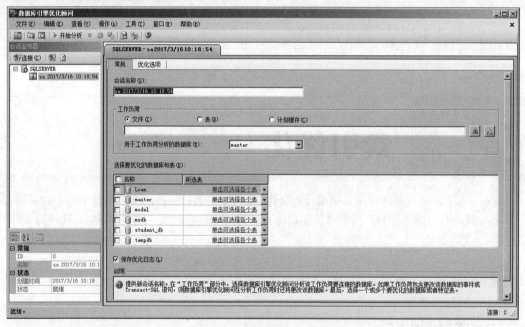

图7.12　数据库引擎优化顾问

第一次打开时，数据库引擎优化顾问GUI中将显示两个主窗格。

其中，左窗格包含会话监视器，其中列出已对此Microsoft SQL Server实例执行的所有优化会话。打开数据库引擎优化顾问时，在窗格顶部将显示一个新会话。可在相邻窗格中对此会话命名。最初，仅列出默认会话。这是数据库引擎优化顾问为用户自动创建的默认会话。

对数据库进行优化后，用户所连接的SQL Server实例的所有优化会话都将在新会话下面列出。可右键单击优化会话以对其重命名、关闭、删除或克隆。如果在列表中单击右键，则可按照名称、状态或创建时间对会话排序，或创建新会话。

在此窗格的底部将显示选定优化会话的详细信息。用户可以选择使用"按分类顺序"按钮，以显示按类别分组的详细信息；也可使用"按字母顺序"按钮，在按字母排序的列表中显示详细信息。也可以通过将右窗格边框拖动到窗口的左侧来隐藏会话监视器。若要再次查看，请将窗格边框重新拖动回右侧。利用会话监视器可以查看以前的优化会话，或使用这些会话来创建具有类似定义的新会话。还可以使用会话监视器来评估优化建议。有关详细信息，请参阅使用会话监视器评估优化建议。

右窗格包含"常规"和"优化选项"两个选项卡。在此可以定义数据库引擎优化会话。

在"常规"选项卡中，键入优化会话的名称，指定要使用的工作负荷文件或表，并选择要在该会话中优化的数据库和表。工作负荷是对要优化的一个或多个数据库执行的一组SQL语句。优化数据库时，数据库引擎优化顾问使用跟踪文件、跟踪表、SQL脚本或 XML 文件作为工作负荷输入。

在"优化选项"选项卡中，可以选择用户希望数据库引擎优化顾问在分析过程中考虑的物理数据库设计结构（索引或索引视图）和分区策略。在此选项卡中，还可以指定数据库引擎优化顾问优化工作负荷使用的最大时间。默认情况下，数据库引擎优化顾问优化工作负荷的时间为一个小时。

- 在数据库引擎优化顾问 GUI 右窗格的"会话名称"文本框中，键入 LoanSession。
- 在"工作负荷"选项组中选择"文件"单选按钮，再单击"查找工作负荷文件"按钮，以查找保存的 LoanScript.sql 文件。
- 在"用于工作负荷分析的数据库"列表中选择 Loan，或在"选择要优化的数据库和表"网格中选择 Loan，使"保存优化日志"保持选中状态。"用于工作负荷分析的数据库"指定数据库引擎优化顾问在优化工作负荷时连接到的第一个数据库。设置结果如图7.13所示。

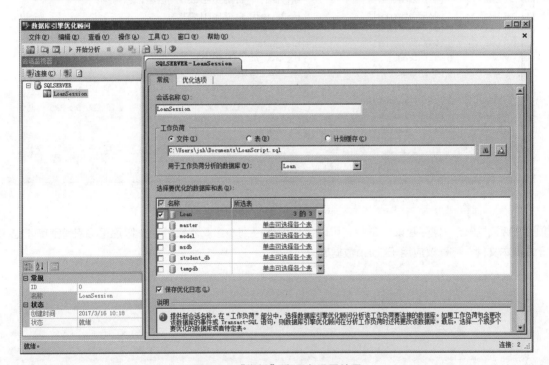

图7.13　"常规"选项卡设置结果

- 切换至"优化选项"选项卡。不必设置任何优化选项，但请花些时间来查看默认的优化选项。按F1键可查看该选项卡式页面的帮助。单击"高级选项"可查看其他的优化选项。请在"高级优化选项"对话框中单击"帮助"，以了解有关此处所显示的优化选项的信息。单击"取消"按钮，关闭"高级优化选项"对话框，并保留选中默认选项。

Step 06 在工具栏中单击"开始分析"按钮。在数据库引擎优化顾问分析工作负荷时，可以监视"进度"选项卡中的状态。优化完成后，"建议"选项卡随即显示。在"建议"选项卡中，使用选项卡式页面底部的滚动条可以查看所有"索引建议"列。每个行中列出的是数据库引擎优化顾问建议删除或创建的一个数据库对象（索引或索引视图）。

Step 07 在"索引建议"窗格中右击网格，在弹出的快捷菜单中，可以选择或取消选择建议。还可以使用此菜单更改网格文本的字体。

勾选选项卡式页面底部的"显示现有对象"复选框,可以查看Loan数据库中当前存在的所有数据库对象,如图7.14所示。如果勾选该复选框,则数据库引擎优化顾问将仅显示已为其生成建议的对象。使用选项卡式页面右侧的滚动条可以查看所有对象。

图7.14　索引建议

Step 08 执行"操作→保存建议"命令,可以将建议保存到一个脚本文件中。以后可以在查询编辑器中执行该脚本文件,将建议应用于Loan数据库。

本章小结

　　本章首先介绍了索引的基本概念、优点、缺点和类型，然后通过具体的实例详细讲述了索引的创建、修改和删除操作，最后介绍了使用数据库引擎优化顾问对索引进行优化的方法。

　　通过本章的学习，读者可以了解索引的概念和作用，掌握使用图形化工具和SQL命令创建、维护和删除索引的方法，以及使用数据库引擎优化顾问对索引进行优化的方法。

项目练习

　　分别通过图形界面和SQL命令实现如下操作：

（1）在Enterprise表的Eowner列上创建一个非聚集索引index_owner。

（2）使用 DROP_EXISTING 删除和重新创建索引index_owner。

（3）删除索引index_owner。

（4）创建具有包含性（非键）列的索引，并对比创建前后下面的查询语句执行效率。

```
SELECT Eno,Ename, Eaddress, Eowner
FROM dbo.Enterprise
WHERE Eowner > '李' Eowner < '王'
GO
```

Chapter

08

T-SQL编程基础

本章概述

　　T-SQL（Transact-SQL）是标准SQL（Structured Query Language，结构化查询语言）程序设计语言的增强版，是应用程序与SQL Server数据库引擎衔接的主要语言。

　　本章将通过实例来介绍T-SQL的常量、变量的作用，以及注释符、运算符、通配符、流程控制和批处理、函数的创建、修改和删除的基本方法。通过本章的学习，读者可以了解T-SQL的概念和作用，掌握使用T-SQL定义常量、变量、注释、通配符、函数的方法。

重点知识

- T-SQL概述
- 数据类型
- 常量与变量

- 注释符、运算符和通配符

- 流程控制语句和批处理
- 函数

8.1　T-SQL概述

> SQL是20世纪70年代由IBM公司开发，作为IBM关系数据库原型System R的原形关系语言，主要用于关系数据库中的信息检索。由于SQL简单易学，目前已成为关系数据库系统中使用最广泛的语言。SQL有3个主要标准：ANSI SQL、SQL2和SQL99。T-SQL是微软公司在遵循SQL标准的基础上，经过进一步发展，应用于SQL Server的数据库系统操作语言。

　　T-SQL具有强大的查询功能，还可以控制DBMS为用户提供所有功能，语句众多，非常丰富，按其功能不同可以大致分为四类。

- 数据控制语言（DCL，Data Control Language）：用于安全性管理，可以确定哪些用户可以查看或者修改数据，包含GRANT、DENY、REVOKE等。
- 数据定义语言（DDL，Data Definition Language）：用于执行数据库的任务，创建和管理数据库以及数据库中的各种对象，包含CREAT、ALERT、DROP等。
- 数据操纵语言（DML，Data Manipulation Language）：用于在数据库中操纵各种对象、检索和修改数据，包含SELECT、INSERT、UPDATE、DELETE等。本部分语言中，根据对数据影响情况又可以细分为数据操纵和数据查询语言。数据操纵是对数据库数据产生变更影响的语言，包含INSERT、UPDATE、DELETE。数据查询语言是指从数据库中获取满足指定条件的数据，而对原始数据不会产生变更影响的语言，主要是各种SELECT语句。
- 附加语言：包含变量、运算符、函数、流程控制语言和注释等。

　　上述分类语言中，数据定义语言DDL、数据操纵语言DML、数据控制语言DCL在其他各章讲述，本章重点讨论变量说明、流程控制、内嵌函数和其他不好归类的命令。

8.2　数据类型

> 在SQL Server 2012中，每个字段、变量、表达式和参数都有一个相关的数据类型。数据类型是一种属性。

　　T-SQL中可以使用的数据类型和SQL中的数据类型基本相同，已经在前面的Chapter 04做了详细介绍，在此不再讲解了。

8.3 常量与变量

> 常量是表示特定数据值的符号。变量是指在T-SQL代码执行过程中，其值可变，需要赋值的对象。

在SQL Server 2012中，要求字符串常量需要使用一对单引号（' '），数值型常量直接使用数值，日期时间型常量需要使用一对单引号（' '）。在SQL Server 2012中，变量可用于批处理和脚本中，用来计算循环的次数，也可以保存数据值以供控制流语句测试，还可以用于保存存储过程或函数返回的数据值。

8.3.1 常量

常量，即常数，在程序运行中值不变的量，可以是任何数据类型。常量分为字符型常量、数值型常量、日期时间型常量、货币型常量等。

1. 字符型常量

字符型常量又分为ASCII字符串常量、Unicode字符串常量两种。

（1）ASCII字符串常量：用单引号括起来，由ASCII字符组成。

如果在字符常量中已经包含了一个单引号，那么可以使用两个单引号表示这个带单引号的字符，例如"你好"表示为'你好'。

（2）Unicode字符串常量：其格式与ASCII字符串常量相似，但它前面有一个前缀N，而且N前缀必须是大写的，如N'SQL Server'、N'张三'、N'计算机科学与技术'。

2. 数值型常量

数值型常量包含整型常量和实数型常量。

整型常量用来表示整数。可细分为二进制整型常量、十六进制整型常量和十进制整型常量。二进制整型常量以数字0或1表示，十六进制整型常量由前缀0x后跟十六进制数组成，十进制整型常量即不带小数点的十进制数。

实数型常量用来表示带小数部分的数，可以有定点数和浮点数两种表示方式，其中，浮点数使用科学记数法来表示，如0.3E−2。

3. 日期时间型常量

日期时间型常量使用特定格式的字符日期值来表示，并且用单引号括起来。如2017年5月1日可以用以下方式表示：'May 1, 2017'、'05/01/2017'或'20170501'。

4. 货币型常量

货币型常量以前缀"$"作为标识。如$123.45。

8.3.2　变量

Transact-SQL中的变量分为局部变量和全局变量两种类型。局部变量由用户定义和维护，而全局变量由系统定义和维护。

在SQL Server 2012系统中，变量的命名规则如下：

- 第一个字符必须是字母、数字、下画线或@符号。
- 变量名不能是T-SQL语言的系统保留字（如IF、ELSE、CONTINUE等），包括大写和小写形式。
- 变量名中不允许出现空格或其他特殊字符。

1. 局部变量

局部变量是用户可自定义的变量，它的作用范围仅在程序内部，通常用来储存从表中查询到的数据，或当作程序执行过程中暂存变量使用。

局部变量必须以@开头，而且必须先用DECLARE命令说明后才可使用，其说明形式如下：

```
DECLARE  @变量名 变量类型 [, @变量名 变量类型…]
```

其中变量类型可以是SQL Server 2012支持的所有数据类型，也可以是用户自定义的数据类型。

在Transact-SQL中不能像在一般的程序语言中一样使用"变量=变量值"来给变量赋值，必须使用SELECT或SET命令来设定变量的值，其语法如下：

```
SELECT @局部变量 = 变量值
SET @局部变量 = 变量值
```

⚠ 【例8.1】用赋值语句定义变量并求值

用赋值语句分别定义两个整型变量x和y。使x的值为10，y的值为5，计算并显示x，y，2x +3y，xy，和x/y的值。

程序代码如下：

```
declare @x int,@y int
set @x=10
set @y=5
select @x,@y,2*@x+3*@y,@x*@y,@x/@y
```

执行结果如图8.1所示：

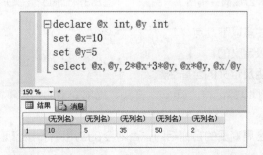

图8.1　用赋值语句分别定义两个整型变量x和y

变量也可以作为存储过程参数，参数是用于在存储过程和执行该存储过程的批处理或脚本之间传递数据的对象。参数可以是输入参数，也可以是输出参数。

⚠ 【例8.2】声明一个变量并输出变量的值

声明一个@myvar变量，然后将一个字符串值放在变量中，再输出@myvar变量的值。

程序代码如下。

```
DECLARE @myvar  nchar(20)
set  @myvar = 'Welcome to China.'
SELECT @myvar
GO
```

执行结果如图8.2所示。

2. 全局变量

全局变量是SQL Server系统内部事先定义好的变量，不需要用户定义，其作用范围并不局限于某一程序，而是任何程序均可随时调用，全局变量通常存储一些 SQL Server的配置设定值和效能统计数据，用户可在程序中用全局变量来测试系统的设定值或Transact-SQL命令执行后的状态值。

⚠ 【例8.3】显示试图登录的次数

显示到当前日期和时间为止试图登录SQL Server 2012的次数。

程序代码如下。

```
SELECT GETDATE()  AS  '当前的时期和时间',
@@CONNECTIONS AS '试图登录的次数'
```

执行结果如图8.3所示。

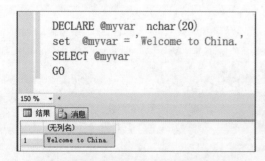

图8.2 给局部变量@myvar赋值并输出

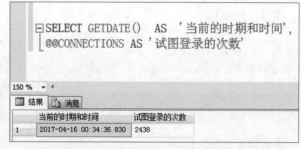

图8.3 全局变量CONNECTIONS的使用

在使用全局变量时应该注意以下几点：

● 全局变量是在服务器级定义的。

● 用户只能使用预先说明及定义的全局变量。

● 引用全局变量时，必须以标记符"@@"开头，局部变量的名称不能与全局变量的名称相同，否则会在应用中出错。

● 局部变量名称不能与全局变量的名称相同，否则会在应用程序中出现不可预测的结果。

8.4 注释符、运算符和通配符

> 注释符是一些说明性的文字，对代码的功能或实现方式的解释和提示。运算符是参与何种运算的符号。通配符是查询时的模式符号。

1. 注释符

注释是程序代码中不执行的文本字符串。注释通常用于记录程序名、作者姓名和主要代码更改的日期。注释可用于描述复杂的计算或解释编程方法。暂不需要执行的代码也可注释掉。

在 Transact-SQL 中可使用两类注释符。

- --（双连字符）：可以注释双连字符到行尾的代码。
- /* ... */（正斜杠-星号字符对）：开始注释对（/*）与结束注释对（*/）之间的所有内容均视为注释。因此可以跨越多行进行注释。

⚠ 【例8.4】 添加注释

为前面的例8.2添加注释。

程序代码如下：

```
DECLARE @myvar  nchar(20) --定义变量@myvar
/*   下面第一行给变量赋值
 第2行输出变量值    */
set  @myvar = 'Welcome to China.'
SELECT @myvar
GO
```

执行结果如图8.4所示。

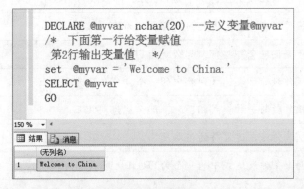

图8.4　注释的使用

2. 运算符

SQL Server 2012提供以下几类运算符：算术运算符、关系运算符、逻辑运算符、字符运算符和位运算符。

（1）算术运算符

算术运算符用于对两个表达式执行数学运算，这两个表达式可以是数值数据类型的一个或多个数据类型。算术运算符有+（加）、－（减）、*（乘）、/（除）、%（取余）。

其中+（加）和－（减）运算符也可用于对datetime和smalldatetime值进行算术运算。

（2）赋值运算符

=（等号）是唯一的Transact-SQL赋值运算符。

（3）位运算符

位运算符的操作数可以是整数或二进制字符串数据类型类别中的任何数据类型（image数据类型除外），但两个操作数不能同时是二进制数据类型类别中的某种数据类型。位运算符有&（位与）、|（位或）、^（位异或）。

（4）关系运算符

关系运算符用于测试两个表达式是否相同，可以用于除了text、ntext或image数据类型外的所有表达式。

关系运算符有=（等于）、>（大于）、<（小于）、>=（大于等于）、<=（小于等于）、<>（不等于）、!=（不等于）、!<（不小于）、!>（不大于）。返回值为TRUE、FALSE、UNKNOWN三种。

- 两个数值型数据比较时，按照值的大小直接比较。
- 两个日期时间型数据比较时，按照年、月、日的先后顺序比较。
- 两个字符型数据比较时，英文字母按照ASCII码值大小比较，汉字按照拼音先后顺序比较。

（5）逻辑运算符

逻辑运算符对某些条件进行测试，以获得其真实情况。逻辑运算符和比较运算符一样，返回带有TRUE或FALSE值的Boolean数据类型，如表8.1所示。

表8.1　逻辑运算符表

运算符	含　义
ALL	如果一组的比较都为TRUE，那么就为TRUE
AND	如果两个条件表达式都为TRUE，那么就为TRUE
ANY	如果一组的比较中任何一个为TRUE，那么就为TRUE
BETWEEN	如果操作数在某个范围之内，那么就为TRUE
EXISTS	如果子查询包含一些行，那么就为TRUE
IN	如果操作数等于表达式列表中的一个，那么就为TRUE
LIKE	如果操作数与一种模式相匹配，那么就为TRUE
NOT	对任何其他布尔运算符的值取反
OR	如果两个条件表达式中的一个为TRUE，那么就为TRUE
SOME	如果在一组比较中，有些为TRUE，那么就为TRUE

⚠ 【例8.5】逻辑运算符IN的使用方法

程序代码如下:

```
USE Loan
GO
SELECT *
FROM  Bank
WHERE Bnature  IN('公办','民营')
```

执行结果如图8.5所示。

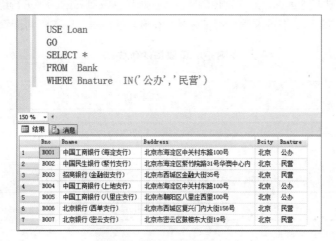

图8.5 逻辑运算符IN的使用

⚠ 【例8.6】逻辑运算符BETWEEN的使用方法

程序代码如下:

```
USE Loan
GO
SELECT *
FROM Enterprise
WHERE Ecapital BETWEEN 1000000 AND 3000000
```

执行结果如图8.6所示。

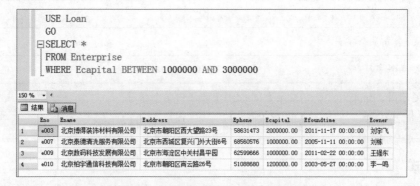

图8.6 逻辑运算符BETWEEN的使用

（6）字符运算符

+（加号）是字符运算符，可以用它将字符串串联起来，其他所有字符串操作都使用字符串函数（如SUBSTRING）进行处理。

（7）一元运算符

一元运算符有+（正）、-（负）、~（位非）。

+（正）和-（负）运算符可以用于numeric数据类型类别中任一数据类型的任意表达式。~（位非）运算符只能用于整数数据类型类别中任一数据类型的表达式。

（8）运算符的优先级

当运算符的级别不同时，先对较高级别的运算符进行运算，然后对较低级别的运算符进行运算，如表8.2所示。当一个表达式中运算符的级别相同时，一般按照从左到右的顺序进行运算。当表达式中有括号时，应先对括号内的表达式进行求值；若表达式中有嵌套的括号，则首先对嵌套最深的表达式求值。

表8.2　运算符的优先级

级别	运算符
1	~（位非）
2	*（乘）、/（除）、%（取模）
3	+（正）、-（负）、+（加）、（+连接）、-（减）、&（位与）
4	=, >、<、>=、<=、<>、!=、!>、!<（比较运算符）
5	^（位异或）、|（位或）
6	NOT
7	AND
8	ALL、ANY、BETWEEN、IN、LIKE、OR、SOME
9	=（赋值）

3. 通配符

通配符主要用于LIKE运算符中，用来比较字符串是否与指定模式相匹配，如表8.3所示。

表8.3　通配符

通配符	说　　明
%	代表0个或多个字符
_	代表单个字符
[ ]	指定范围，如[a-f]、[0-9]或集合[abcdef]中的任何单个字符
[^]	指定不属于范围，如[^a-f]、[^0-9]）或集合[^abc]中的任何单字符

4. 表达式

表达式是常量、变量和运算符组成的式子，可以对其求值以获取结果。例如，可以将表达式用作要在查询中检索的数据的一部分，也可以用作查找满足一组条件的数据时的搜索条件。

简单表达式可以是常量、变量、列名或标量函数、子查询、CASE、NULLIF或COALESCE。复杂表达式是由运算符连接的一个或多个简单表达式。

两个表达式可以由一个运算符组合起来，只要它们具有该运算符支持的数据类型，并且满足至少下列一个条件：

- 两个表达式有相同的数据类型。
- 优先级低的数据类型可以隐式转换为优先级高的数据类型。
- CAST函数能够显式地将优先级低的数据类型转化成优先级高的数据类型，或者转换为一种可以隐式地转化成优先级高的数据类型的过渡数据类型。
- 如果没有支持的隐式或显式转换，则两个表达式将无法组合。

表达式结果有两种：

（1）简单表达式的结果。对于由单个常量、变量、标量函数或列名组成的简单表达式，其数据类型、排序规则、精度、小数位数和值就是它所引用的元素的数据类型、排序规则、精度、小数位数和值。

（2）复杂表达式的结果。 用比较运算符或逻辑运算符组合两个表达式时，生成的数据类型为Boolean，并且值为TRUE、FALSE或UNKNOWN。

由多个符号和运算符组成的复杂表达式的计算结果为单值结果。

8.5　流程控制语句和批处理

> Transact-SQL提供了九种流程控制语句，可实现对Transact-SQL语句、语句块和存储过程的流程控制。

8.5.1　IF...ELSE语句

其语法如下：

```
IF  条件表达式
    {Sql语句或语句组}
[ELSE
    {Sql语句或语句组}]
```

IF指定Transact-SQL语句的执行条件。条件表达式的值为TRUE，则执行IF和条件表达式之后的SQL语句，如果条件表达式的值为FALSE，并且有ELSE语句，则执行ELSE后的SQL语句。IF语句允许嵌套使用。

⚠ 【例8.7】 测试一个学生成绩是否及格的功能

程序代码如下：

```
DECLARE @score int
SET @score = 88
IF @score >=60
    SELECT '及格了' AS '成绩结果'
ELSE
    SELECT '等着开学补考吧' as '成绩结果'
```

执行结果如图8.7所示。

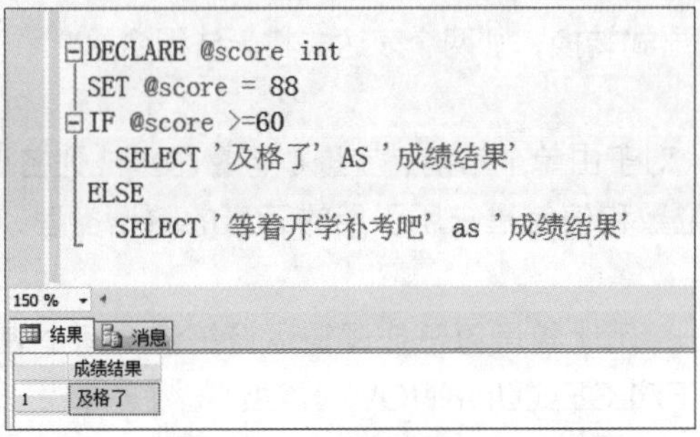

图8.7   测试一个学生成绩是否及格的功能

8.5.2 BEGIN…END

其语法如下:

```
BEGIN
    {Sql语句或语句组}
END
```

BEGIN…END包括一系列的Transact-SQL语句,将在BEGIN…END内的所有程序视为一个单元执行。BEGIN…END允许嵌套使用。

8.5.3 WHILE…CONTINUE…BREAK

只要WHILE后的条件为真,循环执行 SQL 语句。其语法如下:

```
WHILE  条件表达式
BEGIN
    {SQL语句或语句块}
    BREAK
    {SQL语句或语句块}
    CONTINUE
    {SQL语句或语句块}
END
```

当WHILE命令之后的条件表达式值为TRUE时,重复执行SQL语句或语句块。CONTINUE命令可以让程序跳过CONTINUE命令之后的语句,回到WHILE循环内的第一行命令,BREAK命令则让程序跳出当前WHILE循环，将执行出现在END关键字。

WHILE语句允许嵌套。在循环嵌套时，BREAK只能跳出当前WHILE循环，从而进入外层WHILE循环。

⚠ 【例8.8】 判断一个正整数是不是素数

程序代码如下：

```
DECLARE @i int,@x int
SET @i=2
SET @x=23
WHILE @i<=SQRT(@X)
BEGIN
  IF(@x % @i = 0)
    BREAK
  ELSE
    SET @i=@i+1
END
PRINT @x
IF @i>SQRT(@x)
  PRINT '是一个素数。'
ELSE
  PRINT '不是一个素数。'
```

执行结果如图8.8所示。

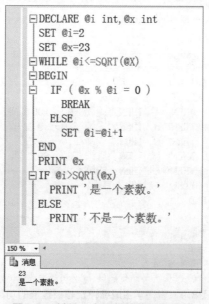

图8.8　判断一个正整数是不是素数

8.5.4 CASE

根据不同条件表达式返回对应的结果，如果哪个条件都不满足，则返回ELSE分支的结果。CASE具有两种格式：

- 简单CASE函数将某个表达式与一组简单表达式进行比较以确定结果。
- CASE搜索函数计算一组布尔表达式以确定结果。

两种格式都支持可选的ELSE参数。

（1）简单CASE函数格式为：

```
CASE {输入表达式}
    WHEN {值表达式} THEN {结果表达式}
    ...
    ELSE {结果表达式}
END
```

⚠ 【例8.9】 查询学生成绩评定等级标准的功能

程序代码如下：

```
DECLARE @score varchar
SET @score = 'B'
SELECT CASE @score
  WHEN 'A' THEN '成绩在90—100之间。'
  WHEN 'B' THEN '成绩在80—89之间。'
  WHEN 'C' THEN '成绩在70—79之间。'
  WHEN 'D' THEN '成绩在60—69之间。'
  WHEN 'E' THEN '成绩不及格。'
  ELSE '成绩输入有误。'
END
```

执行结果如图8.9所示。

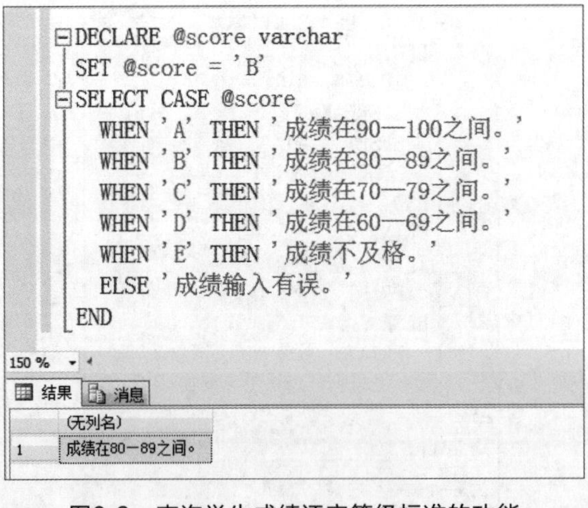

图8.9 查询学生成绩评定等级标准的功能

（2）搜索函数表达式的语法格式为：

```
CASE
    WHEN 条件表达式THEN 结果表达式
    ...
```

```
    WHEN 条件表达式THEN 结果表达式
    [ELSE 结果表达式]
END
```

⚠ 【例8.10】 根据具体成绩来判断其成绩等级

根据某个学生的具体成绩，判断其成绩等级。

程序代码如下：

```
DECLARE @score int
SET @score = 79
SELECT CASE
  WHEN @score>=90 AND @score<=100 THEN '优秀。'
  WHEN @score>=80 AND @score<=89 THEN '良好。'
  WHEN @score>=70 AND @score<=79 THEN '中等。'
  WHEN @score>=60 AND @score<=69 THEN '及格。'
  WHEN @score>=0 AND  @score<60 THEN '不及格。'
  ELSE '成绩输入有误。'
END
```

执行结果如图8.10所示。

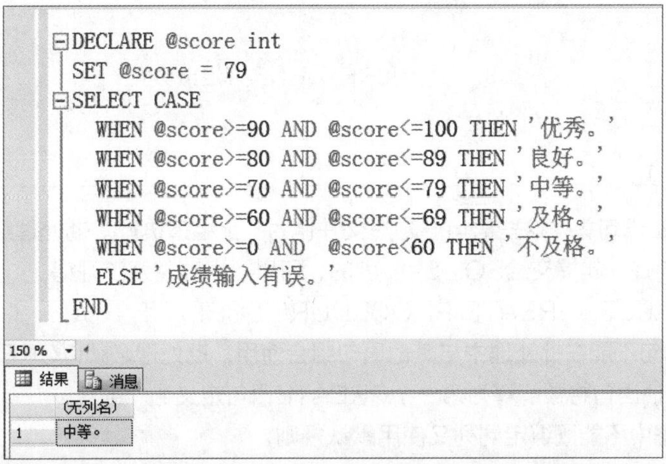

图8.10　根据某个学生的具体成绩判断其成绩等级

8.5.5　RETURN

其语法格式为：

```
RETURN [整数值]
```

RETURN语句无条件终止查询、存储过程或批处理。在存储过程或批处理中，RETURN语句后面的语句都不执行。

在存储过程中，可以指定整数值返回。如果未指定值，默认返回0。一般情况下，没有发生错误时返回值0。任何非0值表示有错误发生。

⚠ **【例8.11】使用RETURN语句实现退出功能**

程序代码如下：

```
DECLARE @x int
SET @x=15
IF @x>0
   PRINT '遇到return之前返回'
RETURN
PRINT '遇到return之后返回'
```

执行结果如图8.11所示。

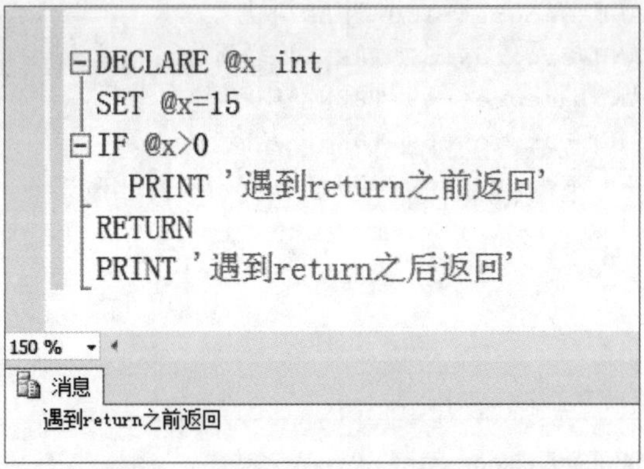

图8.11　使用RETURN实现退出功能

8.5.6　批处理

　　批处理是一个SQL语句集，这些语句一起提交并作为一个组来执行。批处理结束的符号是GO。由于批处理中的多个语句是一起提交给SQL Server的，所以可以节省系统开销。

　　CREATE DEFAULT、CREATE PROCEDURE、CREATE RULE、CREATE TRIGGER和CREATE VIEW语句不能在批处理中与其他语句组合使用。批处理必须以CREATE语句开始，所有跟在CREATE后的其他语句将被解释为第一个CREATE语句定义的一部分。

- 在同一个批处理中不能既绑定到列又使用默认规则。
- 在同一个批处理中不能既删除一个数据库对象，又重建它。
- 在同一个批处理中不能改变一个表，再立即引用其新列。

脚本是一系列顺序提交的批处理。

8.5.7　其他命令

　　（1）BACKUP和RESTORE
备份和恢复数据库。
　　（2）USE
指定当前数据库。
　　（3）EXECUTE（EXEC）
执行SQL字符串或存储过程。

（4）PRINT

打印字符串，其他类型变量需要先使用CONVERT转换为字符串才能使用PRINT。

（5）WAITFOR

用于在达到指定时间或时间间隔之前，或者指定语句至少修改或返回之前，延迟（或称阻止）执行批处理、存储过程或事务。

⚠ 【例8.12】 实现等待5秒后显示文字

使用WAITFOR语句实现等待5秒后显示"六一儿童节快乐！"。

程序代码如下：

```
WAITFOR DELAY '00:00:05'
PRINT '六一儿童节快乐！'
```

执行结果如图8.12所示。

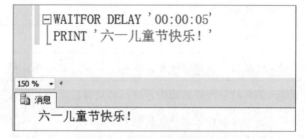

图8.12　等待5秒后输出信息

（6）SHUTDOWN

关闭数据库服务器，其语法为：

```
SHUTDOWN [ WITH NOWAIT ]
```

其中WITH NOWAIT为可选参数，不对每个数据库执行检查点操作，在尝试终止全部用户进程后即退出。服务器重新启动时，将针对未完成事务执行回滚操作。

8.6 函数

> 　　SQL Server 2012提供了大量的系统函数，可用于实现查询语句列运算、查询条件的构造、触发器、视图以及各种表达式等，同时也允许创建用户定义函数。

在T-SQL中，函数根据执行功能的不同，可以分为聚合函数、配置函数、加密函数、游标函数、日期和时间函数、数学函数、元数据函数、排名函数、行集函数、安全函数、字符串函数、系统函数、系统统计函数、文本函数等14类。函数类型如表8.4所示。

表8.4 函数类型

函数	说　明
行集函数	返回可在SQL语句中像表引用一样使用的对象
聚合函数	对一组值进行运算，但返回一个汇总值
排名函数	对分区中的每一行均返回一个排名值
标量函数	对单一值进行运算，然后返回单一值

对于标量函数（可以理解为数值函数），类型如表8.5所示。

表8.5 标量函数分类

函数	说　明
配置函数	返回当前配置信息
游标函数	返回游标信息
日期和时间函数	对日期和时间输入值执行运算，返回字符串、数字或日期和时间值
数学函数	基于作为函数的参数提供的输入值执行运算，返回数字值
元数据函数	返回有关数据库和数据库对象的信息
安全函数	返回有关用户和角色的信息
字符串函数	对字符串输入值执行运算，返回一个字符串或数字值
系统函数	执行运算后返回SQL Server实例中有关值、对象和设置的信息
系统统计函数	返回系统的统计信息

8.6.1 聚合函数

聚合函数对一组值执行计算，返回单个值。聚合函数经常用于数据的统计，如统计不同产品的销售量、最高的成绩等。这类函数包括AVG、MIN、MAX、SUM、COUNT、STDEV、STDEVP、VAR、VARP等。除了COUNT以外，聚合函数都会忽略空值。

聚合函数只能在以下位置作为表达式使用：

- SELECT语句的选择列表（子查询或外部查询）。
- COMPUTE或COMPUTE BY子句。
- HAVING子句。

T-SQL提供下列聚合函数，如表8.6所示。

表8.6 聚合函数

函数	说　明
SUM、AVG	返回表达式中所有值的和、求平均值

（续表）

函数	说　　明
MAX、MIN	返回表达式中所有值的最大值、最小值
COUNT、COUNT_BIG	返回表达式中所有值的个数，COUNT返回INT，COUNT_BIG返回BIGINT值
STDDV、STDEVP	返回表达式中所有值的标准偏差、和总体标准偏差
VAR、VARP	返回指定表达式中所有值的方差、总体方差

⚠ 【例8.13】聚合函数的使用

```
总分：SELECT SUM(Lamount) from Loan where Eno='e001'
平均分：SELECT AVG(Lamount) from Loan where Eno='e001'
最高分：SELECT MAX(Lamount) from Loan where Eno='e001'
人数：SELECT COUNT(Lamount) from Loan where Eno='e001'
标准偏差：SELECT STDEV(Lamount) from Loan where Eno='e001'
```

执行结果如图8.13所示。

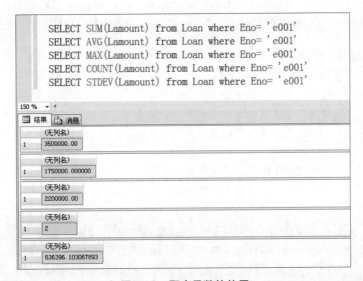

图8.13　聚合函数的使用

8.6.2 标量函数

1. 数学函数

数学函数对所有数值类型进行操作。数学函数的返回值是6位小数，如果使用出错，则返回NULL值并显示警告信息。

（1）三角函数SIN（正弦）、COS（余弦）、TAN（正切）、COT（余切）

语法格式为：

```
SIN(float_expression)，参数为弧度、返回类型为浮点数。
```

（2）反三角函数ASIN（反正弦）、ACOS（反余弦）、ATAN（反正切）、ATAN2（反余切）
语法格式为：

ASIN(float_expression)，参数为浮点数、返回类型为弧度。

（3）角度转换函数RADIANS（角度→弧度）、DEGREES（弧度→角度）
语法格式为：

RADIANS(numeric_expression)，输入角度返回弧度值。
DEGREES(numeric_expression)，输入弧度返回角度值。

（4）幂函数SQRT、SQUARE、EXP、LOG、LOG10、POWER
语法格式为：

SQRT(float_expression)，返回表达式的平方根。
SQUARE(float_expression)，返回表达式的平方。
POWER(numeric_expression,y)，返回numeric_expression的y次方。
EXP(float_expression)，返回自然对数e的float_expression次方。
LOG(float_expression)，返回以自然对数e为底的float_expression的对数值。
LOG10(float_expression)，返回以10为底的float_expression的对数值。

（5）符号函数ABS、SIGN
语法格式为：

ABS(numeric_expression)，返回指定数值表达式的绝对值（正值）。
SIGN(numeric_expression)，返回指定表达式的正号(+1)、零(0)或负号(-1)。

（6）近似函数ROUND、CEILING、FLOOR
语法格式为：

FLOOR(numeric_expression)，返回小于或等于指定数值表达式的最大整数。
CEILING(numeric_expression)，返回大于或等于指定数值表达式的最小整数。
ROUND(numeric_expression, length [,function])：将数值表达式舍入到指定的长度或
精度。

Length实际是精度的意思，精确到小数点后length位，如表8.7所示。如果length为负值，则表示精确到小数点前。省略function或使用值0（默认）时，将对numeric_expression进行舍入。当function指定为非0值时，将对numeric_expression进行截断。

表8.7　近似函数

表达式	值
Ceiling(−3.5)	−3
Ceiling(3.5)	4

（续表）

表达式	值
Floor(−3.5)	−4
Floor(3.5)	3
ROUND(123.9994, 3)	123.999
ROUND(123.9995, 3)	124.0000
ROUND(748.58, −1)	750.00
ROUND(748.58, −2)	700.00
ROUND(150.75, 0)	151.00
ROUND(150.75, 0, 2)	150

⚠ 【例8.14】 使用语句求表达式的值

使用SQL语句来求表8.7中的表达式的值。

```
SELECT CEILING(-3.5),CEILING(3.5),
    FLOOR(-3.5),FLOOR(3.5),
    ROUND(123.9994, 3),ROUND(123.9995, 3),
    ROUND(748.58, -1),ROUND(748.58, -2),
    ROUND(150.75, 0),ROUND(150.75, 0, 2)
```

执行结果如图8.14所示。

图8.14　数学函数的使用

（7）其他函数RAND、PI

RAND语法格式为：

```
RAND([ seed ])，返回从0到1之间的随机float值。
```

可以指定SEED值，对于指定的SEED值，RAND产生的值相同。对于一个连接，RAND()的所有后续调用将基于首次RAND()调用生成结果。

⚠ 【例8.15】 产生随机整数

该例产生5个0到3之间的随机整数。

```
DECLARE @counter smallint
SET @counter = 1
WHILE @counter <= 5
BEGIN
SELECT round(RAND()*4,0) Random_Number
SET @counter = @counter + 1
END
```

执行结果如图8.15所示。

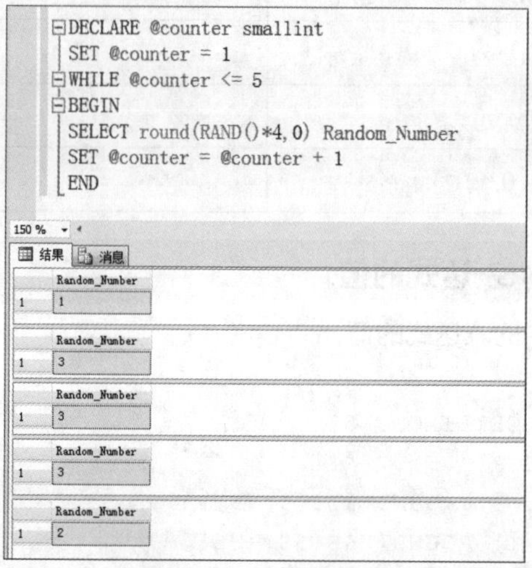

图8.15　随机数的使用

PI的语法格式为：

PI()，返回圆周率 π 的常量值。

例如：SELECT PI()*2.5*2，返回半径为2.5的圆的周长。

2. 日期函数

日期函数用来操作DATETIME和SMALLDATETIME类型的数据。

（1）当前日期函数GETDATE、GETUTCDATE

其语法格式为：

GETDATE()，按照SQL Server标准内部格式返回当前系统日期和时间的datetime值。

在查询中，日期函数可用于SELECT语句的选择列表或WHERE子句。在设计报表时，GETDATE函数可用于在每次生成报表时打印当前日期和时间。GETDATE对于跟踪活动也很有用，诸如记录事务在某一帐户上发生的时间。

GETUTCDATE()返回当前UTC时间（格林尼治标准时间）的datetime值。

⚠ 【例8.16】执行SQL语句1

执行下列SQL语句：

```
返回系统日期： SELECT GETDATE();
使用系统日期创建表：
CREATE TABLE STUDENT(
 stu_ID char(11) NOT NULL,
 STU_name varchar(40) NOT NULL,
 Enter_Date  datetime DEFAULT GETDATE(),
)
```

执行结果如图8.16所示。

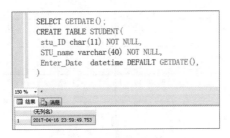

图8.16　日期函数的使用

（2）日期部分值函数DAY、MONTH、YEAR

其语法格式为：

```
DAY(date)，返回一个整数，表示指定日期的"天"部分。
MONTH(date)，返回表示指定日期的"月"部分的整数。
YEAR(date)，返回表示指定日期的"年"部分的整数。
```

⚠ 【例8.17】执行SQL语句2

执行下列SQL语句。

```
SELECT YEAR('2007-8-1'),MONTH('2007-8-1'),DAY('2007-8-1')
```

执行结果如图8.17所示。

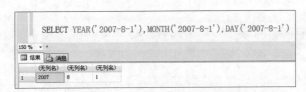

图8.17　日期部分值函数的使用

（3）日期部分操作函数DATENAME、DAAEPART、DATEADD、DATEDIFF

其语法格式为：

```
DATENAME(datepart，date)，返回指定日期的部分字符串。
DATEPART(datepart，date)，返回指定日期的部分值。
DATEADD(datepart，number，date)，给指定日期的部分加上一个时间间隔。
DATEDIFF(datepart，startdate，enddate)，返回两个指定日期的部分间隔值。
```

其中date、startdate、enddate表示datetime或smalldatetime值，或日期格式的字符串，如果输入字符串，需将其放入引号中。

参数datepart指定要返回的日期部分的参数，其含义如表8.8所示。

表8.8   datepart含义

日期部分	缩写
year	yy, yyyy
quarter	qq, q
month	mm, m
dayofyear	dy, y
day	dd, d
week	wk, ww
Hour	hh
minute	mi, n
second	ss, s
millisecond	ms

⚠ 【例8.18】返回当前系统日期

返回当前系统日期的年、月、日、星期。

```
SELECT datepart(yy,getdate()),datepart(mm,getdate()),datepart(dd,getdate()),
    datepart(dw,getdate())
```

执行结果如图8.18所示。

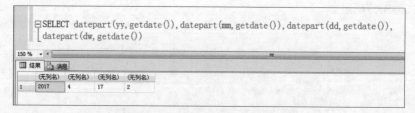

图8.18   日期部分操作函数的使用

返回当前日期的小时字符串。

```
SELECT DATENAME(hour, getdate())
```

返回当前日期49天之后的日期。

```
SELECT dateadd(dd,49,getdate())
```

计算你出生之后的天数，假设你的生日为"1986-1-1 3:00:00"。

```
SELECT datediff(dd,'1981-1-1 3:00:00',getdate())
```

3. 字符串函数

字符串函数对字符串输入值执行操作，并返回字符串或数值。

（1）长度函数LEN

返回指定字符串表达式的字符（而不是字节）数，其中不包含尾随空格。用于varchar、varbinary、text、image、nvarchar和ntext 数据类型，NULL的DATALENGTH的结果是NULL。LEN函数和DATALENGTH函数的功能一样。

其语法格式如下：

```
LEN(string_expression)
```

⚠ 【例8.19】 求每个企业名称的最大长度

```
SELECT max(len(Ename)) as NAME_MAX_LEN from Enterprise
```

执行结果如图8.19所示。

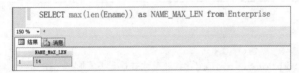

图8.19　长度函数LEN的使用

（2）子串函数LEFT、RIGHT、SUBSTRING

这三个函数用于求指定字符串的子串，如表8.9所示。

表8.9　求子串的函数

表达式	值
LEFT('abcdefg',2)	'ab'
RIGHT('abcdefg',3)	'efg'
SubString('abcdefg',3,2)	'de'

其语法格式如下：

```
LEFT(character_expression, integer_expression)，返回字符串中从左边开始指定个数的字
符。
RIGHT(character_expression, integer_expression)，返回字符串中从右边开始指定个数的
字符。
SUBSTRING(expression, start, length)，返回字符表达式、二进制表达式、文本表达式或图像
表达式的一部分。
```

（3）字符串转换函数ASCII、UNICODE、CHAR、NCHAR、LOWER、UPPER 、STR
这七个函数用于转换字符串，如表8.10所示。

表8.10　字符串转换函数

表达式	值
ascii('a')	97
Unicode(N'数据库')	25968
char(98)	'b'
nchar(99)	'c'
upper('aBc')	'ABC'
lower('DeF')	'abc'
Str(123.45)	'123'
str(123.45,10,1)	' 123.5'
str(123.45,5,1)	'123.5'
str(123.45,2,1)	'**'

其语法格式如下：

```
ASCII(character_expression)，返回字符表达式中最左侧的字符的ASCII值。
UNICODE('ncharacter_expression')，返回输入表达式的第一个字符的整数值。
CHAR(integer_expression)，将 int ASCII 代码转换为字符。
NCHAR(integer_expression)，返回具有指定的整数代码的Unicode字符。
LOWER(character_expression)，返回指定字符串的小写。
UPPER(character_expression)，返回指定字符串的大写。
STR(float_expression [, length [, decimal ] ])，返回由数字数据转换来的字符数据。
```

其中length表示转换后的总长度（包括小数点、符号、数字以及空格），默认为10。Decimal表示小数点之后的位数，默认为0，即默认没有小数位。Length长度太小时，则转化为' ** '.

（4）去空格函数LTRIM、RTRIM

其语法格式为：

```
LTRIM( character_expression )，去掉字符串左边空格。
RTRIM( character_expression )，去掉字符串右边空格。
```

如果要去掉两边的空格，则需要将两个函数嵌套。

⚠ **【例8.20】去掉字符串两边的空格**

```
SELECT rtrim(ltrim('   hello   '))
```

执行结果如图8.20所示。

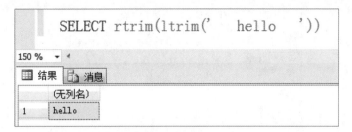

图8.20　去空格函数的使用

（5）字符串替换函数REPLACE

其语法格式为：

```
REPLACE(string_expression1, string_expression2, string_expression3)
```

用string_expression3替换string_expression1中所有string_expression2的匹配项。

【例8.21】 执行SQL语句3

执行下列SQL语句。

```
SELECT REPLACE('abcdefghicde','cde','xxx')
```

执行结果如图8.21所示。

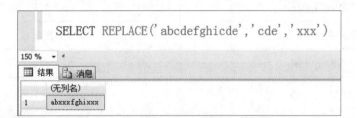

图8.21　字符串替换函数的使用

（6）字符串比较函数CHARINDEX、PATINDEX

CHARINDEX语法格式为：

```
CHARINDEX(expression1,expression2 [,start_location ])
```

表示在expression2中，从第start_location个字符开始，寻找第一次出现expression1的位置并返回。

【例8.22】 执行SQL语句4

执行下列SQL语句。

```
SELECT CHARINDEX('ef','abcdefghefhi')
SELECT CHARINDEX('ef','abcdefghefhi',6)
```

执行结果如图8.22所示。

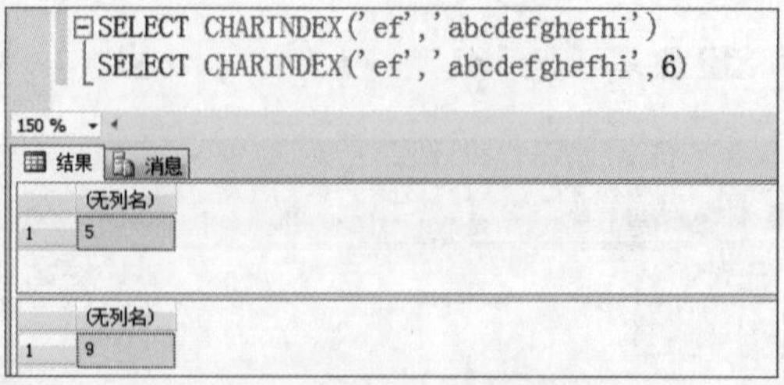

图8.22　字符串比较函数的使用

PATINDEX的语法格式为：

> PATINDEX('%pattern%' , expression)，返回指定表达式中某模式第一次出现的起始位置。可以进行模糊查找（字符串前后加'%'）。

CHARINDEX和PATINDEX的区别在于：前者可以指定开始查找位置，后者不能，只能从开始查找。前者不可以使用通配符 '%' 进行模糊查找，后者可以。

（7）其他函数

如表8.11所示。

表8.11　其他函数

表达式	值
SPACE(5)	' '
REPLICATE(N'数',3)	'数数数'
REVERSE('Hello')	'olleH'

语法格式为：

> SPACE(integer_expression)，产生指定个数空格的字符串。
> REPLICATE(character_expression,integer_expression)，产生指定个数和字符的字符串。
> REVERSE(character_expression)，返回字符表达式的逆向表达式。

4. 数据类型转换函数

一般情况下，SQL Server会自动完成数据类型的转换。例如，可以直接将字符数据类型或表达式与DATATIME数据类型或表达式比较。当表达式中用INTEGER、SMALLINT或TINYINT时，SQL Server也可将INTEGER数据类型或表达式转换为SMALLINT数据类型或表达式，这称为隐式转换。如果不能确定SQL Server是否能完成隐式转换或者使用了不能隐式转换的其他数据类型，就需要使用数据类型转换函数做显式转换了，此类函数有CAST和CONVERT。

其语法格式为：

> CAST(expression AS data_type [(length)])
> CONVERT(data_type [(length)],expression [,style])

将expression转换为data_type。Length主要用于转换为字符串、二进制类型时指定长度。Style在日期转换为字符串时指定格式，或是数值转换为字符串时指定格式。具体格式请参阅SQL SERVER联机丛书。

⚠ 【例8.23】执行SQL语句5

执行下列SQL语句。

```
SELECT getdate(),
       CONVERT(char(12), getdate()),
       CONVERT(char(24), getdate(),100),
CONVERT(char(12), getdate(),112)
```

执行结果如图8.23所示。

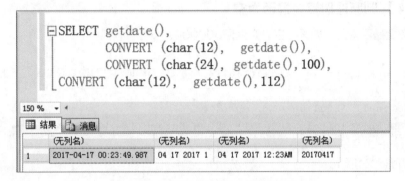

图8.23　数据类型转换函数的使用

5. 系统函数

用系统函数可以访问SQL Server 2012系统表中的信息。建议使用系统函数来获得系统信息，而不要直接查询系统表，因为不同版本SQL Server的系统表可能会有极大的不同。

（1）带@@的函数

某些Transact-SQL系统函数的名称以两个at符号(@@)开头（全局变量也是以@@开头），如表8.12所示，但它们不是全局变量，而且其功能与变量的功能不同。@@function是系统函数，其语法的使用遵循函数的规则。

表8.12　带@@的系统函数

函数	说明
@@ERROR	上一个语句的错误号。如没有错误，返回0
@@IDENTITY（函数）	最后插入的标识值
@@ROWCOUNT	受上一语句影响的行数
@@TRANCOUNT	当前连接的活动事务数

（2）判断格式是否有效的函数

有效，则返回1，否则0，如表8.13所示。

表8.13　判断格式是否有效的函数

函数	说明
ISDATE	确定输入表达式是否为有效日期
ISNUMERIC	确定表达式是否为有效的数值类型

（3）ISNULL

用指定的替换值替换NULL。

语法格式为：

```
ISNULL(check_expression,replacement_value)
```

⚠ 【例8.24】判断注册资金是否为空

判断注册资金是否为空，如果为空，则返回500000。

```
insert into Enterprise values('e011','北京华力创通科技股份有限公司','北京市海淀区中
关村软件园',
'82966300',null,'2001-06-01','高小离')
SELECT(ISNULL(Ecapital, 500000))  FROM Enterprise WHERE Eowner='高小离';
```

执行结果如图8.24所示。

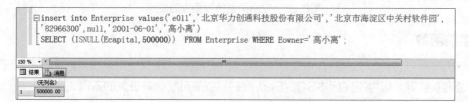

图8.24　ISNULL函数的使用

（4）APP_NAME

返回当前会话的应用程序名称（如果进行了设置）。

⚠ 【例8.25】在SQL Management Studio下执行

```
SELECT app_name()
```

执行结果如图8.25所示。

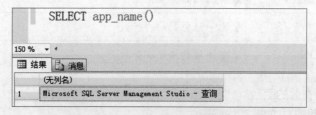

图8.25　APP_NAME函数的使用

（5）数据库、主机、对象、登录名和用户函数

下列每对系统函数在给定标识符（ID）时返回名称，在给定名称时返回ID。

- 数据库：DB_ID和DB_NAME。
- 主机：HOST_ID和HOST_NAME。
- 对象：OBJECT_ID和OBJECT_NAME，需要至少一个或两个参数。
- 登录名：SUSER_ID和SUSER_NAME（或SUSER_SID和SUSER_SNAME）。
- 用户：USER_ID和USER_NAME。

以上除对象函数外，其余函数的参数如果省略，则返回当前数据库、主机、登录名、用户。

【例8.26】在Loan数据库中，执行SQL语句

在Loan数据库中，执行下列SQL语句。

```
SELECT DB_ID(), DB_NAME(),
HOST_ID(),HOST_NAME(),
              SUSER_ID(),SUSER_NAME(),
          USER_ID(),USER_NAME()
```

执行结果如图8.26所示。

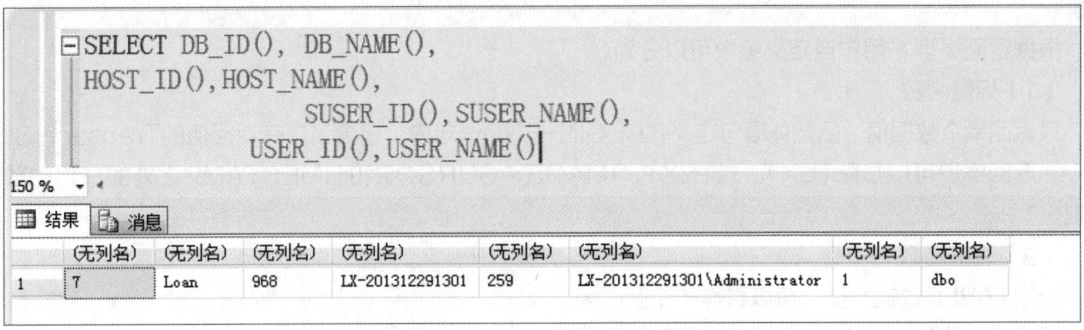
SELECT DB_ID(), DB_NAME(),
HOST_ID(),HOST_NAME(),
SUSER_ID(),SUSER_NAME(),
USER_ID(),USER_NAME()
150 %
结果
消息
(无列名) (无列名) (无列名) (无列名) (无列名) (无列名) (无列名) (无列名)
1 7 Loan 968 LX-201312291301 259 LX-201312291301\Administrator 1 dbo

图8.26 数据库、主机、对象、登录名和用户函数

【例8.27】检查指定对象是否存在

使用OBJECT_ID检查指定对象是否存在，通常用在创建对象前。

```
IF OBJECT_ID(N'dbo.AWBuildVersion', N'U') IS NOT NULL
DROP TABLE dbo.AWBuildVersion
GO
CREATE TABLE AWBuildVersion
(
    c1 int,
    c2 char
)
GO
```

执行结果如图8.27所示。

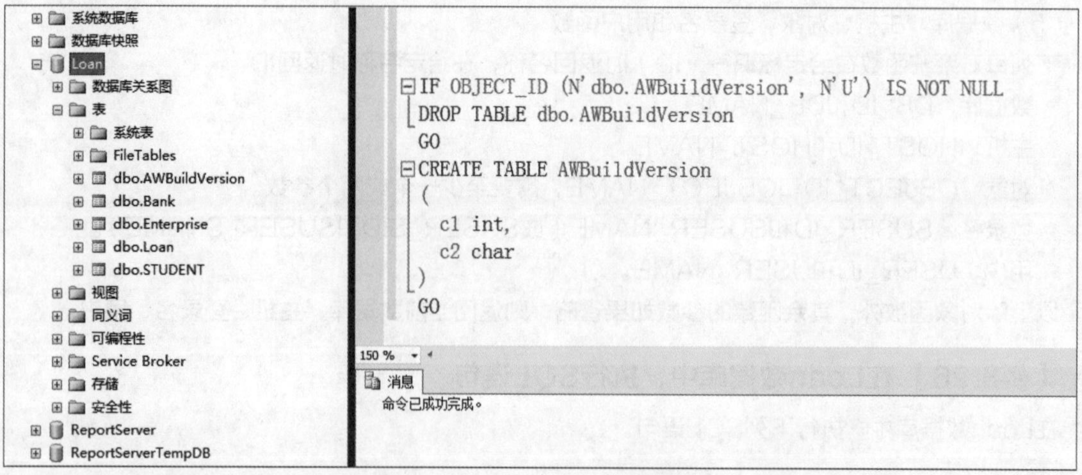

图8.27 OBJECT_ID的使用

8.6.3 用户自定义函数

除了使用系统提供的函数外，用户还可以根据需要自定义函数。用户自定义函数有如下优点：模块化程序设计，执行速度更快，减少了网络流量。但是在用户自定义函数中不能更改数据。仅用于返回信息。

根据返回类型，用户自定义函数可以分为：

（1）标量函数

只返回单个数据值。函数体语句定义在BEGIN-END语句内，包含了带有返回值的Transact-SQL命令。返回类型可以是除TEXT、NTEXT、IMAGE、CURSOR和TIMESTAMP之外的任何的数据类型。

（2）表值函数

返回TABLE数据类型，可以看作一个临时表。

根据函数体SQL语句构成，用户自定义函数可分为：

（1）内联函数

RETURN子句在括号中包含单个SELECT语句，一般用作表值函数。RETURNS子句只包含关键字table。不必定义返回变量的格式，不用BEGIN ... END包含。

（2）多语句函数

在BEGIN...END语句块中定义的函数体包含一系列T-SQL语句。

⚠ 【例8.28】创建标量函数，输入成绩时会返回成绩的等级

该例创建标量函数，当输入成绩时，返回成绩的等级。

```
CREATE FUNCTION dbo.GetGradeLevel(@grade int)
RETURNS char
AS
BEGIN
  DECLARE @strLevel char
  SET @strLevel = CASE
    WHEN @grade>=90 THEN 'A'
```

```
        WHEN @grade>=80 THEN 'B'
        WHEN @grade>=70 THEN 'C'
        WHEN @grade>=60 THEN 'D'
        ELSE  'e'
    END
    RETURN(@strLevel)
END
```

下面为调用语句，输入90，查看结果。

```
SELECT dbo.GetGradeLevel(90)
```

执行结果如图8.28所示。

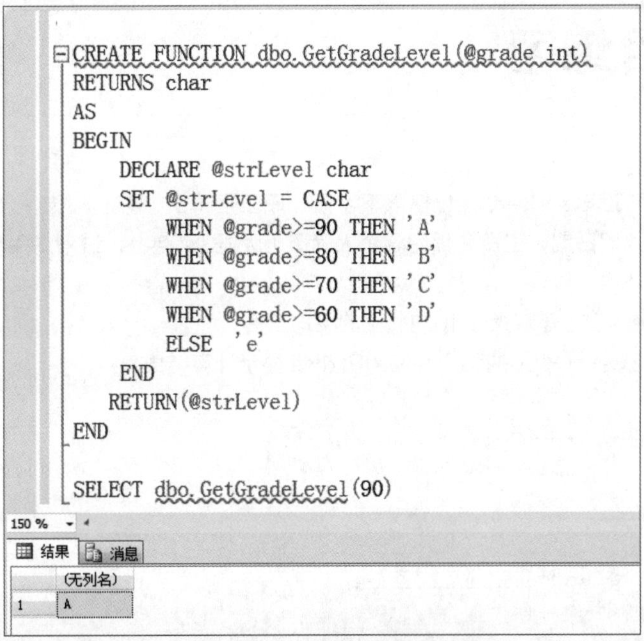

```
CREATE FUNCTION dbo.GetGradeLevel(@grade int)
RETURNS char
AS
BEGIN
    DECLARE @strLevel char
    SET @strLevel = CASE
        WHEN @grade>=90 THEN 'A'
        WHEN @grade>=80 THEN 'B'
        WHEN @grade>=70 THEN 'C'
        WHEN @grade>=60 THEN 'D'
        ELSE 'e'
    END
    RETURN(@strLevel)
END

SELECT dbo.GetGradeLevel(90)
```

图8.28 自定义函数的使用

用户自定义函数与存储过程相比，用户自定义函数比存储过程灵活，代码精简。在用户自定义函数中不能更改数据，而存储过程可以。但这并不是用户自定义函数的目的。

本章小结

　　本章介绍了T-SQL语法的基础，常量、变量、注释符、表达式、运算符与通配符的使用，常用函数使用方法，也介绍了用户自定义函数的类型和实现。

　　T-SQL语言需要大量的实践，才能熟练运用。

项目练习

　　（1）创建一个职工表workers，包括以下字段：职工号（5位数字），姓名，性别，出生日期，身高（单位：米），入职日期，工资，部门，个人简历（大概300字）。试考虑每个字段所用类型。并在机器上实现。

　　（2）查询workers表中年龄大于40的职工的平均工资。

　　（3）计算1+2+3+……+100的和，并使用PRINT显示计算结果。

```
DECLARE @I int, @sum int, @csum char(10)
SELECT @I=1, @sum=0
WHILE   @I<=_____
    BEGIN
        SELECT @sum = _____
        SELECT @I=@I+1
    END
    SELECT @csum=convert(char(10),@sum)
    _____'1+2+3+……+100=' + @csum
```

试填空，并上机实验。

　　（4）返回今天的日期和100天之后的日期。

Chapter

09

存储过程

本章概述

　　本章介绍存储过程的基本概念，并详细介绍存储过程的创建和使用方法，以及如何管理和维护存储过程。通过本章的学习，可以了解存储过程的基本知识，掌握使用图形界面和代码两种方法创建、修改和删除存储过程的方法。

重点知识

- 存储过程概述
- 存储过程的创建与执行
- 修改存储过程
- 重命名存储过程
- 删除存储过程

9.1 存储过程概述

> 存储过程是数据库系统中的重要对象，比普通的T-SQL语句的执行效率要高，而且可以多次调用。SQL Server 2012不仅允许用户自定义存储过程，也提供了大量的可作为工具使用的系统存储过程。

9.1.1 认识存储过程

存储过程（Stored Procedure）是一组为了完成特定功能的T-SQL语句集，经编译后存储在数据库中，用户通过指定存储过程的名字并给出参数（如果该存储过程带有参数）来执行它。

SQL Server支持四种类型的存储过程。

1. 系统存储过程

SQL Server 2012中的许多管理活动都是通过一种特殊的存储过程执行的，这种存储过程被称为系统存储过程。例如，sys.sp_changedbowner就是一个系统存储过程。从物理意义上讲，系统存储过程带有 sp_前缀，存储在源数据库中。从逻辑意义上讲，系统存储过程出现在每个系统定义数据库和用户定义数据库的 sys 构架中。在SQL Server 2012中，可以将GRANT、DENY和REVOKE权限应用于系统存储过程。

2. 用户自定义的存储过程

用户自定义存储过程是指封装了可重用代码的模块或例程，可接受输入参数、向客户端返回表格或标量结果消息、调用DDL和DML语句，返回输出参数。在SQL Server 2012中，用户自定义存储过程有两种类型：T-SQL或CLR。

T-SQL存储过程是指保存的T-SQL语句集合，可以接受和返回用户提供的参数。例如，存储过程中可能包含根据客户端应用程序提供的信息在一个或多个表中插入新行所需的语句。存储过程也可能从数据库向客户端应用程序返回数据。例如，电子商务Web应用程序可能使用存储过程根据联机用户指定的搜索条件返回有关特定产品的信息。

CLR存储过程是指对Microsoft .NET Framework公共语言运行时（CLR）方法的引用，可以接受和返回用户提供的参数。它们在.NET Framework程序集中是作为类的公共静态方法实现的。

3. 扩展存储过程

扩展存储过程允许使用编程语言创建自己的外部例程。扩展存储过程是指SQL Server的实例动态加载和运行的DLL。扩展存储过程直接在SQL Server的实例地址空间中运行，可以使用SQL Server扩展存储过程API完成编程，一般使用xp_做前缀。

4. 临时存储过程

临时存储过程又分为本地临时存储过程和全局临时存储过程，通过在存储过程名称的前面加"#"和"##"来指定，与创建临时表、临时变量类似，SQL Server关闭后，这些临时存储过程也将不复存在。

9.1.2 存储过程的特点

存储过程有很多好的方面，现对其中几点进行介绍：

- 与其他应用程序共享应用程序逻辑，因而确保了数据访问和修改的一致性。存储过程可以封装业务功能，在存储过程中可以在同一位置改变封装的业务规则和策略，所有的客户端可以使用相同的存储过程来确保数据访问和修改的一致性。
- 能够保证数据的安全。防止把数据库中表的细节暴露给用户。如果一组存储过程支持用户需要执行的所有业务功能，用户就不必直接访问表。
- 提供了安全机制。即使是没有访问存储过程引用的表或视图的权限的用户，也可以被授权执行该存储过程。
- 改进性能。如果某一操作包含大量的T-SQL代码或分别被多次执行，那么存储过程要比批处理的执行速度快很多。
- 减少网络通信流量。存储过程避免了相同的T-SQL在网络上的重复传输。

9.2 存储过程的创建与执行

> 创建存储过程可以使用CREATE PROCEDURE语句或在SQL Server Management Studio图形界面中实现。

9.2.1 在图形界面下创建存储过程

在图形界面下创建存储过程的步骤如下：

Step 01 打开Microsoft SQL Server Manager Studio，并连接数据库。

Step 02 在"对象资源管理器"中，依次展开"数据库→Loan→可编程性"，选中"存储过程"并单击鼠标右键，在弹出的快捷菜单中执行"新建存储过程"命令，如图9.1所示。

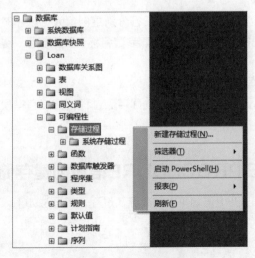

图9.1　新建存储过程

Step 03 系统将在查询编辑器中打开存储过程模板，如图9.2所示。在模板中输入存储过程的名称，设置相应的参数。也可以通过执行"查询→指定模板参数的值"命令进行设置，如图9.3所示。

```
-- ==================================================
-- Template generated from Template Explorer using:
-- Create Procedure (New Menu).SQL
--
-- Use the Specify Values for Template Parameters
-- command (Ctrl-Shift-M) to fill in the parameter
-- values below.
--
-- This block of comments will not be included in
-- the definition of the procedure.
-- ==================================================
SET ANSI_NULLS ON
GO
SET QUOTED_IDENTIFIER ON
GO
-- ==================================================
-- Author:       <Author,,Name>
-- Create date: <Create Date,,>
-- Description: <Description,,>
-- ==================================================
CREATE PROCEDURE <Procedure_Name, sysname, ProcedureName>
    -- Add the parameters for the stored procedure here
    <@Param1, sysname, @p1> <Datatype_For_Param1, , int> = <Default_Value_For_Param1, , 0>,
    <@Param2, sysname, @p2> <Datatype_For_Param2, , int> = <Default_Value_For_Param2, , 0>
AS
BEGIN
    -- SET NOCOUNT ON added to prevent extra result sets from
    -- interfering with SELECT statements.
    SET NOCOUNT ON;

    -- Insert statements for procedure here
    SELECT <@Param1, sysname, @p1>, <@Param2, sysname, @p2>
END
GO
```

图9.2　系统存储过程模板

图9.3　指定模板参数的值

Step 04 在"指定模板参数的值"对话框中，前三行分别是创建人、创建时间、描述，是对存储过程进行注释。从第四行开始，分别指定存储过程名称、参数名称、数据类型、参数的默认值。最后单击"确定"按钮。

Step 05 删除参数@p2，并编写相应的SQL语句。

Step 06 单击工具栏中的"执行"按钮 ! 执行(X)，创建存储过程，如没有错误，消息框中则显示"命令已成功完成"。

9.2.2 用CREATE PROCEDURE语句创建存储过程

使用CREATE PROCEDURE语句可以创建存储过程。其语法如下：

```
CREATE PROC [ EDURE ] procedure_name [ ; number ]
[ { @parameter data_type }
```

```
[ VARYING ] [ = default ] [ OUTPUT ]] [ ,...n ]
[ WITH{ RECOMPILE | ENCRYPTION | RECOMPILE , ENCRYPTION } ]
[ FOR REPLICATION ]
AS sql_statement [ ...n ]
```

下面介绍各参数的含义。

（1）procedure_name

存储过程的名称，必须符合标识符规则，且对于数据库及其所有者必须唯一。

要创建局部临时过程，可以在procedure_name前面加一个编号符（#procedure_name），要创建全局临时过程，可以在procedure_name前面加两个编号符（##procedure_name）。完整的名称（包括#或##）不能超过128个字符。

（2）;number

是可选的整数，用来对同名的过程分组，以便用一条DROP PROCEDURE语句即可将同组的过程一起删除。如果名称中包含定界标识符，则数字不应包含在标识符中，只应在procedure_name前后使用适当的定界符。

（3）@parameter

过程中的参数名称，用户必须在执行过程时提供每个声明参数的值（除非定义了该参数的默认值），存储过程最多可有2100个参数。

使用@打头来指定参数名称。每个过程的参数仅用于该过程本身，相同的参数名称可以用在其他过程中。默认情况下，参数只能代替常量，而允许使用表名、列名或其他数据库对象名称。

（4）data_type

参数的数据类型。所有数据类型（包括text、ntext和image）均可以用作存储过程的参数。不过，cursor数据类型只能用于OUTPUT参数。如果指定的数据类型为cursor，也必须同时指定VARYING和OUTPUT关键字。对于可以是cursor数据类型的输出参数，没有最大数目的限制。

（5）VARYING

指定作为OUTPUT参数支持的结果集，仅适用于游标参数。

（6）default

参数的默认值。如果定义了默认值，不必指定该参数的值即可执行过程。默认值必须是常量或NULL。如果过程将对该参数使用LIKE关键字，那么默认值中可以包含通配符（%、_、[]和[^]）。

（7）OUTPUT

表明参数是返回参数。该选项的值可以返回给 EXEC[UTE]。使用OUTPUT参数可将信息返回给调用过程。Text、ntext和image 参数可用作OUTPUT参数。使用 OUTPUT关键字的输出参数可以是游标占位符。

（8）n

最多可以指定2100个参数。

（9）{RECOMPILE | ENCRYPTION | RECOMPILE, ENCRYPTION}

RECOMPILE表明SQL Server不会缓存该过程的计划，该过程将在运行时重新编译。在使用非典型值或临时值而不希望覆盖缓存在内存中的执行计划时，请使用 RECOMPILE选项。

ENCRYPTION表示SQL Server加密syscomments表中包含CREATE PROCEDURE语句文本的条目。使用ENCRYPTION可防止将过程作为SQL Server复制的一部分发布。

（10）FOR REPLICATION

指定不能在订阅服务器上执行为复制创建的存储过程。使用FOR REPLICATION选项创建的存储过程可用作存储过程筛选，且只能在复制过程中执行。本选项不能和WITH RECOMPILE选项一起使用。

（11）AS

指定过程要执行的操作。

（12）sql_statement

过程中要包含的任意数目和类型的T-SQL语句。但有一些限制。

（13）n

是表示此过程可以包含多条T-SQL语句的占位符。

🔑 【TIPS】

存储过程最大可达128 MB。

 【例9.1】创建一个存储过程

创建一个在Loan数据库获取两个指定日期之间的所有贷款额的存储过程Proc_LoanbyYear。

```
USE Loan
GO
CREATE procedure Proc_LoanbyYear
  @Beginning_Date DateTime,
  @Ending_Date DateTime
AS
  IF @Beginning_Date IS NULL OR @Ending_Date IS NULL
  BEGIN
    RAISERROR('NULL values are not allowed',14,1)
    RETURN
  END
  SELECT Loan.Eno, Loan.Bno, Loan.Lamount, DATENAME(yy,Ldate) AS Year
  FROM Loan
  WHERE Loan.Ldate Between @Beginning_Date And @Ending_Date
GO
```

单击"执行"按钮后，就会创建存储过程，如图9.4所示。

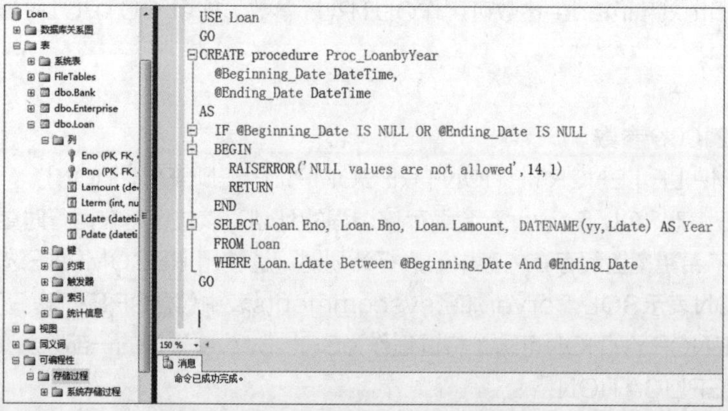

图9.4　创建存储过程Proc_LoanbyYear

9.2.3 存储过程的执行

建立一个存储过程以后，可以使用EXECUTE语句来执行这个存储过程。EXECUTE语句的语法如下：

```
[ { EXEC | EXECUTE } ]
{
[ @return_status = ]
{ procedure_name [ ;number ] | @procedure_name_var }
[ [ @parameter = ] { value | @variable [ OUTPUT ]|[ DEFAULT ]}]
[ ,...n ]
[ WITH RECOMPILE ]
}
```

其中，@return_status用于保存存储过程的返回状态。使用Execute语句之前，这个变量必须在批处理、存储过程或函数中声明过。当执行与其他存储过程处于同一分组中的存储过程时，应当指定此存储过程在组内的标识号。@参数名给出在CREATE PROCEDURE语句中定义的过程参数。在以"@参数名＝值"格式使用时，参数名称和常量不一定按照CREATE PROCEDURE语句中定义的顺序出现。@变量是用未保存参数或者返回参数的变量。OUTPUT关键字指定存储过程必须返回一个参数。DEFAULT关键字用于提供参数的默认值。WITH RECOMPILE子句指定强制编译新的计划，建议尽量少使用该选项，因为它会消耗较多的系统资源。

使用EXECUTE语句时应注意以下几点：

- EXECUTE语句可以用于执行系统存储过程、用户定义存储过程或扩展存储过程，同时支持T-SQL批处理内的字符串的执行。
- 如果EXECUTE语句是批处理的第一条语句，那么省略EXECUTE关键字，也可以执行该存储过程。
- 向存储过程传递参数时，如果使用"@参数＝值"的形式，则可以按任何顺序来提供参数，还可以省略那些已经提供默认值的参数。一旦以"@参数＝值"形式提供了一个参数，就必须按这种形式提供后面所有的参数。如果不是以"@参数＝值"形式来提供参数，则必须按照CREATE PROCEDURE语句中给出的顺序提供参数。
- 虽然可以省略已提供默认值的参数，但只能截断参数列表。例如，如果一个存储过程有五个参数，可以省略第四个和第五个参数，但不能跳过第四个参数而仍然包含第五个参数，除非以"@参数=值"形式提供参数。
- 如果在建立存储过程时定义了参数的默认值，那么下列情况下将使用默认值：执行存储过程时未指定该参数的值；将Default关键字指定为该参数的值。
- 如果在存储过程中使用了带Like关键字的参数名称，则提供的默认值必须是常量，并且可以包含%、_、[]、[^]通配符。

⚠ 【例9.2】 执行所创建的存储过程

执行【例9.1】创建的存储过程Proc_LoanbyYear。

```
USE Loan;
GO
--通过参数名传递值
```

```
EXEC dbo.Proc_LoanbyYear @Beginning_Date='2016-1-1',@Ending_Date='2017-4-4';
--或者按顺序传递值: EXEC dbo.Proc_LoanbyYear '2016-1-1','2017-4-4';
GO
```

执行存储过程Proc_LoanbyYear，结果如图9.5所示。

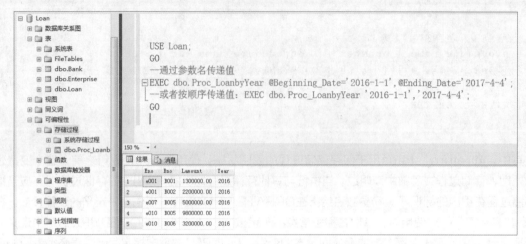

图9.5　执行存储过程Proc_LoanbyYear

9.3 修改存储过程

> 如果需要更改存储过程中的语句或参数，可以删除并重新创建该存储过程，也可以通过一个步骤更改该存储过程。删除并重新创建存储过程时，与该存储过程关联的所有权限都将丢失。更改存储过程时，将更改过程或参数定义，但为该存储过程定义的权限将保留，并且不会影响任何相关的存储过程或触发器。还可以修改存储过程以加密其定义或使该过程在每次执行时都得到重新编译。

使用ALTER PROCEDURE 语句修改存储过程，其语法如下:

```
ALTER PROC[EDURE] procedure_name [;number]
  [ { @parameter data_type }
    [ VARYING ] [ = default ] [ OUTPUT ]
  ] [ ,...n ]
[ WITH{ RECOMPILE | ENCRYPTION | RECOMPILE , ENCRYPTION } ]
[ FOR REPLICATION ]
AS sql_statement [ ...n ]
```

9.4 重命名存储过程

> 本节介绍在Microsoft SQL Server Manager Studio的对象资源管理器中重命名存储过程的方法。

选择要重命名的存储过程，单击右键，在弹出的快捷菜单中执行"重命名"命令，就可以修改了。使用系统存储过程sp_rename也可以重命名存储过程。其语法如下：

```
sp_rename 'object_name' , 'new_name' [ ,'object_type' ]
```

建议不要使用此语句来重命名存储过程，而是删除该对象，然后使用新名称重新创建该对象。

9.5 删除存储过程

> 不再需要存储过程时可将其删除。

如果另一个存储过程调用某个已被删除的存储过程，Microsoft SQL Server 2012将在执行调用进程时显示一条错误消息。但是，如果定义了具有相同名称和参数的新存储过程来替换已被删除的存储过程，那么引用该过程的其他过程仍能成功执行。

例如，如果存储过程proc1引用存储过程proc2，而proc2已被删除，但又创建了另一个名为proc2的存储过程，现在proc1将引用这一新存储过程。proc1也不必重新创建。

使用DROP PROCEDURE语句来删除用户定义的存储过程。其语法如下：

```
DROP PROCEDURE {procedure}[,…n]
```

⚠ 【例9.3】 删除数据中的存储过程

将Loan数据库中存储过程Proc_LoanbyYear删除。

```
USE Loan;
GO
DROP PROCEDURE dbo.Proc_LoanbyYear
GO
```

本章小结

　　本章主要介绍存储过程的基本概念，并详细介绍如何创建、修改、删除和执行存储过程，以及重命名存储过程。通过本章的学习，可以了解存储过程的基本知识，掌握使用图形界面和代码创建、修改和删除存储过程的方法，知道如何取得存储过程的返回值。

项目练习

　　（1）创建存储过程OverdueLoan，列出Loan数据库中过期未还的贷款。

　　（2）创建一个名为AddEnterprise的存储过程，该存储过程向Loan数据库中的Enterprise表插入企业信息。

　　（3）创建一个名为AdjustLoan的存储过程，该存储过程实现对Loan数据库中的Loan表中贷款金额进行调整。

　　（4）分别执行AddEnterprise、AdjustLoan两个存储过程，参数的传递分别使用按参数名传递和按位传递两种方法。

　　（5）使用AlterProcedure修改OverdueLoan存储过程，选择部分列，并按照Lamount列进行升序排序。

　　（6）使用sp_rename将存储过程AdjustLoan重命名为ModifyLoan。

　　（7）删除AdjustLoan存储过程。

　　（8）使用sp_help、sp_helptext、sp_depends分别查看存储过程的信息。

Chapter

10

触发器

本章概述

　　触发器是一种与数据事件相关的特殊类型的存储过程，它是在执行某些特定的 T-SQL语句时可以自动执行的一种存储过程。

　　本章首先介绍触发器的特点、作用和分类，然后重点介绍DML触发器的创建、修改和删除等内容。

重点知识

- 触发器概述
- DML触发器
- DDL触发器

10.1 触发器概述

> 触发器是一种特殊类型的存储过程，当某个触发事件发生时，触发器就会自动地被触发运行，是数据库里独立存在的对象。

10.1.1 触发器的功能

在SQL Server 2012中，常有两种方法来保证数据的有效性和完整性：约束（Check）和触发器（Trigger）。约束是直接设置于数据表内，只能实现一些比较简单的功能操作，如实现字段有效性和唯一性的检查，自动填入默认值，确保字段数据不重复（即主键），确保数据表对应的完整性（即外键）等功能。触发器是针对数据表（库）的特殊的存储过程，它在指定的表中的数据（或表结构）发生改变时自动生效，并可以包含复杂的T-SQL语句，用于处理各种复杂的操作。将触发器和触发它的语句作为可在触发器内回滚的单个事务对待。如果检测到错误（如磁盘空间不足），则整个事务即自动回滚。

触发器的常用功能如下：

- 完成更复杂的数据约束：触发器可以实现比约束更为复杂的数据约束。
- 检查所做的SQL操作是否允许：如当执行DELETE、INSERT、UPDATE等操作时，触发器就会检查数据的处理是否符合定义的规则，从而决定所做的操作是否被允许。
- 修改其他数据表里的数据：当一个SQL语句对数据表进行操作的时候，触发器可以根据该SQL语句的操作情况来对另一个数据表进行操作。例如，修改某一个学生的某一门课程的成绩时，触发器可以自动修改学生总成绩表中该学生的总成绩。
- 调用更多的存储过程：约束不能调用存储过程，但触发器本身就是一种存储过程，而存储过程是可以嵌套使用的，所以触发器也可以调用一个或多个存储过程。
- 返回自定义的错误信息：约束只能通过标准的系统错误信息来传递错误信息，如果应用程序要求使用自定义信息和较为复杂的错误处理，则必须使用触发器。
- 更改原本要操作的SQL语句：触发器可以修改原本要操作的SQL语句。例如，原本的SQL语句是要删除数据表里的记录，但该数据表里的记录是重要记录，不允许删除的，那么触发器可以不执行该语句。
- 防止数据表结构被更改或数据表被删除：为了保护已经建好的数据表，触发器可以在接收到以Drop或Alter开头的SQL语句后，不进行对数据表结构的操作。

10.1.2 触发器的类型

在SQL Server 2012中，根据激活触发器执行的T-SQL语句类型，把触发器分为DML触发器和DLL触发器两类。

- DML触发器：DML触发器是当数据库服务器中发生数据操作语言（DML）事件时执行的存储过程。
- DDL触发器：DDL触发器是在响应数据定义语言（DDL）事件时执行的存储过程。DDL触发器一般用于执行数据库中管理任务。如审核和规范数据库操作、防止数据库表结构被修改等。

10.2 DML触发器

" 本节将对DML触发器的相关知识进行详细介绍。 "

10.2.1 DML触发器的类型

在SQL Server 2012中，根据触发的时机可以把DML触发器分为两种类型：

- After触发器：这类触发器是在记录已经改变完之后（After），才会被激活执行，它主要是用于记录变更后的处理或检查，一旦发现错误，也可以用Rollback Transaction语句来回滚本次的操作。
- Instead Of触发器：这类触发器一般是用来取代原本要进行的操作，在记录变更之前发生的，它并不去执行原来SQL语句里的操作（Insert、Update、Delete），而去执行触发器本身所定义的操作。

10.2.2 DML触发器的工作原理

SQL Server 2012为每个DML触发器都定义了两个特殊的表：inserted表和deleted表。这两个表是建在数据库服务器内存中的，是由系统自动创建和维护的逻辑表，而不是真正存储在数据库中的物理表。对于这两个表，用户只有读取的权限，没有修改的权限。

这两个表的结构与触发器所在数据表的结构是完全一致的，当触发器的工作完成之后，这两个表也将会从内存中删除。

- inserted表里存放的是更新前的记录：对于插入记录操作来说，inserted表里存放的是要插入的数据；对于更新记录操作来说，inserted表里存放的是要更新的记录。
- deleted表里存放的是更新后的记录：对于更新记录操作来说，deleted表里存放的是更新前的记录；对于删除记录操作来说，deleted表里存入的是被删除的旧记录。

下面们来看一下DML触发器的工作原理。

1. After触发器的工作原理

After触发器是在记录更变完之后才被激活执行的。以删除记录为例，当SQL Server接收到一个要执行删除操作的SQL语句时，SQL Server先将要删除的记录存放在删除表deleted表里，然后把数据表里的记录删除，再激活After触发器，执行After触发器里的SQL语句。执行完毕之后，删除内存中的删除表，退出整个操作。

2. Instead Of触发器的工作原理

Instead Of触发器与After触发器不同。After触发器是在Insert、Update和Delete操作完成后才激活的，而Instead Of触发器，是在这些操作进行之前就激活了，并且不再去执行原来的SQL操作，而去运行触发器本身的SQL语句。

创建DML触发器需要注意的事项包含以下几个方面：

- CREATE TRIGGER语句必须是批处理中的第一个语句，该语句后面的所有其他语句被解释为

CREATE TRIGGER语句定义的一部分。

- 创建DML触发器的权限默认分配给表的所有者，且不能将该权限转给其他用户。
- DML触发器为数据库对象，其名称必须遵循标识符的命名规则。
- 虽然DML触发器可以引用当前数据库以外的对象，但只能在当前数据库中创建DML触发器。
- 虽然DML触发器可以引用临时表，但不能对临时表或系统表创建DML触发器。不应引用系统表，而应使用信息架构视图。
- 对于含有用DELETE或UPDATE操作定义的外键的表，不能定义INSTEAD OF DELETE和INSTEAD OF UPDATE触发器。
- 虽然TRUNCATE TABLE语句类似于不带WHERE子句的DELETE 语句（用于删除所有行），但它并不会触发DELETE触发器，因为 TRUNCATE TABLE 语句没有记录。
- WRITETEXT语句不会触发INSERT或UPDATE触发器。

10.2.3 创建AFTER触发器

下面们通过用实例来说明如何创建一个简单的触发器，该触发器的作用是：在企业表Enterprise中插入一条记录后，发出"你已经成功添加了一个企业信息"的提示。分析该触发器的作用不难发现要建立的触发器类型是After Insert类型。

1. 创建AFTER触发器的步骤

Step 01 启动SQL Server Management Studio，在"对象资源管理器"下选择Loan数据库，找到dbo.Enterprise表，并选中其下的"触发器"项，如图10.1所示。

Step 02 右击"触发器"，在弹出的快捷菜单中执行"新建触发器"命令，弹出"查询编辑器"对话框，在"查询编辑器"的编辑区里SQL Server已经预写入了一些建立触发器相关的SQL语句，如图10.2所示。

图10.1 定位到"触发器"　　　　图10.2 建立触发器的"查询编辑器"对话框

Step 03 修改"查询编辑器"里的代码，将从CREATE开始到GO结束的代码改为以下代码：

```
CREATE TRIGGER Trig_InsertEnterprise
   ON Enterprise
   AFTER INSERT
AS
BEGIN
   print '你已经成功添加了一个企业信息'
END
GO
```

Step 04 单击工具栏中的"分析"按钮 ✓，检查一下语法是否有错，如图10.3所示，如果在下面的"结果"对话框中出现"命令已成功完成"，则表示语法没有错误。

Step 05 语法检查无误后，单击"执行"按钮，生成触发器。

Step 06 关闭"查询编辑器"对话框，返回到图10.1所示的"对象资源管理器"，右击并在弹出的快捷菜单中执行"刷新"菜单项，然后展开"触发器"，可以看到刚才建立的Trig_InsertEnterprise触发器，如图10.4所示。

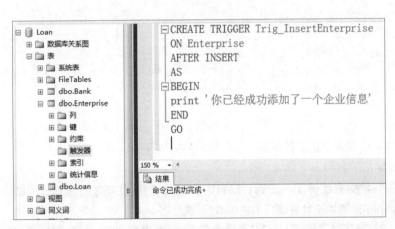

图10.3 检查语法

图10.4 查看建立的触发器

建立After Update触发器、After Delete触发器和建立After Insert触发器的步骤一致，不同的地方是把上面的SQL语句中的INSERT分别改为UPDATE和DELETE。

2. 测试触发器功能

触发器创建后，能否正常工作需要进行测试。下面们就来测试一下刚建好的After Insert触发器的功能。

（1）新建一个查询，在弹出的"查询编辑器"对话框里输入以下代码：

```
insert into Enterprise
values('e011','北京华力创通科技股份有限公司','北京市海淀区中关村软件园','82966300',
50000000,'2001-06-01','高小离')
```

227

（2）单击"执行"按钮，可以看到"消息"对话框里显示出提示信息："你已经成功添加了一个企业信息"，如图10.5所示，由此可见，刚建立的After Insert触发器已经被激活，并运行成功了。

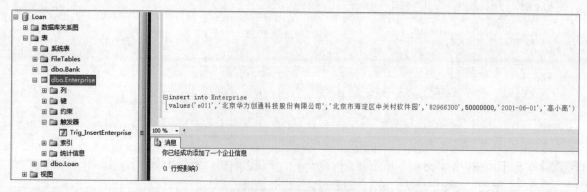

图10.5　触发器运行结果

3. 创建AFTER触发器的T-SQL语句

创建AFTER触发器的语法代码如下：

```
CREATE TRIGGER <trigge_name>
   ON [<schema name>.]<table or view name>
      [WITH ENCRYPTION|EXECUTE AS <CALLER|SELF|<user>>]
      {FOR|AFTER}
      {[[INSERT][,][UPDATE]>[,]<[DELETE]}
      [WITH APPEND]
      [NOT FOR REPLICATION]
AS
<<sql statements>|EXTERNAL NAME <assembly method specifier>>
```

下面对主要参数进行说明。

trigger_name：触发器的名称，必须遵循标识符规则，且不能以#或##开头。

schema_name：触发器所属架构的名称。

table|view：指定触发器所在的数据表或视图。注意：只有Instead Of触发器才能建立在视图上，并且设置为With Check Option的视图也不允许建立Instead Of触发器。

WITH ENCRYPTION：对CREATE TRIGGER语句的文本进行加密。使用WITH ENCRYPTION可以防止将触发器作为SQL Server复制的一部分进行发布。

EXECUTE AS：用于执行该触发器的安全上下文。

AFTER：指定DML触发器仅在触发SQL语句中指定的所有操作都已成功执行时才被激发。仅指定FOR关键字，则AFTER为默认值。

{[INSERT][,][UPDATE][,][DELETE]}：指定数据修改语句，这些语句可在DML触发器对此表或视图进行尝试时激活该触发器。必须至少指定一个选项。在触发器定义中允许使用上述选项的任意顺序组合。

WITH APPEND：指定应该再添加一个现有类型的触发器。

⚠ 【例10.1】修改贷款表中的数据

修改贷款表Loan中的数据时，下述触发器将向客户端显示一条消息。

```
CREATE TRIGGER Trig_UpdateLoan
   ON Loan
   AFTER UPDATE
AS
BEGIN
   RAISERROR('注意: 有人修改贷款表的数据',16,10)
END
GO
```

⚠ 【例10.2】删除企业表中的记录

删除企业表Enterprise中的记录时，下述触发器将删除贷款表中和该企业有关的记录。

```
CREATE TRIGGER Trig_DeleteEnterprise
   ON Enterprise
   AFTER DELETE
AS
BEGIN
   DELETE FROM Loan
       WHERE Eno in(SELECT Eno from deleted)
END
GO
```

10.2.4 创建INSTEAD OF触发器

Instead Of触发器与After触发器的工作流程是不一样的。After触发器是在SQL Server服务器接到执行SQL语句请求之后，先建立临时的Inserted表和Deleted表，然后实际更改数据，最后才激活触发器的。而Instead Of触发器是在SQL Server服务器接到执行SQL语句请求后，先建立临时的Inserted表和Deleted表，然后就触发了Instead Of触发器。至于该SQL语句是插入数据，更新数据，还是删除数据，就一概不管了，把执行权全权交给了Instead Of触发器，由它去完成之后的操作。

1. Instead Of触发器的使用范围

Instead Of触发器可以同时在数据表和视图中使用，通常以下几种情况建议使用Instead Of触发器：

（1）数据禁止修改：数据库的某些数据是不允许修改的，为了防止这些数据被修改，可以用Instead Of触发器来跳过修改记录的SQL语句。

（2）数据修改后，有可能要回滚的SQL语句：可以使用Instead Of触发器，在修改数据之前判断回滚条件是否成立，如果成立就不再进行修改数据操作，避免在修改数据之后再回滚操作，从而减少服务器的负担。

（3）在视图中使用触发器：因为After触发器不能在视图中使用，如果想在视图中使用触发器，就只能用Instead Of触发器。

（4）用自己的方式去修改数据：如不满意SQL直接的修改数据的方式，可用Instead Of触发器来控制数据的修改方式和流程。

2. 创建简单的INSTEAD OF触发器

创建INSTEAD OF触发器的语法代码如下：

```
CREATE TRIGGER <trigge_name>
    ON [<schema name>.]<table or view name>
        [WITH ENCRYPTION|EXECUTE AS <CALLER|SELF|<user>>]
        {INSTEAD OF}
        {[[INSERT][,][UPDATE]>[,]<[DELETE]}
        [WITH APPEND]
        [NOT FOR REPLICATION]
AS
<<sql statements>|EXTERNAL NAME <assembly method specifier>>
```

分析上述语法代码可以发现，创建Instead Of触发器与创建After触发器的语法几乎一样，只是简单地把After改为Instead Of。

⚠ 【例10.3】防止数据被修改

当有人试图修改企业表中的数据，利用下述触发器可以跳过修改数据的SQL语句（防止数据被修改），并向客户端显示一条消息。

```
CREATE TRIGGER Trig_UpdateEnterprise
    ON Enterprise
    INSTEAD OF UPDATE
AS
BEGIN
    RAISERROR('对不起，企业表的数据不允许修改',16,10)
END
GO
```

10.2.5 查看DML触发器

查看已经设计好的DML触发器有两种方式，一种是通用Management Studio来查看，一种是利用系统存储过程来查看。

1. 在SQL Server Management Studio中查看触发器

Step 01 启动SQL Server Management Studio，在"对象资源管理器"中选择"数据库"，定位到Loan数据库，展开其下的"表"树型目录，找到dbo.Enterprise，并选中其下的"触发器"项，如图10.6所示。

Step 02 单击"触发器"，在右边的"对象资源管理器详细信息"对话框里，可以看到已经建立的该数据表的触发器列表。如果在单击"触发器"后，右边没有显示"对象资源管理器详细信息"对话框，可以执行"视图→对象资源管理器详细信息"命令，打开"对象资源管理器详细信息"对话框。如果在"对象资源管理器详细信息"对话框里没有看到本应存在的触发器列表，可以在"对象资源管理器详细信息"对话框里右击空白处，在弹出的快捷菜单中执行"刷新"命令，刷新对话框后，即可看到触发器列表。

Step 03 双击要查看的触发器名，弹出"查询编辑器"对话框，对话框里显示的是该触发器的内容，如图10.7所示。

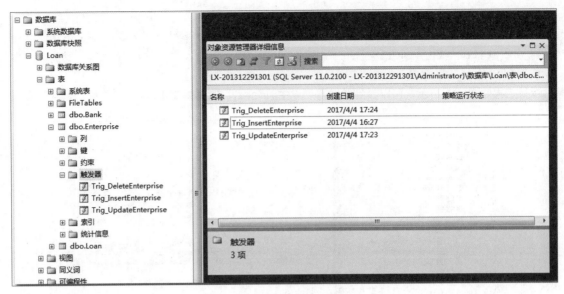

图10.6　触发器列表

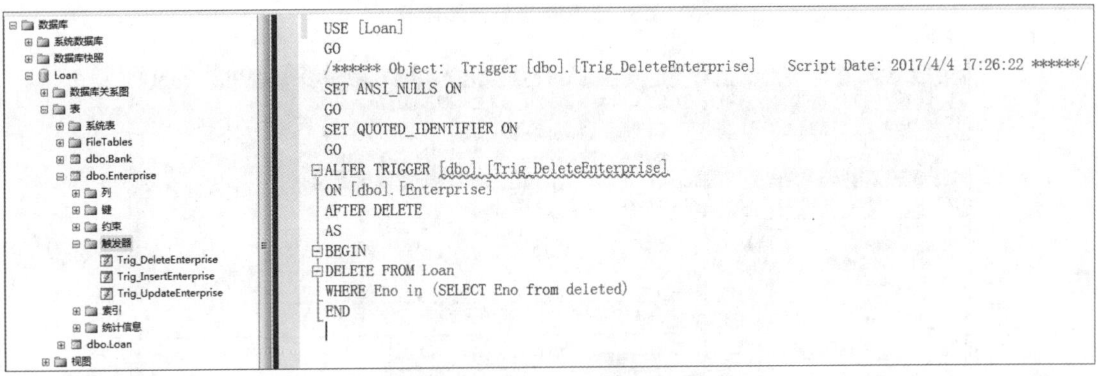

图10.7　触发器内容

2. 通过系统存储过程查看触发器

SQL Server 2012提供了两个可以查看触发器内容的系统存储过程。

（1）sp_help

系统存储过程sp_help可以了解基本信息，如触发器名称、类型、创建时间等，其语法格式为：

```
sp_help '触发器名'
```

执行以下代码：

```
sp_help 'Trig_InsertEnterprise'
```

运行结果如图10.8所示，可以看到触发器Trig_InsertEnterprise的基本情况。

（2）sp_helptext

系统存储过程sp_helptext可以查看触发器的文本信息，其语法格式为：

```
sp_helptext '触发器名'
```

执行以下代码：

```
sp_helptext '学生_insert'
```

运行结果如图10.9所示，可以看到触发器"学生_insert"的具体文本内容。

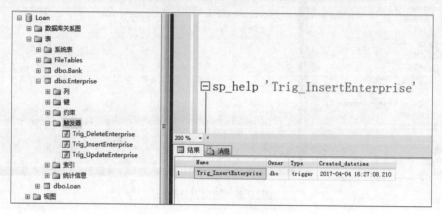

图10.8　查看触发器基本情况

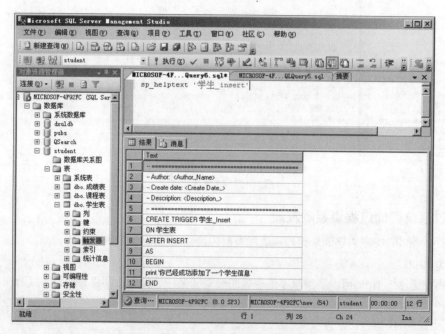

图10.9　查看触发器具体文本内容

10.2.6 修改DML触发器

按照10.2.5中所介绍的"在SQL Server Management Studio中查看触发器"的方法打开"查询编辑器"对话框，对话框中显示的就是创建触发器的代码。

在"查询编辑器"对话框里修改触发器的代码，修改完代码之后，单击"执行"按钮运行即可。如果只要修改触发器的名称，也可以使用存储过程sp_rename，其语法格式为：

```
sp_rename'旧触发器名','新触发器名'
```

修改触发器的语法代码如下：

```
ALTER TRIGGER <trigge_name>
    ON {table|view}
        [WITH ENCRYPTION|EXECUTE AS <CALLER|SELF|<user>>]
        {FOR|AFTER|INSTEAD OF}
        {[[INSERT][,][UPDATE]>[,]<[DELETE]}
        [NOT FOR REPLICATION]
AS
<<sql statements>|EXTERNAL NAME <assembly method specifier>>
```

分析上述语法代码可以发现，修改触发器语法中所涉及的主要参数和创建触发器的主要参数几乎一样，在此不再赘述。

10.2.7 删除DML触发器

按照10.2.5中所介绍的"在SQL Server Management Studio中查看触发器"的方法打开"触发器列表"对话框。

右击要删除的某个触发器，在弹出快捷菜单中执行"删除"命令，此时将会弹出如图10.10所示的"删除对象"对话框，在该对话框中单击"确定"按钮，删除操作完成。

图10.10 "删除对象"对话框

用SQL语句也可删除触发器，删除触发器的语法代码如下：

```
Drop Trigger 触发器名
```

10.2.8 禁用与启用DML触发器

禁用触发器与删除触发器不同。禁用触发器时，仍会为数据表定义该触发器，只是在执行Insert、Update或Delete语句时，不会执行触发器中的操作。

1. 禁用DML触发器

按照10.2.5中所介绍的"在SQL Server Management Studio中查看触发器"的方法打开"触发器列表"对话框。

右击其中一个触发器，在弹出快捷菜单中执行"禁用"命令，即可禁用该触发器，如图10.11所示。

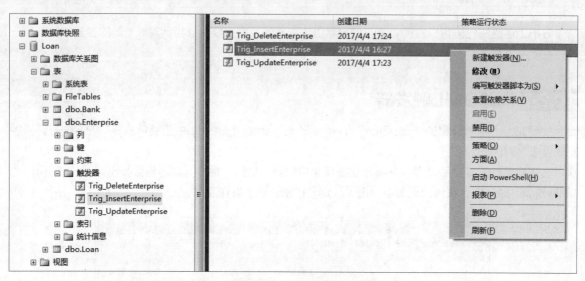

图10.11　禁用触发器

使用Alter Table语句也可以禁用DML触发器，其语法如下：

```
Alter table 数据表名
Disable trigger 触发器名或ALL
```

如果要禁用所有触发器，用ALL来代替触发器名。

2. 启用DML触发器

启用触发器与禁用触发器类似，只是在如图10.11所示的快捷菜单中执行"启用"命令即可。使用Alter Table语句也可以启用触发器，其语法如下：

```
Alter table 数据表名
Enable trigger 触发器名或ALL
```

如果要启用所有触发器，用ALL来代替触发器名。

10.3 DDL触发器

> DDL触发器是SQL Server 2012新增的一个触发器类型，像常规触发器一样，DDL触发器将激发存储过程以响应事件。但与DML触发器不同的是，它们不会为响应针对表或视图的UPDATE、INSERT或DELETE语句而激发。相反，它们会为响应多种数据定义语言（DDL）语句而激发。这些语句主要是以 CREATE、ALTER和DROP开头的语句。DDL触发器可用于管理任务，如审核和控制数据库操作。

一般来说，在以下几种情况可以使用DDL触发器：

● 防止数据库架构进行某些修改。

● 防止数据库或数据表被误操作删除。

● 希望数据库中发生某种情况以响应数据库架构中的更改。

● 要记录数据库架构中的更改或事件。

仅在运行触发DDL触发器的DDL语句后，DDL触发器才会激发。DDL触发器无法作为INSTEAD OF触发器使用。

10.3.1 创建DDL触发器

创建DDL触发器的语法代码如下：

```
CREATE TRIGGER <trigge_name>
ON {ALL SERVER|DATABASE}
[WITH <ddl_trigger_option>[,...n]]
{FOR|AFTER}{event_type|event_group}[,...n]
AS
{sql_statement[;][...n]|EXTERNAL NAME<method specifier >[;]}
<ddl_trigger_option>::=
[ENCRYPTION]
[EXECUTE AS Clause]
<method_specifier>::=
assembly_name.class_name.method_name
```

下面对主要参数进行说明。

trigger_name：触发器的名称，必须遵循标识符规则，但不能以#或##开头。

DATABASE：将DDL触发器的作用域应用于当前数据库。如果指定了此参数，则只要当前数据库中出现event_type或event_group，就会激发该触发器。

ALL SERVER：将DDL触发器的作用域应用于当前服务器。如果指定了此参数，则只要当前服务器中的任何位置上出现event_type或event_group，就会激发该触发器。

event_type：执行之后将导致激发DDL触发器的Transact-SQL语言事件的名称。

event_group：预定义的 Transact-SQL语言事件分组的名称。

其他参数在前面章节中已经说明，在此不再赘述。

下面们通过示例来说明如何建立DDL触发器。

⚠️ 【例10.4】创建保护数据的触发器

建立用于保护Loan数据库中的数据表不被删除的触发器。

具体操作步骤如下：

Step 01 启动SQL Server Management Studio，在"对象资源管理器"下选择"数据库"，定位到Loan数据库。

Step 02 单击"新建查询"按钮，在弹出的"查询编辑器"的编辑区里输入以下代码：

```
CREATE TRIGGER disable_drop_table
ON DATABASE
FOR DROP_TABLE
AS
BEGIN
RAISERROR('对不起，Loan数据库中的表不能删除',16,10)
END
GO
```

Step 03 单击"执行"按钮，生成触发器。

10.3.2 测试DDL触发器功能

下面来测试DDL触发器的功能，具体操作步骤如下：

Step 01 启动SQL Server Management Studio，在"对象资源管理器"下选择"数据库"，定位到Loan数据库。

Step 02 单击"新建查询"按钮，在弹出的"查询编辑器"的编辑区里输入以下代码：

```
DROP TABLE Loan
```

Step 03 单击"执行"按钮，运行结果如图10.12所示。

图10.12　测试"删除数据表"结果

10.3.3 查看和修改DDL触发器

DDL触发器有两种，一种是作用在当前SQL Server服务器上的，一种是作用在当前数据库中的。这两种DDL触发器在Management Studio中所在的位置是不同的。

1. 作用在当前SQL Server服务器上的DDL触发器所在位置

选择所在SQL Server服务器，定位到"服务器对象"、"触发器"，在"对象资源管理器详细信息"对话框里就可以看到所有的作用在当前SQL Server服务器上的DDL触发器。

2. 作用在当前数据库中的DDL触发器所在位置

选择所在SQL Server服务器、"数据库"，定位到"可编程性"与"数据库触发器"，在"摘要"对话框里就可以看到所有的当前数据库中的DDL触发器。

右击触发器，在弹出的快捷菜单中选择"编写数据库触发器脚本为"，"CREATE到"，"新查询编辑器对话框"，然后在新打开的"查询编辑器"对话框里可以看到该触发器的内容。

在Management Studio中，如果要修改DDL触发器内容，就只能先删除该触发器，再重新建立一个DDL触发器。

虽然在Management Studio中没有直接提供修改DDL触发器的对话框，但在"查询编辑器"对话框里依然可以用SQL语句来进行修改。

本章小结

　　触发器和其他数据库对象一样，也是SQL Server数据库中的重要对象。本章首先介绍了触发器的特点、作用和类型，然后讲解了创建DML和DDL触发器的方法和步骤。在学习本章之后，可学会应用触发器，为开发数据库应用系统使用触发器做好技术的准备。

项目练习

　　现有学生成绩数据库（XSCJDB），包括学生表XS（学号、姓名、性别、年龄、系别）、课程表KC（课程号、课程名、学分数、学时数）和成绩表CJ（学号、课程号、成绩），以下实践均在此数据库基础上完成。

　　（1）创建触发器trigger_1，实现当修改学生表XS中的数据时，显示提示信息"学生表的数据被修改了"。

　　（2）在学生库中创建触发器trigger_2，实现如下功能：当在学生表XS中删除一条学生信息后，自动删除该学生在成绩表CJ中的信息。

　　（3）创建触发器trigger_3，实现如下功能：当修改学生表XS中的某个学生的学号时，对应成绩表CJ中的学号也自动修改。

　　（4）对已创建的触发器trigger_1进行修改，实现当修改学生表XS中的数据时，显示提示信息"学生情况表中XXX号学生记录被修改了"。

　　（5）删除学生表XS上的触发器trigger_1。

Part 3
高级应用

Chapter

11

游标

本章概述

　　游标是一种处理数据的方法，它可对结果集中的记录进行逐行处理，提供了一种对数据进行操作的灵活手段。

　　本章主要介绍游标的概述、游标的基础操作及游标的应用等内容。但是，游标是非常消耗资源的，而且会对数据库性能产生较大的影响。所以要尽量避免使用游标。

重点知识

- 认识游标
- 游标的声明和应用

11.1 认识游标

> 在SQL Server 2012系统数据库开发中，执行SELECT语句可进行查询并返回满足WHERE子句中条件的所有记录，这一完整的记录集称为结果集。由于应用程序并不总能将整个结果集作为一个单元来有效地处理，因此往往需要有一种机制，以便每次处理结果集中的一条或一部分记录。游标就能够提供这种机制对结果集中的部分记录进行处理，不但允许定位在结果集的特定记录上，还可以从结果集的当前位置检索若干条记录，并支持对结果集中当前记录进行数据修改。

11.1.1 游标的特点

在SQL Server数据库中，游标是一个比较重要的概念，它总是与一条T-SQL选择语句相关联。游标是一种处理数据的方法，它可对结果集中的记录进行逐行处理，可将游标视作一种指针，用于指向并处理结果集任意位置的数据。就本质而言游标提供了一种对从表中检索出的数据进行操作的灵活手段，由于游标由结果集和结果集中指向特定记录的游标位置组成，因此当决定对结果集进行处理时，必须声明定一个指向该结果集的游标。

游标具有如下特点：

- 允许定位在结果集的特定行。
- 从结果集的当前位置检索一行或一部分行。
- 支持对结果集中当前位置的行进行数据修改。
- 为由其他用户对显示在结果集中的数据库数据所做的更改提供不同级别的可见性支持。
- 提供脚本、存储过程和触发器中用于访问结果集中的数据的T-SQL语句。

11.1.2 游标的分类

SQL Server 2012中的游标可分为3类：T-SQL游标、API服务器游标和客户端游标。

- T-SQL游标：T-SQL游标是由SQL Server服务器实现的游标，主要用于存储过程、触发器和T-SQL脚本中，它们使结果集的内容可用于其他T-SQL语句。
- API服务器游标：API服务器游标在服务器上实现，并由API游标函数进行管理。当应用程序调用API游标函数时，游标操作由OLE DB访问接口或ODBC驱动程序传送给服务器。
- 客户端游标：客户端游标，即在客户端实现的游标。在客户端游标中，将使用默认结果集把整个结果集高速缓存在客户端上，所有的游标操作都针对此客户端高速缓存来执行，将不使用Microsoft SQL Server 2012的任何服务器游标功能。客户端游标仅支持只进游标（即不支持滚动，只支持游标从头到尾顺序提取）和静态游标（即游标的完整结果集在游标打开时建立在tempdb中，总是按照游标打开时的原样显示结果集，在滚动期间很少或根本检测不到变化）。

由于T-SQL游标和API服务器游标用于服务器端，所以被称为服务器游标，也被称为后台游标。本章将对服务器游标进行主要阐述。

11.2 游标的声明和应用

> 本节将对游标的声明与应用等知识进行介绍。

11.2.1 声明游标

SQL Server 2012提供了两种声明游标的方式：一种是ISO标准语法（即SQL-92语法），另一种是T-SQL扩展的语法。但这两种声明形式不能混着使用，只能选择其中一种来进行游标的声明。若在CURSOR关键词之前指定SCROLL或INSENSITIVE关键词，则在CURSOR与FOR select-statement关键词之间就不能使用任何关键词；若在CURSOR与FOR select-statement关键词之间指定了关键词，就无法在CURSOR关键词之前指定SCROLL或INSENSITIVE。

下面们将分别针对这二个语法来说明。

1. 使用ISO标准语法来声明CURSOR

使用ISO标准语法（即SQL-92语法）来声明CURSOR的语法格式如下：

```
DECLARE cursor_name [INSENSITIVE][SCROLL] CURSOR
FOR select_statement
[FOR {READ ONLY|UPDATE [OF column_name[,...n]]}]
```

下面对主要参数进行说明。

cursor_name：cursor（游标）的名称。

INSENSITIVE：定义一个游标，以创建将由该游标使用的数据的临时复本。对游标的所有请求都从tempdb中的这一临时表中得到应答。因此，在对该游标进行提取操作时返回的数据中不反映对基表所做的修改，并且该游标不允许修改。如果省略 INSENSITIVE，则已提交的（任何用户）对基础表的删除和更新都反映在后面的提取中。

SCROLL：指定所有的提取选项（FIRST、LAST、PRIOR、NEXT、RELATIVE、ABSOLUTE）均可用。如果未指定SCROLL，则NEXT是唯一支持的提取选项。

select_statement：定义游标结果集的标准SELECT语句。在游标声明的select_statement内不允许使用关键字COMPUTE、COMPUTE BY、FOR BROWSE 和 INTO。

READ ONLY：禁止通过该游标进行更新。在UPDATE或DELETE语句的WHERE CURRENT OF 子句中不能引用游标。该选项优于要更新的游标的默认功能。

UPDATE [OF column_name[,...n]]：定义游标中可更新的列。如果指定了OF column_name[,...n]，则只允许修改列出的列。如果指定了UPDATE，但未指定列的列表，则可以更新所有列。

2. T-SQL扩展的语法来声明CURSOR

使用T-SQL扩展的语法来声明CURSOR的语法代码如下：

```
DECLARE cursor_name CURSOR
```

```
[LOCAL|GLOBAL]
[FORWARD_ONLY|SCROLL] [STATIC|KEYSET|DYNAMIC|FAST_FORWARD]
[READ_ONLY|SCROLL_LOCKS|OPTIMISTIC]
[TYPE_WARNING]
FOR select_statement
[FOR UPDATE[ OF column_name [,...n ]]]
```

下面对主要参数进行说明。

cursor_name: cursor（游标）的名称。

LOCAL：对于在其中创建的批处理、存储过程或触发器来说，该游标的作用域是局部的。该游标名称仅在这个作用域内有效。在批处理、存储过程、触发器或存储过程OUTPUT参数中，该游标可由局部游标变量引用。OUTPUT参数用于将局部游标传递回调用批处理、存储过程或触发器，它们可在存储过程终止后给游标变量分配参数使其引用游标。除非OUTPUT参数将游标传递回来，否则游标将在批处理、存储过程或触发器终止时隐式释放。如果OUTPUT参数将游标传递回来，则游标在最后引用它的变量释放或离开作用域时释放。

GLOBAL：指定该游标的作用域。在由连接执行的任何存储过程或批处理中，都可以引用该游标名称。该游标仅在断开连接时隐式释放。

FORWARD_ONLY：指定游标只能从第一行滚动到最后一行。FETCH NEXT是唯一受支持的提取选项。如果在指定FORWARD_ONLY时不指定STATIC、KEYSET和DYNAMIC关键字，则游标作为DYNAMIC游标进行操作。如果FORWARD_ONLY和SCROLL均未指定，则除非指定STATIC、KEYSET或DYNAMIC关键字，否则默认为FORWARD_ONLY。STATIC、KEYSET和DYNAMIC游标默认为SCROLL。

STATIC：定义一个游标，以创建将由该游标使用的数据的临时复本。对游标的所有请求都从tempdb中的这一临时表中得到应答，因此，在对该游标进行提取操作时返回的数据中不反映对基表所做的修改，并且该游标不允许修改。

KEYSET：指定当游标打开时，游标中行的成员身份和顺序已经固定。对行进行唯一标识的键集内置在tempdb内一个称为keyset的表中。

DYNAMIC：定义一个游标，以反映在滚动游标时对结果集内的各行所做的所有数据更改。行的数据值、顺序和成员身份在每次提取时都会更改。动态游标不支持ABSOLUTE提取选项。

FAST_FORWARD：指定启用了性能优化的FORWARD_ONLY、READ_ONLY游标。如果指定了SCROLL或FOR_UPDATE，则不能也指定FAST_FORWARD。

READ_ONLY：禁止通过该游标进行更新。在UPDATE或DELETE语句的WHERE CURRENT OF子句中不能引用游标。该选项优于要更新的游标的默认功能。

SCROLL_LOCKS：指定通过游标进行的定位更新或删除保证会成功。将行读取到游标中以确保它们对随后的修改可用时，Microsoft SQL Server将锁定这些行。如果还指定了FAST_FORWARD，则不能指定SCROLL_LOCKS。

OPTIMISTIC：指定如果行自从被读入游标以来已得到更新，则通过游标进行的定位更新或定位删除不会成功。当将行读入游标时SQL Server不会锁定行。相反，SQL Server使用timestamp列值的比较，或者如果表没有timestamp列，则使用校验和值，以确定将行读入游标后是否已修改该行。如果已修改该行，则尝试进行的定位更新或删除将失败。如果还指定了FAST_FORWARD，则不能指定OPTIMISTIC。

TYPE_WARNING：指定如果游标从所请求的类型隐式转换为另一种类型，则向客户端发送警告消息。

select_statement：定义游标结果集的标准SELECT语句。在游标声明的select_statement内不允许使用关键字COMPUTE、COMPUTE BY、FOR BROWSE和INTO。

FOR UPDATE [OF column_name [,...n]]：定义游标中可以更新的列。如果已经提供了OF column_name [,...n]，则只允许修改列出的列。如果指定了UPDATE，但未指定列的列表，则除非指定了READ_ONLY并发选项，否则可以更新所有的列。

⚠ 【例11.1】声明某个游标

声明一个名称为Enterprise_Cursor的游标。

```
DECLARE Enterprise_Cursor CURSOR FOR
SELECT Eno, Ename,Ephone,Efoundtime
FROM Enterprise;
```

11.2.2 打开游标

打开CURSOR时，会先执行select语句，接着CURSOR会跟着执行，直到执行完毕。当CURSOR执行完毕之后，此时CURSOR的指针会指到第一记录的前面。如果在CURSOR内，任意行的大小超过了SQL Server表的最大行的大小时，执行OPEN语句时就会失败。如果以KEYSET选项声明了游标，OPEN会创建临时表存放索引键集，临时表存放在tempdb数据库中。打开游标的语法代码如下：

```
OPEN {{[GLOBAL] cursor_name}|cursor_variable_name}
```

下面对主要参数进行说明。

GLOBAL：指定cursor_name是指全局游标。

cursor_name：已声明的游标的名称。如果全局游标和局部游标都使用cursor_name作为其名称，那么如果指定了GLOBAL，则cursor_name指的是全局游标；否则cursor_name指的是局部游标。

cursor_variable_name：游标变量的名称，该变量引用一个游标。

⚠ 【例11.2】打开游标

打开一个名称为Enterprise_Cursor的游标。

```
OPEN Enterprise_Cursor;
```

11.2.3 从游标中提取记录

声明一个游标并成功地打开该游标之后，就可以使用FETCH语句从该游标中提取特定的记录，其语法代码格式如下：

```
FETCH
[[NEXT|PRIOR|FIRST|LAST
```

```
    |ABSOLUTE{n|@nvar}
    |RELATIVE{n|@nvar}
]
FROM
]
{{[[GLOBAL]cursor_name}|@cursor_variable_name}
[INTO@variable_name[,...n]]
```

下面对主要参数进行说明。

NEXT：返回紧跟当前行之后的结果行，并且当前行递增为结果行。如果FETCH NEXT为对游标的第一次提取操作，则返回结果集中的第一行。NEXT为默认的游标提取选项。

PRIOR：返回紧邻当前行前面的结果行，并且当前行递减为结果行。如果FETCH PRIOR为对游标的第一次提取操作，则没有行返回，并且游标置于第一行之前。

FIRST：返回游标中的第一行并将其作为当前行。

LAST：返回游标中的最后一行并将其作为当前行。

ABSOLUTE {n|@nvar}：如果n或@nvar为正数，则返回从游标头开始的第n行，并将返回行变成新的当前行。如果n或@nvar为负数，则返回从游标末尾开始的第n行，并将返回行变成新的当前行。如果n或@nvar为0，则不返回行。n必须是整数常量，并且@nvar的数据类型必须为smallint、tinyint或int。

RELATIVE{n|@nvar}：如果n或@nvar为正数，则返回从当前行开始的第n行，并将返回行变成新的当前行。如果n或@nvar为负数，则返回当前行之前第n行，并将返回行变成新的当前行。如果n或@nvar为0，则返回当前行。在对游标完成第一次提取时，如果在将n或@nvar设置为负数或0的情况下指定FETCHRELATIVE，则不返回行。n必须是整数常量，@nvar的数据类型必须为smallint、tinyint或int。

GLOBAL：指定cursor_name是全局游标。

cursor_name：要从中进行提取的打开的游标的名称。如果同时具有以cursor_name作为名称的全局和局部游标存在，则如果指定为GLOBAL，则cursor_name是指全局游标，如果未指定GLOBAL，则指局部游标。

@cursor_variable_name：游标变量名，引用要从中进行提取操作的打开的游标。

INTO @variable_name[,...n]：允许将提取操作的列数据放到局部变量中。列表中的各个变量从左到右与游标结果集中的相应列相关联。各变量的数据类型必须与相应的结果集列的数据类型匹配，或是结果集列数据类型所支持的隐式转换。变量的数目必须与游标选择列表中的列数一致。

执行游标语句后，可通过@@FETCH_STATUS全局变量返回游标当前的状态。在每次使用FETCH从游标中读取数据时都应该检查该变量，以确定上次FETCH操作是否成功，进而决定如何进行下一步处理。@@FETCH_STATUS全局变量有3个不同的返回值：

- 0：FETCH语句执行成功。
- -1：FETCH语句执行失败或者此行数据超出游标结果集的范围。
- -2：表示提取的数据不存在。

⚠ 【例11.3】 在游标中提取记录

从一个已经被打开的游标（Enterprise_Cursor）中逐行提取记录。

```
FETCH NEXT FROM Enterprise_Cursor
```

```
WHILE @@FETCH_STATUS = 0
BEGIN
   FETCH NEXT FROM Enterprise_Cursor
END
```

11.2.4 关闭游标

通过一个游标完成提取记录或修改记录的操作以后，应当使用close语句关闭该游标，以释放当前的结果集并解除定位于该游标的记录行上的游标锁定。使用close语句关闭该游标之后，该游标的数据结构仍然存储在系统中，可以通过open语句重新打开，但不允许进行提取和定位更新，直到游标重新打开。close语句必须在一个打开的游标上执行，而不允许在一个仅仅声明的游标或一个已经关闭的游标上执行。关闭游标的语法代码格式如下：

```
CLOSE {{[GLOBAL] cursor_name}|cursor_variable_name}
```

下面对主要参数进行说明。

GLOBAL：指定cursor_name是指全局游标。

cursor_name：打开的游标的名称。

cursor_variable_name：与打开的游标关联的游标变量的名称。

⚠ 【例11.4】关闭已打开的游标

关闭一个已经打开的游标（Enterprise_Cursor）。

```
CLOSE Enterprise_Cursor;
```

11.2.5 释放游标

关闭一个游标以后，其数据结构仍然存储在系统中。为了将该游标占用的资源全部归还给系统，还需要使用DEALLOCATE语句束删除游标引用，让SQL Server释放组成该游标的数据结构。释放游标的语法代码格式如下：

```
DEALLOCATE {{[GLOBAL] cursor_name}|cursor_variable_name}
```

下面对主要参数进行说明。

GLOBAL：指定cursor_name是指全局游标。

cursor_name：声明的游标的名称。

cursor_variable_name：cursor变量的名称。

⚠ 【例11.5】释放一个游标

释放一个名称为Enterprise_Cursor的游标。

```
DEALLOCATE Enterprise_Cursor;
```

11.2.6 游标的应用

前面介绍了声明游标、打开游标、从游标中提取数据以及关闭和释放游标的方法。下面将通过一个应用实例进一步讲解游标的原理与应用。

⚠ 【例11.6】 通过游标浏览表中的记录

建立一个名称为Enterprise_Cursor的游标，通过该游标逐行浏览企业表中的记录。

步骤如下：

Step 01 启动SQL Server Management Studio，在"对象资源管理器"下选择"数据库"，定位到Loan数据库。

Step 02 单击"新建查询"按钮，在弹出的"查询编辑器"的编辑区里输入以下代码：

```
--声明游标
DECLARE Enterprise_Cursor CURSOR FOR
SELECT Eno, Ename,Ephone,Efoundtime FROM Enterprise;
--打开游标
OPEN Enterprise_Cursor;
--提取数据
FETCH NEXT FROM Enterprise_Cursor
--判断FETCH是否成功
WHILE @@FETCH_STATUS = 0
BEGIN
    --提取下一行
    FETCH NEXT FROM Enterprise_Cursor
END
--关闭游标
CLOSE Enterprise_Cursor;
--释放游标
DEALLOCATE Enterprise_Cursor;
```

Step 03 单击"执行"按钮，运行结果如图11.1所示。

图11.1　通过游标逐行浏览"企业表"中的记录

本章小结

　　本章首先介绍了游标的基本概念和类型，然后介绍了游标的声明、打开、提取、关闭和释放等基本操作与应用。虽然游标可以解决结果集无法完成的所有操作，但要避免使用游标，游标非常耗费资源，而且对性能产生较大的影响。因此，游标在别无选择时才使用。

项目练习

　　现有学生成绩数据库（XSCJDB），包括学生表XS（学号、姓名、性别、年龄、系别）、课程表KC（课程号、课程名、学分数、学时数）和成绩表CJ（学号、课程号、成绩），以下实验均在此数据库基础上完成。

　　（1）创建游标cursor_1，实现如下功能：查询所有计算机系的男学生信息，并且提取所有行。

　　（2）关闭并释放游标cursor_1。

Chapter

12

数据的导入/导出

本章概述

使用数据时，有时需要将不同来源的数据相互传输和转换，使之能够统一到某一种数据格式下进行进一步处理。SQL Server 2012提供了一个数据导入与导出工具，这是一个向导程序，用于在不同的SQL Server服务器之间，以及SQL Server与其他类型的数据库（如Access、Oracle等）或数据文件（如Excel及文本文件等）之间进行数据交换。

本章将介绍如何利用数据导入与导出工具实现SQL Server 2012与Access数据库及Excel文件数据交换。通过本章的学习，读者可以掌握如何使用图形界面完成不同数据源的导入和导出。

重点知识

- 数据导出
- 数据导入

12.1 数据导出

> 本节主要介绍如何将SQL Server数据库中的数据导出到Access数据库和Excel文件中。

12.1.1 将数据导出到Access数据库

将SQL Server数据库中的数据导入Access数据库时，后者必须是一个已经存在的数据库。在执行下面的操作之前，首先在Access中建立一个文件名为"贷款.mdb"的空白数据库，以便接收来自SQL Server数据库中的数据。

导出数据的操作步骤如下：

Step 01 启动SQL Server Management Studio，在"对象资源管理器"窗格里展开"数据库"树型目录，鼠标右键单击Loan数据库，在弹出的快捷菜单里执行"任务"命令，如图12.1所示。

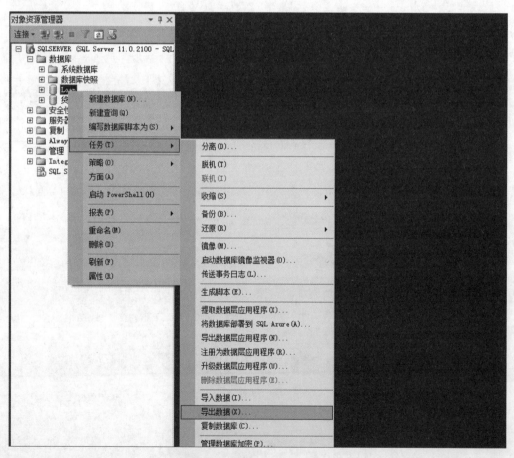

图12.1 执行"任务"命令

Step 02 执行"导出数据"命令，弹出如图12.2所示的"SQL Server导入和导出向导"欢迎界面。

Step 03 单击"下一步"按钮，弹出如图12.3所示的"选择数据源"页面。在"数据源"下拉列表框中选择SQL Server Native Client 11.0。在"服务器名称"列表框中选择或键入服务器的名称。"身份验证"可以选择"使用Windows身份验证"模式，也可以选择"使用SQL Server身份验证"模式。如果选择了后一种方式，还需要在"用户名"文本框中键入登录时使用的帐户名称，然后在"密码"文本框中键入登录密码。

图12.2 "SQL Server导入和导出向导"欢迎界面

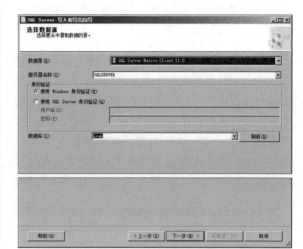

图12.3 "选择数据源"页面

Step 04 单击"下一步"按钮，弹出如图12.4所示的"选择目标"页面。在"目标"下拉列表框中选择目的数据库的格式。在"文件名"文本框中输入目的数据库的文件名和路径(这个文件必须已经存在)，也可以单击文本框右边的"浏览"按钮，然后从磁盘上选择一个Access数据库，使其文件名和路径出现在此文本框中。在本例中，所选的Access数据库文件名为"贷款.mdb"。

Step 05 单击"下一步"按钮，弹出如图12.5所示的"指定表复制或查询"页面。

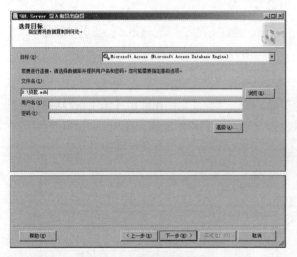

图12.4 "选择目标"页面

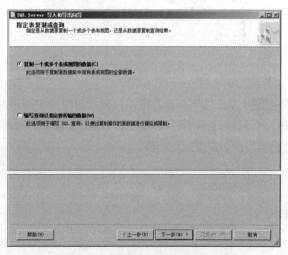

图12.5 "指定表复制或查询"页面

【TIPS】

　　如果需要登录到目标数据库，分别在"用户名"和"密码"文本框中输入登录用户名和所用密码。
　　如果需要对目标数据库OLE DB驱动程序的进程选项进行设置，单击"高级"按钮，然后在"高级连接属性"对话框中设置有关选项。

选择整个表或部分数据进行复制，此处选择"复制一个或多个表或视图的数据"。

【TIPS】

若要把整个源表全部复制到目标数据库中，选择"从源数据库复制表和视图"选项；若只想使用一个查询将指定数据复制到目标数据库中，选择"用一条查询指定要传输的数据"选项。

Step 06 单击"下一步"按钮，弹出如图12.6所示的"选择源表和源视图"页面。选择来源表。在图12.6中列出了源数据库中所包含的表，可以从中选择一个或多个表作为来源表，为此在"源"列中勾选相应的复选框即可。选择一个来源表以后，就会在"目标"列中显示出目标表的名称，默认与源表名称相同，但也可以更改为其他名称

Step 07 单击"下一步"按钮，弹出如图12.7所示的"查看数据类型映射"页面，系统会提示可能会报错的相关信息，在页面下方的"出错时（全局）"和"截断时（全局）"下拉列表中均选择"忽略"选项即可。

图12.6 "选择源表和源视图"页面　　　　图12.7 "查看数据类型映射"页面

Step 08 单击"下一步"按钮，弹出如图12.8所示的"保存并运行包"页面。

Step 09 单击"下一步"按钮，弹出如图12.9所示的页面，单击"完成"按钮即可开始执行数据导出操作。通过以上操作，SQL Server数据库中的源表被导入Access目标数据库。在Access打开目标数据库，便可以查看这些表。

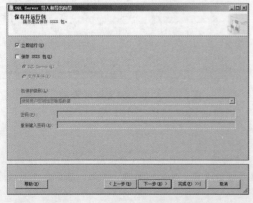

图12.8 "保存并运行包"页面　　　　图12.9 "完成该向导"页面

12.1.2 将数据导出到Excel文件

将一个SQL Server数据库中的数据导出到一个Excel文件，需要在已知路径下建立一个Excel文件用于接收数据，也可以让系统自动生成。

导出数据到Excel的操作步骤如下：

Step 01 在C盘根目录下建立一个名为"贷款.xls"的Excel文件，启动SQL Server Management Studio，操作步骤同12.1.1中Step 01～Step 03。

Step 02 单击"下一步"按钮，弹出如图12.10所示的"选择目标"页面。在"目标"下拉列表框中选择Microsoft Excel选项。单击"浏览"按钮，设置Excel文件的路径和文件名（该文件名可以是已经存在的，也可以是未创建的）。在"Excel版本"下拉列表框中选择Excel版本，单击"下一步"按钮。

Step 03 弹出"指定表复制或查询"页面，如图12.11所示，选择"复制一个或多个表或视图的数据"单选按钮，然后单击"下一步"按钮。

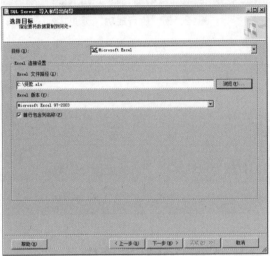
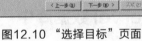
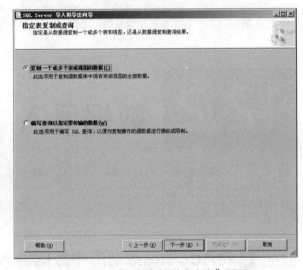

| 图12.10 "选择目标"页面 | 图12.11 "指定表复制或查询"页面 |

【TIPS】

如果需要导出的Excel数据第一行是列名，那么需要在页面中勾选"首行包含列名称"复选框。

Step 04 弹出如图12.12所示的"选择源表和源视图"页面。选择来源表。在图12.12中列出了源数据库中所包含的表，可以从中选择一个或多个表作为来源表，为此在"源"列中选定相应的复选框即可。选择一个来源表以后，就会在"目标"列中显示出目标表的名称，默认与源表名称相同，但也可以更改为其他名称。

Step 05 单击"下一步"按钮，后续操作同12.1.1中的步骤。

通过以上操作，SQL Server数据库中的源表被导出到Excel文件，执行成功后的效果如图12.13所示。

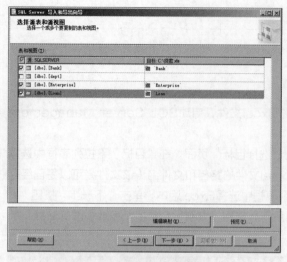

图12.12 "选择源表和源视图"页面

图12.13 "执行成功"页面

12.2 数据导入

> 导出是导入的逆过程，可以将其他数据源的数据导入到SQL Server 2012数据库中，其操作方式和数据的导入类似。

12.2.1 将Access数据库中数据导入SQL Server数据库中

为了说明导入数据的操作，首先在SQL Server 2012中创建一个名为Loan的数据库，然后将Access数据库"贷款"中的数据导入Loan数据库中。导入数据的操作步骤如下：

Step 01 通过SQL Server Management Studio，在"对象资源管理器"窗格里展开"数据库"树型目录，鼠标右键单击Loan数据库，在弹出的快捷菜单中执行"任务→导入数据"命令，如图12.14所示，弹出如图12.15所示的"SQL Server导入和导出向导"欢迎界面。

Step 02 单击"下一步"按钮，弹出如图12.16所示的"选择数据源"页面。

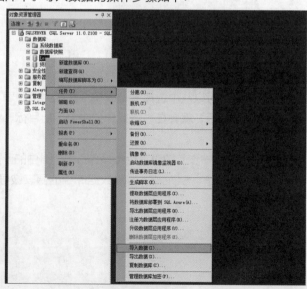

图12.14 "导入数据"命令

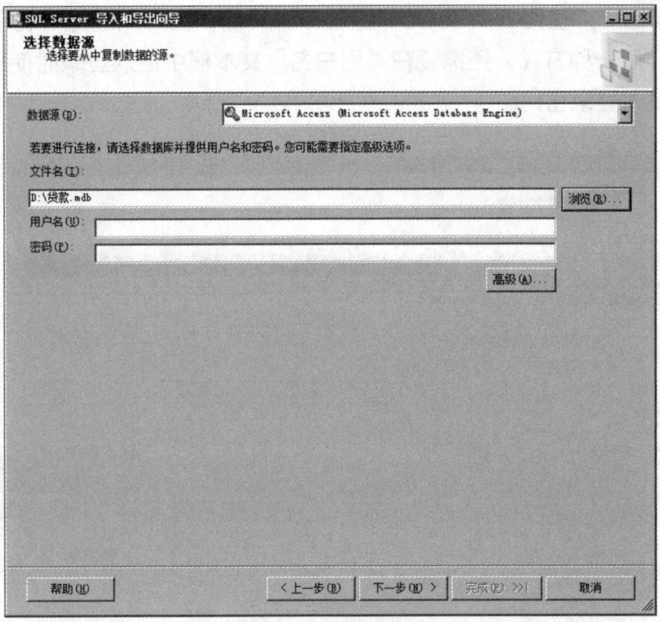

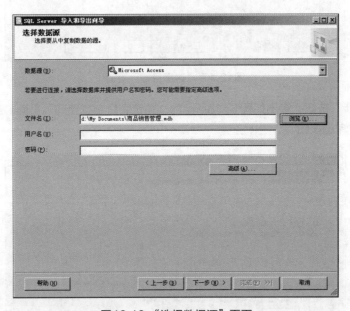

图12.15 "SQL Server导入和导出向导"欢迎页面

图12.16 "选择数据源"页面

在"数据源"下拉列表框中选择Microsoft Access。在"文件名"文本框中输入来源数据库的文件名和路径，本例的文件名和路径为"D:\Loan\贷款.mdb"。

【TIPS】

如果数据库加密的话，要登录到来源数据库，需要分别在"用户名"和"密码"文本框中输入登录用户名和所用密码。

Step 03 单击"下一步"按钮，弹出如图12.17所示的"选择目标"页面。在"目标"下拉列表框中选择SQL Server Native Client 11.0。在"服务器名称"列表框中选择或键入服务器的名称。

"身份验证"可以选择"使用Windows身份验证"模式，也可以选择"使用SQL Server身份验证"模式。如果选择了后一种方式，还需要在"用户名"文本框中键入登录时使用的用户登录名，然后在"密码"文本框中键入登录密码。

图12.17 "选择目标"页面

Step 04 单击"下一步"按钮，弹出如图12.18所示的"指定表复制或查询"页面。选择"复制一个或多个表或视图的数据"单选按钮。

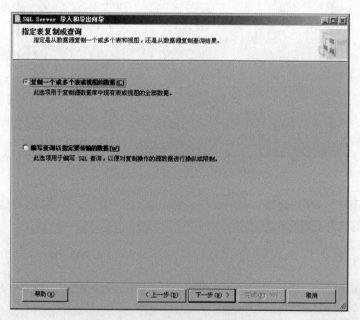

图12.18 "指定表复制或查询"页面

Step 05 单击"下一步"按钮，弹出如图12.19所示的"选择源表和源视图"页面。

图12.19 "选择源表和源视图"页面

　　选择来源表。在图12.19中列出了源数据库中所包含的表，可以从中选择一个或多个表作为来源表，为此在"源"列中勾选相应的复选框即可。选择一个来源表以后，就会在"目标"列中显示出目标表的名称，默认与源表名称相同，但也可以更改为其他名称

Step 06 单击"下一步"按钮，弹出如图12.20所示的"保存并执行包"页面，勾选"立即执行"复选框。

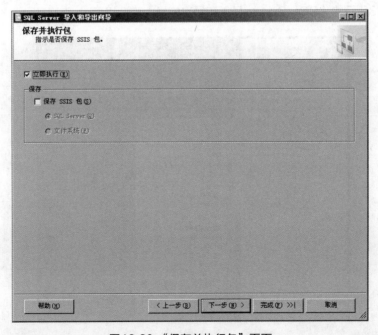

图12.20 "保存并执行包"页面

Step 07 单击"下一步"按钮，弹出如图12.21所示的"完成该向导"页面。

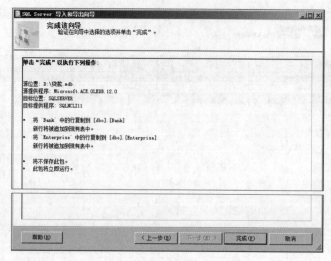

图12.21 "完成该向导"页面

Step 08 单击"完成"按钮，开始执行数据导入操作。

通过以上操作，Access数据库中的源表就被导入SQL Server目标数据库了。

12.2.2 将Excel数据导入SQL Server数据库中

如果要将Excel数据导入SQL Server数据库中，需要首先确认Excel文件中的数据格式是规范的，而且符合二维表的相关要求，接下来我们以把"C:\贷款.xls"文件中的数据导入为例介绍。导入数据的操作步骤如下：

Step 01 通过SQL Server Management Studio，在"对象资源管理器"窗格里展开"数据库"树型目录，鼠标右键单击Loan数据库，在弹出的快捷菜单中执行"任务→导入数据"命令，如图12.22所示。弹出如图12.23所示的"SQL Server导入和导出向导"欢迎界面。

图12.22 导入操作选项

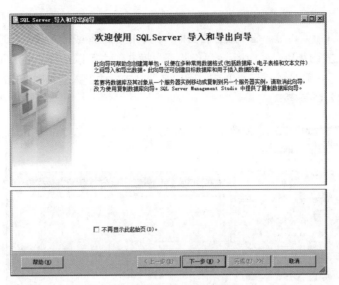

图12.23 欢迎页面

Step 02 单击"下一步"按钮，弹出如图12.24所示的"选择数据源"页面。

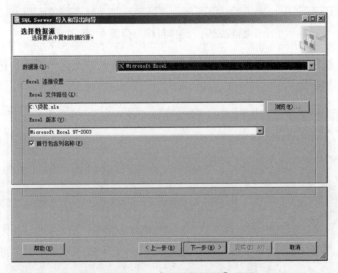

图12.24 "选择数据源"页面

在"数据源"下拉列表框中选择Microsoft Excel。在"Excel文件路径"文本框中选择或者输入来源Excel的文件名和路径，本例的文件名和路径为"C:\贷款.xls"。

Step 03 单击"下一步"按钮，弹出如图12.25所示的"选择目标"页面。在"目标"下拉列表框中选择 SQL Server Native Client 11.0。在"服务器名称"列表框中选择或键入服务器的名称。

"身份验证"可以选择使用"Windows身份验证"模式，也可以选择"使用SQL Server身份验证"模式。如果选择了后一种方式，还需要在"用户名"文本框中键入登录时使用的用户登录名，然后在"密码"文本框中键入登录密码。

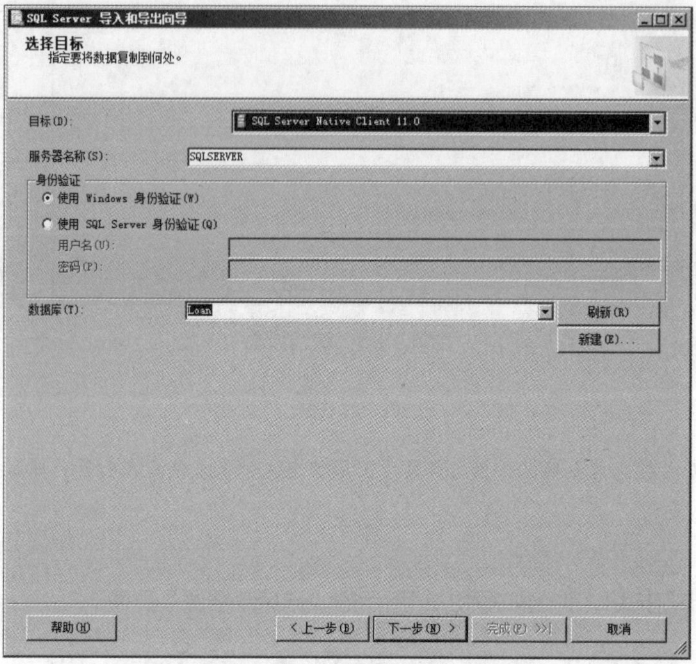

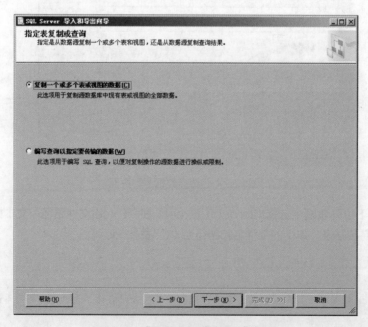

图12.25 "选择目标"页面

Step 04 单击"下一步"按钮，弹出如图12.26所示的"指定表复制或查询"页面。选择"复制一个或多个表或视图的数据"单选按钮。

图12.26 "指定表复制或查询"页面

Step 05 单击"下一步"按钮,弹出如图12.27所示的"选择源表和源视图"页面。

图12.27 "选择源表和源视图"页面

　　选择来源表。在图12.27中列出了源数据库中所包含的表,可以从中选择一个或多个表作为来源表,为此在"源"列中勾选相应的复选框即可。选择一个来源表以后,就会在"目标"列中显示出目标表的名称,默认与源表名称相同,但也可以更改为其他名称

Step 06 单击"下一步"按钮,弹出如图12.28所示的"查看数据类型映射"页面,在"出错时(全局)"和"截断时(全局)"下拉列表框中选择"忽略"选项。

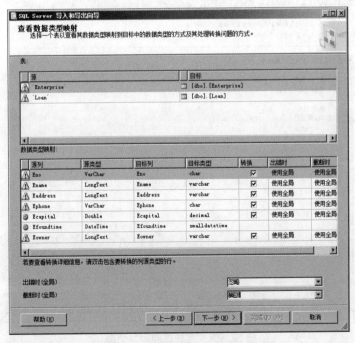

图12.28 "查看数据类型映射"页面

Step 07 单击"下一步"按钮,弹出如图12.29所示的"保存并执行包"页面,勾选"立即执行"复选框。

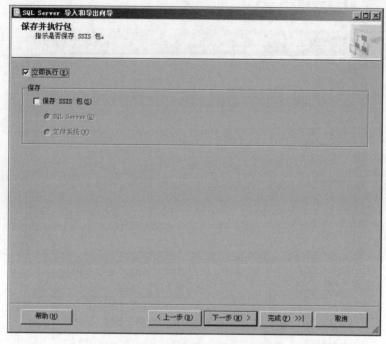

图12.29 "保存并执行包"页面

Step 08 单击"下一步"按钮,弹出如图12.30所示的"完成该向导"页面。

Step 09 单击"完成"按钮,开始执行数据导入操作。

通过以上操作,Excel中的数据表就被导入SQL Server目标数据库了。

图12.30 "完成该向导"页面

本章小结

　　本章介绍了SQL Server 2012与其他类型的数据库或数据文件之间进行数据交换的方法，讲解了如何利用数据导入与导出工具实现SQL Server 2012与Access数据库及Excel文件数据交换，其他数据源和SQL Server 2012数据库的数据交换方法相似。

项目练习

　　（1）动手练习将Oracle数据到导入到SQL Server中。
　　（2）思考SQL Server的数据导出操作与数据库备份操作的区别。

数据备份与恢复

本章概述

随着数据库系统的长期运行，SQL Server数据库可能会遭到人为的或者不可抗拒因素的破坏。为了数据的安全，需要定期对数据库进行备份。数据备份和恢复组件是SQL Server的重要组成部分，为存储在SQL Server数据库中的关键数据提供重要的保护手段。

本章将介绍备份、恢复的含义，数据库备份的种类以及备份设备等基本的概念，通过实例来介绍如何创建备份和恢复数据库，使读者对其有全面的了解和认识，能够自主制定自己的备份和恢复计划。

重点知识

- 备份与恢复
- 备份数据库
- 还原数据库
- 备份设备

13.1　备份与恢复

> SQL Server 2012系统提供了内置的安全性和数据保护机制，以防止非法登录者或非授权用户对SQL Server数据库或数据造成破坏，但对于合法用户的误操作、存储媒体受损或SQL Server服务出现崩溃性出错等因素，则需要通过数据库的备份与恢复来应对。

数据库中的数据损失或被破坏的原因主要包括以下几方面。

1. 储存介质故障

倘若保存有数据库文件的存储介质（如磁盘驱动器）出现彻底崩溃，而用户又未曾进行过数据库备份，则可能造成数据的丢失。

2. 服务器崩溃故障

再好的系统硬件、再稳定的软件也存在漏洞与不足之处，倘若数据库服务器彻底瘫痪，将面临重建系统的窘境。如果事先进行了完善的备份，则可迅速地完成系统的恢复性重建工作，并将数据灾难造成的损失降低到最低程度。

3. 用户错误操作

倘若用户有意或无意地在数据库上进行了大量非法操作（如误删除某些重要的数据库、表格等信息），则数据库系统将面临难以使用和管理的境地。重新恢复条理性，最好的方法是使用备份数据信息，使系统回归到可靠、稳定、一致的状态并再度工作。

4. 计算机病毒

破坏性病毒会破坏系统软件、硬件和数据。

5. 自然灾害

自然灾害，如火灾、洪水或地震等，会造成极大的破坏，会损坏计算机系统及其数据，导致数据库系统不能正常工作或造成数据的丢失。

数据库备份是对SQL Server数据库或事务日志进行拷贝，数据库备份记录了在进行备份这一操作时，数据库中所有数据的状态。如果数据库受损，这些备份文件将在数据库恢复时被用来恢复数据库。数据库的备份是和数据库的恢复模式紧密相关的。

13.1.1　恢复模式

SQL Server 2012数据库恢复模式分为三种：完整恢复模式、大容量日志恢复模式、简单恢复模式。在"对象资源管理器"选中要备份的数据库，单击鼠标右键，在弹出的快捷菜单中执行"数据库属性"命令，打开"数据库属性"对话框，单击"选项"，在右侧可以看到"恢复模式"，如图13.1所示。

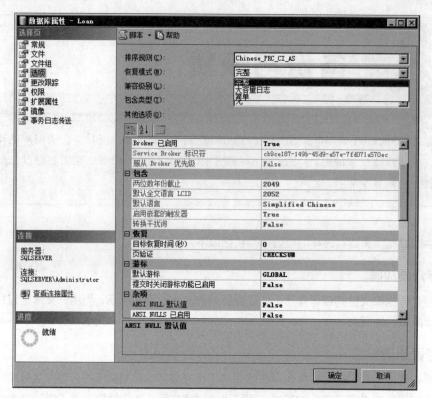

图13.1　数据库属性

- 完整恢复模式：为默认恢复模式。它会完整记录下操作数据库的每一个步骤。使用完整恢复模式，可以将整个数据库恢复到一个特定的时间点，这个时间点可以是最近一次可用的备份、一个特定的日期和时间或标记的事务。
- 大容量日志恢复模式：简单地说，就是要对大容量操作进行最小日志记录，节省日志文件的空间（如导入数据、批量更新、SELECT INTO等操作时）。比如，一次在数据库中插入数十万条记录时，在完整恢复模式下每一个插入记录的动作都会记录在日志中，使日志文件变得非常大，在大容量日志恢复模式下，只记录必要的操作，不记录所有日志，这样可以大大提高数据库的性能，但是由于日志不完整，一旦出现问题，数据将可能无法恢复。因此，一般只有在需要进行大量数据操作时，才将恢复模式改为大容量日志恢复模式，数据处理完毕之后，马上将恢复模式改回完整恢复模式。
- 简单恢复模式：在该模式下，数据库会自动把不活动的日志删除，因此简化了备份的还原，但因为没有事务日志备份，所以不能恢复到失败的时间点。通常，此模式只用于对数据库数据安全要求不太高的数据库，并且在该模式下，数据库只能做完整和差异备份。

三种恢复模式的区别在于对"日志"的处理方式不同，就"日志"大小来看：完全恢复模式>大容量日志恢复模式 > 简单恢复模式。

13.1.2 备份类型

SQL Server 2012提供了四种备份方式：完整备份、差异备份、事务日志备份、文件和文件组备份，如图13.2所示。

- 完整备份：备份整个数据库的所有内容，包括事务日志。该备份类型需要比较大的存储空间来存储备份文件，备份时间也比较长，在还原数据时，也只要还原一个备份文件。

图13.2　数据库备份类型

- 差异备份：差异备份是完整备份的补充，只备份上次完整备份后更改的数据。相对于完整备份分来说，差异备份的数据量比完整数据备份小，备份的速度也比完整备份要快。因此，差异备份通常作为常用的备份方式。在还原数据时，要先还原前一次做的完整备份，然后还原最后一次所做的差异备份，这样才能让数据库里的数据恢复到与最后一次差异备份时的内容相同。

- 事务日志备份：事务日志备份只备份事务日志里的内容。事务日志记录了上一次完整备份或事务日志备份后数据库的所有变动过程。事务日志记录的是某一段时间内的数据库变动情况，因此在进行事务日志备份之前，必须要进行完整备份。与差异备份类似，事务日志备份生成的文件较小，占用时间较短，但是在还原数据时，除了先要还原完整备份之外，还要依次还原每个事务日志备份，而不是只还原最后一个事务日志备份（这是与差异备份的区别）。

- 文件和文件组备份：如果在创建数据库时，为数据库创建了多个数据库文件或文件组，可以使用该备份方式。使用文件和文件组备份方式可以只备份数据库中的某些文件，该备份方式在数据库文件非常庞大时十分有效，由于每次只备份一个或几个文件或文件组，可以分多次来备份数据库，避免大型数据库备份的时间过长。另外，由于文件和文件组备份只备份其中一个或多个数据文件，当数据库里的某个或某些文件损坏时，可能只还原损坏的文件或文件组备份。

13.1.3 备份类型的选择

了解了数据库备份类型后，便可以为自己的数据库制定合理的备份方案。合理备份数据库需要考虑几方面，首先是数据变动量，其次是备份文件大小，最后是做备份和还原能承受的时间范围等。

1.数据变动量较小

如果数据库里每天变动的数据量很小，可以每周（周日）做一次完整备份，以后的每天（下班前）做一次事务日志备份，那么一旦数据库发生问题，可以将数据恢复到前一天（下班时）的状态。

当然，也可以每周（周日）做一次完整备份，以后的每天（下班前）做一次差异备份，这样一旦数据库发生问题，同样可以将数据恢复到前一天下班时的状态。只是一周的后几天做差异备份时，备份的时间和备份的文件都会跟着增加。但这也有一个好处，在数据损坏时，只要恢复完整备份的数据和前一天差异备份的数据即可，不需要去恢复每一天的事务日志备份，恢复的时间会比较短。

2. 数据变动量较大

如果数据库里的数据变动得比较频繁，损失一个小时的数据都是十分严重的损失时，用上面的办法备份数据就不可行了，此时可以交替使用三种备份方式来备份数据库。

例如，每天下班时做一次完整备份，在两次完整备份之间每隔八小时做一次差异备份，在两次差异备份之间每隔一小时做一次事务日志备份。如此一来，一旦数据损坏，可以将数据恢复到最近一个小时以内的状态，同时又能减少数据库备份数据的时间和备份数据文件的大小。数据库备份与恢复的示意图如图13.3所示。

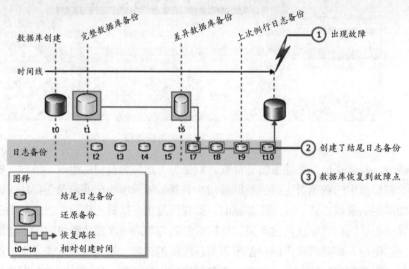

图13.3　数据库备份和恢复

🔑【TIPS】

在最后一次事务日志备份之后，数据库继续执行新的事务，这样就会在事务日志中还存在着尚未备份的日志记录，这部分"新"日志就称为"结尾日志"。

"结尾日志备份"就是用来捕获事务日志的"尾部"（即尚未备份的那部分日志记录），而且可以备份到最后一个事务，从而形成一个完好无损的日志链。

通过结尾日志备份，可以将数据库恢复到最后一个时间点的最后一个事务，以防丢失所做的工作。

结尾日志备份将是数据库还原计划中相关的最后一个备份。结尾日志完成后，数据库处于"正在恢复"状态，不可以访问。

3. 数据库文件较大

在前面还提到过当数据库文件过大不易备份时，可以分别备份数据库文件或文件组，将一个数据库分多次备份。在现实操作中，还有一种情况可以使用到数据库文件的备份。例如，在一个数据库中，某些表里的数据变动得很少，而某些表里的数据却经常改变，那么可以考虑将这些数据表分别存储在不同的文件或文件组里，然后通过不同的备份频率来备份这些文件和文件组。但使用文件和文件组来进行备份，还原数据时也要分多次才能将整个数据库还原完毕，所以除非数据库文件大到备份困难，否则不要使用该备份方式。

13.2　备份设备

> 在进行数据库备份之前必须创建备份设备。备份设备用来存储数据库事务日志、数据文件或文件组的存储介质，可以是硬盘或磁带等。

　　SQL Server使用物理设备名称或逻辑设备名称标识备份设备。

　　物理备份设备是操作系统用来标识备份设备的名称。例如，磁盘设备名称d:\bakeup\ pubs.bak，或者磁带设备\\TAPE0。

　　逻辑备份设备是用来标识物理备份设备的别名或公用名称。逻辑设备名称永久地存储在SQL Server内的系统表中。使用逻辑备份设备的优点是引用它比引用物理设备名称简单。例如，逻辑设备名称可以是pubs_Backup，而物理设备名称则是d:\bakeup\pubs.bak。

13.2.1　创建备份设备

　　备份设备是用来存储数据库、事务日志或者文件和文件组备份的存储介质，所在执行备份数据之前，首先来介绍如何创建备份设备。

　　在SQL Server 2012中创建设备的方法有两种：一是在SQL Server Management Studio中使用现有命令和功能，通过方便的图形化工具创建，二是通过使用系统存储过程sp_addumpdevice创建。下面将对这两种创建备份设备的方法分别阐述。

1. 使用SQL Server Management Studio管理器创建备份设备

　　使用Microsoft SQL Server Management Studio管理器创建备份设备的操作步骤如下：

Step 01 在"对象资源管理器"中，单击服务器名称以展开服务器树。

Step 02 展开"服务器对象"节点，然后用鼠标右键单击"备份设备"选项，如图13.4所示。

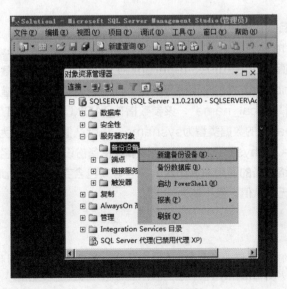

图13.4　新建备份设备

Step 03 从弹出的快捷菜单中执行"新建备份设备"命令，打开"备份设备"对话框，如图13.5所示。

Step 04 在"备份设备"对话框中，输入设备名称并且指定该文件的完整路径，这里创建一个名称为LoanBackup的备份设备。

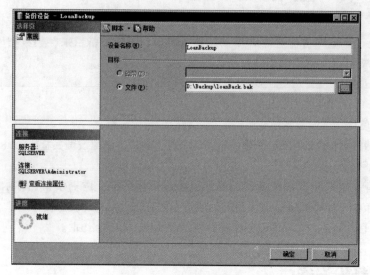

图13.5 新建备份设备

Step 05 单击"确定"按钮，完成备份设备的创建。展开"备份设备"节点，就可以看到刚刚创建的名称为LoanBackup备份设备。

2. 使用系统存储过程SP_ADDUMPDEVICE创建备份设备

除了使用图形化工具创建备份设备外，还可以使用系统存储过程SP_ADDUMPDEVICE来添加备份设备，这个存储过程可以添加磁盘和磁带设备。SP_ADDUMPDEVICE的基本语法如下：

```
SP_ADDUMPDEVICE [ @devtype = ] 'device_type'
        ,[ @logicalname = ] 'logical_name'
        ,[ @physicalname = ] 'physical_name'
```

下面对上述语法中的各参数进行说明。

[@devtype =] 'device_type'：该参数指备份设备的类型。device_type的数据类型为varchar（20），无默认值，可以是disk、tape和pipe。其中，disk用于指硬盘文件作为备份设备；tape用于指Microsoft Windows支持的任何磁带设备。pipe是指使用命名管道备份设备。

[@logicalname =] 'logical_name'：该参数指在BACKUP和RESTORE语句中使用的备份设备的逻辑名称。logical_name的数据类型为sysname，无默认值，且不能为NULL。

[@physicalname =] 'physical_name'：该参数指备份设备的物理名称。物理名称必须遵从操作系统文件名规则或者网络设备的通用命名约定，并且必须包含完整路径。physical_name的数据类型为nvarchar（260），无默认值，且不能为NULL。

【TIPS】

指定存放备份设备的物理路径必须真实存在，否则将会提示"系统找不到指定的路径"，因为SQL Server 2012不会自动为用户创建文件夹。

⚠ **【例13.1】 创建一个名称为Test的备份设备**

```
USE master
GO
EXEC sp_addumpdevice 'disk','Test','D:\Backup\test.bak'
```

⚠ **【例13.2】 创建本地磁带备份设备TapeTest**

```
USE master
GO
EXEC SP_ADDUMPDEVICE 'tape','TapeTest','\\.\tape0 '
```

13.2.2 管理备份设备

在Microsoft SQL Server 2012系统中，创建了备份设备以后就可以通过系统存储过程、Transact-SQL语句或者图形化界面查看备份设备的信息，或者把不用的备份设备删除等。

1. 查看备份设备

可以通过两种方式查看服务器上的所有备份设备，一种是通过使用SQL Server Management Studio图形化工具，另一种是通过系统存储过程SP_HELPDEVICE。

（1）使用SQL Server Management Studio图形化工具

使用SQL Server Management Studio图形化工具查看所有备份设备的操作步骤如下：

Step 01 在"对象资源管理器"中，单击服务器名称以展开服务器树。

Step 02 展开"服务器对象→备份设备"节点，就可以看到当前服务器上已经创建的所有备份设备，如图13.6所示。

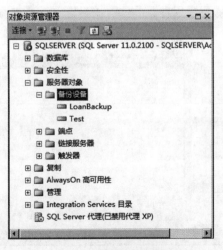

13.6　查看备份设备

🔑 **【TIPS】**

如果看不到使用T-SQL创建的备份设备Test，在图13.4所示的快捷菜单中执行"刷新"命令，即可看到。

（2）使用系统存储过程SP_HELPDEVICE

使用系统存储过程SP_HELPDEVICE也可以查看服务器上每个设备的相关信息，如图13.7所示。

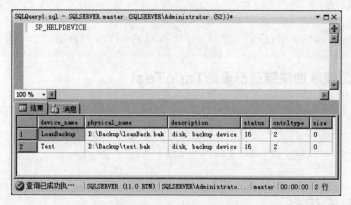

图13.7　使用系统存储过程查看备份设备

2. 删除备份设备

如果不再需要备份设备，可以将其删除。删除备份设备后，其上的数据都将丢失，删除备份设备也有两种方式，一种是使用SQL Server Management Studio图形化工具，另一种是使用系统存储过程SP_DROPDEVICE。

（1）使用SQL Server Management Studio图形化工具

使用SQL Server Management Studio图形化工具，可以删除备份设备。例如将备份设备Test删除，操作步骤如下：

Step 01 在"对象资源管理器"中，单击服务器名称以展开服务器树。

Step 02 依次展开"服务器对象→备份设备"节点，右击要删除的备份设备Test，在弹出的快捷菜单中执行"删除"命令，打开"删除对象"对话框，如图13.8所示。

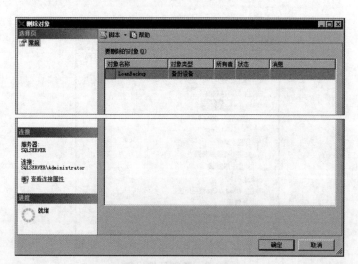

图13.8　删除备份设备

Step 03 在"删除对象"对话框中，单击"确定"按钮，即完成对该备份设备的删除操作。

（2）使用系统存储过程SP_DROPDEVICE

使用SP_DROPDEVICE系统存储过程将服务器中备份设备删除，并能删除操作系统文件。具体语句如下：

```
SP_DROPDEVICE '备份设备名' [,'DELETE']
```

上述语句中，如果指定了DELETE参数，则在删除备份设备的同时删除它使用的操作文件。

⚠ 【例13.3】删除名称为Test的备份设备

```
EXEC SP_DROPDEVICE 'Test'
```

13.3 备份数据库

> SQL Server 2012提供了4种数据库备份方法：完整备份、差异备份、日志备份、数据文件或文件组备份。

13.3.1 完整备份

完整备份指的是备份整个数据库的所有内容，包括事务日志。该备份类型需要比较大的存储空间来存储备份文件，备份时间也比较长。还原完整备份时，由于需要从备份文件中提取大量数据，因此备份文件较大时，还原操作也需要较长的时间。

完整备份是所有备份方法中，还原数据库最简单的方法。正是由于完整备份与还原的简单性，所以在实际应用中，它也被使用得最广泛。

下面以备份Loan数据库为例，介绍数据库完整备份的实现方法。

1. 通过SQL Server Management Studio实现完整备份

Step 01 启动SQL Server Management Studio，在"对象资源管理器"窗口里展开"数据库"目录，鼠标右键单击Loan，在弹出的快捷菜单中执行"任务"命令，如图13.9所示。

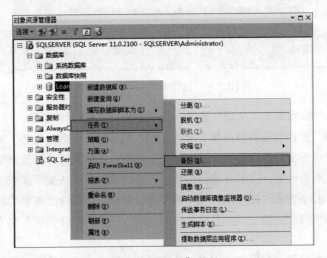

图13.9 "任务"菜单

Step 02 执行"备份"命令，弹出如图13.10所示的"备份数据库"对话框。

图13.10 "备份数据库"对话框

Step 03 在"备份类型"下拉列表框里选择"完整"选项。

Step 04 单击"删除"按钮，删除系统指定的备份文件；然后单击"添加"按钮，打开"选择备份目标"对话框，如图13.11所示。选择"备份设备"单选按钮，使用前面创建的Test备份设备。单击"确定"按钮，返回上一级。

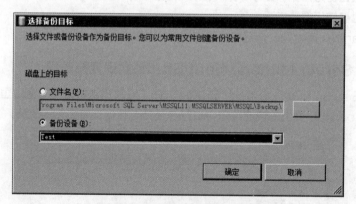

图13.11 "选择备份目标"对话框

Step 05 在图13.10所示的页面单击"选项"选项，弹出如图13.12所示的页面，根据需要设置各种选项。

● 覆盖介质：选择"追加到现有备份集"单选按钮，则不覆盖现有备份集，将数据库备份追加到备份集里，同一个备份集里可以有多个数据库备份信息。如果选择"覆盖所有现有备份集"单选按钮，则将覆盖现有备份集，以前在该备份集里的备份信息将无法重新读取。

● 检查介质集名称和备份集过期时间：如果需要可以勾选"检查介质集名称和备份集过期时间"复选框来要求备份操作验证备份集的名称和过期时间；在"介质集名称"文本框里可以输入要验证的介质集名称。

● 备份到新介质集并清除所有现在备份集：选择该单选按钮，可以清除以前的备份集，并使用新的介质集备份数据库。在"新建介质集名称"文本框里键入介质集的新名称，在"新建介质集说明"文本框里键入新建介质集的说明。

- 可靠性：勾选"完成后验证备份"复选框，将会验证备份集是否完整以及所有卷是否都可读。勾选"写入介质前检查校验和"复选框，将会在写入备份介质前验证校验和。如果勾选此项，可能会增大工作负荷，并降低备份操作的备份吞吐量。

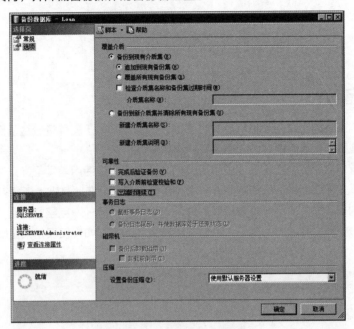

图13.12 "选项"对话框

Step 06 单击"确定"按钮，SQL Server 2012开始执行备份操作。

2. 使用Transact-SQL语句进行完整备份。

完整备份语法代码如下：

```
BACKUP DATABASE { database_name | @database_name_var }
TO < backup_device > [ ,...n ]
```

下面对主要参数进行说明。

database_name：数据库名。

@database_name_var：数据库名称变量。

<backup_device>：备份设备名称。

⚠ 【例13.4】将数据完整备份到某文件中

将数据库Loan的数据完整备份到文件D:\Backup\loanfull.bak中。

```
USE master
GO
BACKUP DATABASE Loan
TO DISK = 'D:\Backup\loanfull.bak'
GO
```

⚠ 【例13.5】 将数据完整备份到某备份设备上

将数据库Loan的数据完整备份到名为LoanBackup的备份设备上。

```
USE master
GO
BACKUP DATABASE Loan
TO LoanBackup
GO
```

13.3.2 差异备份

差异备份，是指备份自上次完整备份后发生了更改的数据。由于差异备份是备份完整备份后发生了更改的数据，因此在做差异备份前，必须至少有一次完整备份。

由于差异备份仅包含了完整备份后发生了更改的数据，因此仅使用差异备份文件无法还原数据。要还原差异备份，必须先还原差异备份前的最近一次完整备份，然后在此基础上还原差异备份。

差异备份生成的备份文件大小和备份需要的时间，取决于最近一次完整备份后，数据变化的多少，数据变化越多，备份处理需要的时间越长，备份文件越大。当然，如果仅仅是大量删除数据，则差异备份生成的备份文件不会很大，备份时间也不会太长。

🔑 【TIPS】

为了在恢复时便于观察数据库的变化，请在"完整备份"后，自行对数据进行修改。比如：
```
insert into Bank
values('B008','郑州银行','郑州市金水路100号','郑州','民营')
```

1. 通过SQL Server Management Studio实现差异备份

差异备份的步骤如下：

Step 01 按照完整备份中的相同步骤，打开如图13.10所示的"备份数据库"对话框。

Step 02 在"备份类型"下拉列表框中选择"差异"选项。

Step 03 根据需要设置其他选项。

Step 04 单击"确定"按钮，SQL Server 2012开始执行备份操作。

2. 使用Transact-SQL语句进行差异备份。

差异备份语法代码如下：

```
BACKUP DATABASE { database_name | @database_name_var }
TO < backup_device > [ ....n ] [ with DIFFERENTIAL ]
```

下面对主要参数进行说明。

database_name：数据库名。

@database_name_var：数据库名称变量。

<backup_device>：备份设备名称。

DIFFERENTIAL：只做差异备份，如果没有该参数，则做完整备份。

⚠ 【例13.6】将差异数据备份到文件中

将数据库Loan的差异数据备份到文件D:\Backup\loandiff.bak中。

```
USE master
GO
BACKUP DATABASE Loan
TO DISK = 'D:\Backup\loandiff.bak'
with DIFFERENTIAL
GO
```

⚠ 【例13.7】将差异数据备份到备份设备上

将数据库Loan的差异数据备份到名为LoanBackup的备份设备上。

```
USE master
GO
BACKUP DATABASE Loan
TO LoanBackup
with DIFFERENTIAL
GO
```

13.3.3 事务日志备份

　　日志备份，是指备份自上次备份后对数据库执行的所有事物的一系列记录。这里的上次备份，可以是完整备份、差异备份或者日志备份。日志备份前，至少有一次完整备份。还原日志备份的时候，必须先还原完整备份，如果完整备份后，在要还原的日志备份前做过差异备份，则还要还原差异备份，然后按照日志备份的先后顺序，依次还原各日志备份。

　　由于日志备份仅备份自上次备份后对数据库执行的所有事务的一系列记录（可以简单地理解为自上次备份以来的数据变化），所以它生成的备份文件最小，备份需要的时间也最短，对SQL Server服务性能的影响也最小，适宜于经常备份。但是其还原过程最繁琐，不但要先还原日志备份之前做的完整备份和差异备份（如果有的话），在还原日志备份时，还必须依照日志备份的时间顺序依次还原所有的日志备份。

🔑【TIPS】

　　为了在恢复时便于观察数据库的变化，在完整备份、差异备份或者日志备份后，自行对数据进行修改。比如：

```
insert into Bank
values('B009','中信银行','郑州市二七路10号','郑州','民营')
```

1. 通过SQL Server Management Studio实现事务日志备份

事务日志备份的步骤如下：

Step 01 按照完整备份中的相同步骤，打开如图13.10所示的"备份数据库"对话框。

Step 02 在"备份类型"下拉列表框中选择"事务日志"选项。

Step 03 根据需要设置其他选项。

Step 04 单击"确定"按钮，SQL Server 2012开始执行备份操作。

2. 使用Transact-SQL语句进行事务日志备份

事务日志备份语法代码如下：

```
BACKUP LOG { database_name | @database_name_var }
TO < backup_device > [ ,...n ]
```

从以上代码可以看出，事务日志与完整备份的代码大同小异，只是将BACKUP BATABASE改为了BACKUP LOG。

⚠ 【例13.8】将事务日志备份到文件中

将数据库Loan的事务日志备份到文件D:\Backup\loanlog.trn中。

```
USE master
GO
BACKUP LOG Loan
TO DISK = 'D:\Backup\loanlog.trn'
GO
```

⚠ 【例13.9】将事务日志备份到备份设备中

将数据库Loan的事务日志备份到名为LoanBackup的备份设备上。

```
USE master
GO
BACKUP LOG Loan
TO LoanBackup
GO
```

13.3.4 文件/文件组备份

在创建数据库时，如果为数据库创建了多个数据库文件或文件组，可以使用该备份方式。使用文件和文件组备份方式可以只备份数据库中的某些文件，该备份方式在数据库文件非常庞大的时候十分有效。由于每次只备份一个或几个文件或文件组，可以分多次来备份数据库，避免大型数据库备份的时间过长。另外，由于文件和文件组备份只备份其中一个或多个数据文件，当数据库里的某个或某些文件损坏时，可以只还原损坏的文件或文件组备份即可。

数据文件或者文件组的还原操作在四种备份方法中是最麻烦的。对于操作者而言，不但要熟练地掌握数据库的备份和还原方法，还必须清楚数据库的文件结构，否则还原操作往往会失败。

1. 通过SQL Server Management Studio实现文件/文件组备份

Step 01 按照完整备份中的相同步骤，打开如图13.10所示的"备份数据库"对话框。

Step 02 选中"文件和文件组"单选按钮，此时会弹出如图13.13所示的"选择文件和文件组"对话框。在该对话框里可以选择要备份的文件和文件组，选择完毕后单击"确定"按钮返回。

Step 03 所有选项设置完毕后单击"确定"按钮，开始执行备份操作。

图13.13 "选择文件和文件组"对话框

【TIPS】

Loan数据库中可能没有文件组MYGROUP，请自行添加。

2. 使用Transact-SQL语句进行文件/文件组备份

文件/文件组备份语法代码如下：

```
BACKUP DATABASE { database_name | @database_name_var }
<file_or_filegroup> [ ,...f ]
TO < backup_device > [ ,...n ]
--Specifying a file or filegroup
<file_or_filegroup> :: =
{
FILE = { logical_file_name | @logical_file_name_var }
|
FILEGROUP = { logical_filegroup_name | @logical_filegroup_name_var }
| READ_WRITE_FILEGROUPS
}
```

从以上代码可以看出，文件/文件组的备份与完整备份的代码大同小异，不同的是在TO <backup_device>之前多了一句<file_or_filegroup>。该语法块里的参数有：

FILE：给一个或多个包含在数据库备份中的文件命名。

FILEGROUP：给一个或多个包含在数据库备份中的文件组命名。

READ_WRITE_FILEGROUPS：指定部分备份，包括主文件组和所有具有读写权限的辅助文件组。创建部分备份时需要此关键字。

⚠️ 【例13.10】将文件组备份到备份设备上

将数据库Loan数据库中的MYGROUP文件组备份到名为LoanGroup的备份设备上。

```
USE master
GO
BACKUP DATABASE Loan
FILEGROUP='MYGROUP'
TO LoanGroup
GO
```

⚠ 【例13.11】 将文件备份到文件中

将数据库Loan数据库中的Loannew文件备份到文件D:\Backup\myloan.bak中。

```
USE master
GO
BACKUP DATABASE Loan
FILE='Loannew'
TO DISK = 'D:\Backup\myloan.bak'
GO
```

13.4 还原数据库

> 执行数据库备份的目的是便于进行数据恢复，对于意外发生机器死机、用户操作错误等造成数据损失，就可以通过对备份过的数据库进行还原操作找回丢失的数据。

数据库还原方式有四种。

● 完整备份的还原：无论是完整备份、差异备份还是事务日志备份的还原，在第一步都要先做完整备份的还原。完整备份的还原只需要还原完整备份文件即可。

● 差异备份的还原：差异备份的还原需要两步，第一步先还原完整备份，第二步还原差异备份。

● 事务日志备份的还原：还原事务日志备份的步骤比较多，因为事务日志备份相对而言会做得比较频繁。步骤是：先还原完整备份，然后按时间先后顺序依次还原差异备份，最后依次还原每一个事务日志备份。

● 文件和文件组备份的还原：通常只有数据库中某个文件或文件组损坏了，才会使用这种还原模式。

13.4.1 通过SQL Server Management Studio进行数据库还原 __

在还原数据库时，经常会遇到"因为数据库正在使用，无法获得对数据库的独占访问权"错误，可以在"数据库属性"对话框（图13.1）中，将"限制访问"属性修改为SINGLE_USER，即"单用户"。

⚠ 【例13.12】 将【例13.4】所做的完整备份还原

`Step 01` 启动SQL Server Management Studio，展开"对象资源管理器"树型目录，右键单击"数

据库"，在弹出的快捷菜单里执行"还原数据库"命令，弹出如图13.14所示的"还原数据库"对话框。

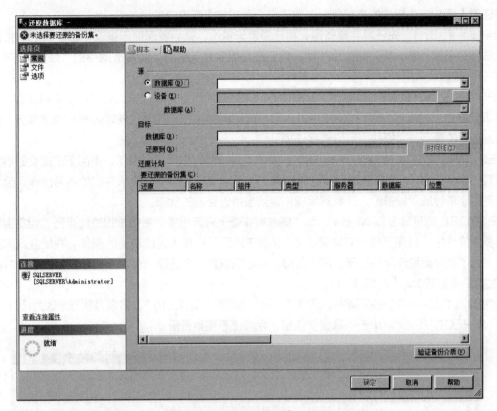

图13.14 "还原数据库"对话框

Step 02 在"源"选项组中选择"设备"单选按钮，单击右侧的"…"按钮，打开"选择备份设备"对话框，如图13.15所示。

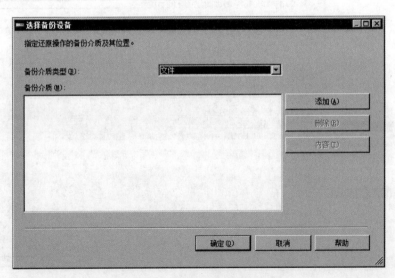

图13.15 "选择备份设备"对话框

Step 03 单击"添加"按钮，添加备份文件D:\Backup\loanfull.bak，单击"确定"按钮返回图13.14所示的页面。

Step 04 单击"确定"按钮，即可完成还原。

⚠️ 【例13.13】先还原完整备份，再还原差异备份

先还原【例13.4】所做的完整备份，再还原【例13.6】所做的差异备份。

如果按照例13.11，先还原完整备份，再还原差异备份，就会发现提示错误：由于LSN链接断开，因此无法创建还原计划。要去除这个错误，需要在还原完整备份时，设置数据库的"恢复状态"。恢复状态有三个选项。

RESTORE WITH RECOVERY，即"回滚未提交的事务，使数据库处于可以使用状态。无法还原其他事务日志"，则让数据库在还原后进入可正常使用的状态，并自动恢复尚未完成的事务，如果本次还原是还原的最后一次操作，可以选择该项。

RESTORE WITH NORECOVERY，即"不对数据库执行任何操作，不回滚未提交的事务。可以还原其他事务日志"，则在还原后数据库仍然无法正常使用，也不恢复未完成的事务操作，但可继续还原事务日志备份或差异备份，让数据库能恢复到最接近目前的状态。

RESTORE WITH STANDBY，即"使数据库处于只读模式。撤销未提交的事务，但将撤销操作保存在备用文件中，以便可使恢复效果逆转"，则在还原后恢复未完成事务的操作，并使数据库处于只读状态，为了可再继续还原后的事务日志备份，还必须指定一个还原文件来存放被恢复的事务内容。

Step 01 ~ **Step 03** 同【例13.12】。

Step 04 在图13.14所示的页面中，选择"选项"选项卡（图13.16），将恢复状态修改为RESTORE WITH NORECOVERY。单击"确定"按钮，完成还原完整备份。

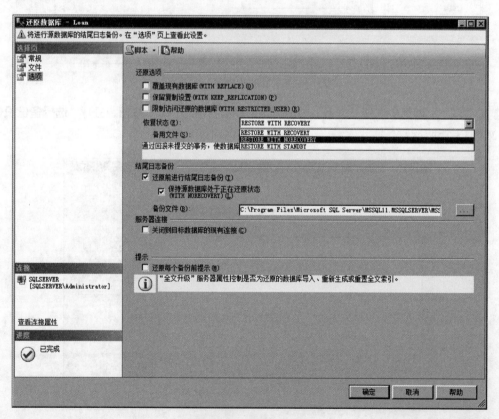

图13.16 "选项"设置

Step 05 在"对象资源管理器"中，选择数据库Loan，单击鼠标右键，在弹出的快捷菜单中执行"任务→还原→文件和文件组"命令，如图13.17所示，打开"还原文件和文件组"对话框，如图13.18所示。

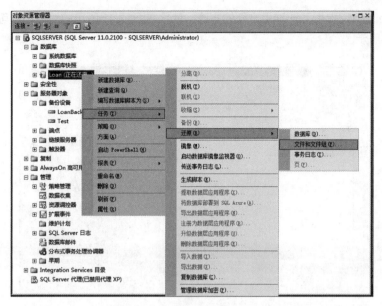

图13.17 "文件和文件组"命令

图13.18 "还原文件和文件组"对话框

Step 06 选择"源设备"和差异备份文件D:\Backup\loandiff.bak，单击"确定"按钮，即可完成还原。

⚠️ 【例13.14】依次还原不同的备份

依次还原【例13.4】所做的完整备份、【例13.6】所做的差异备份和【例13.8】所做的事务日志备份。

同理，如果需要继续还原事务日志备份，在图13.18所示的对话框中，仍需要在"选项"页中设置恢复状态为RESTORE WITH NORECOVERY，然后恢复事务日志即可。

SQL Server 2012提供了一种更方便的方法，就是在图13.15所示的对话框中可以选择多个备份文件，如图13.19所示。

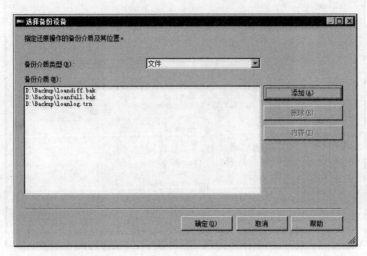

图13.19 "选择备份设备"对话框

选择多个文件后，单击"确定"按钮，返回"还原数据库"对话框，如图13.20所示。发现系统自动制定了还原计划，默认恢复到最近的数据库状态。可以指定要还原哪些备份集，勾选或取消"还原"列的复选框即可。

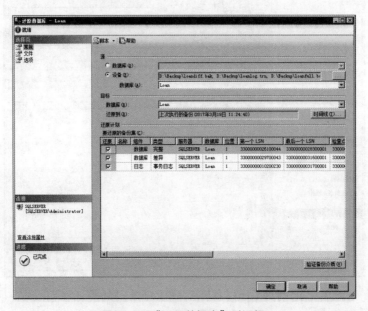

图13.20 "还原数据库"对话框

单击"确定"按钮，即可完成数据库还原。

⚠ 【例13.15】从备份设备还原某数据库

从备份设备LoanBackup还原数据库Loan。

`Step 01` 启动SQL Server Management Studio，展开"对象资源管理器"树型目录，鼠标右键单击"数据库"，在弹出的快捷菜单中执行"还原数据库"命令，弹出如图13.14所示的"还原数据库"对话框。

Step 02 在"源"选项组中选择"设备"单选按钮，单击右侧"…"按钮，打开"选择备份设备"对话框，如图13.15所示。

Step 03 将"备份介质类型"切换为"备份设备"，然后单击"添加"按钮，打开"选择备份设备"对话框，如图13.21所示。

图13.21　"选择备份设备"对话框

Step 04 选择LoanBackup，单击"确定"按钮，返回"选择备份设备"对话框，如图13.22所示。

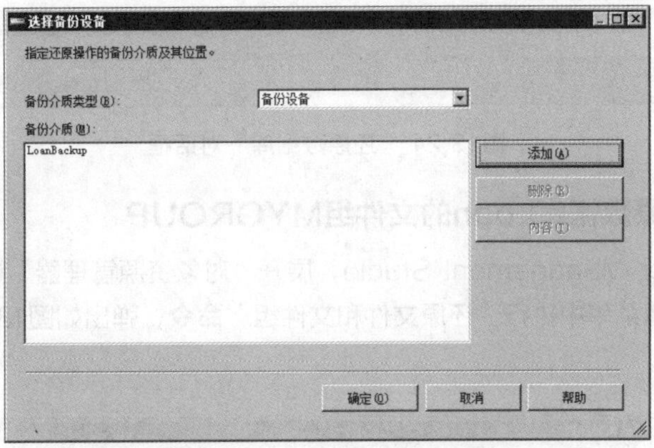

图13.22　"选择备份设备"对话框

如果想查看备份设备的内容，可以选中LoanBackup，然后单击"内容"按钮，即可查看设备内容（图13.23），可以看到前面所做的三次备份。

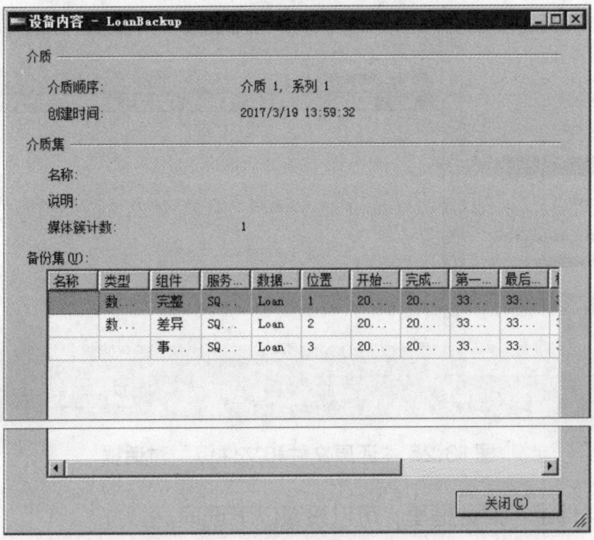

图13.23　"设备内容"对话框

Step 05 单击"确定"按钮，返回"还原数据库"对话框（图13.24），指定要还原哪些备份集，选择或取消"还原"列的复选框即可。最后，单击"确定"按钮，即可完成数据库还原。

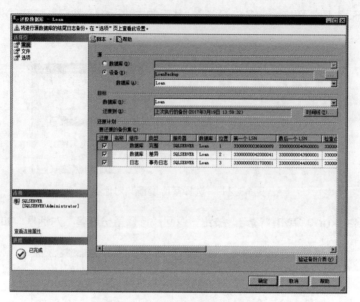

图13.24 "还原数据库"对话框

⚠ 【例13.16】还原数据库Loan的文件组MYGROUP

Step 01 启动SQL Server Management Studio，展开"对象资源管理器"树型目录，鼠标右键单击"数据库"，在弹出的快捷菜单中执行"还原文件和文件组"命令，弹出如图13.25所示的"还原文件和文件组"对话框。

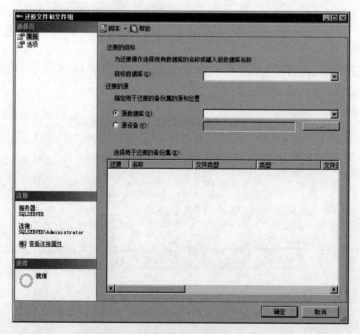

图13.25 "还原文件和文件组"对话框

Step 02 在"还原文件和文件组"对话框里，可以设置以下选项。

● 目标数据库：在该下拉列表框里可以选择或键入要还原的数据库名。

- 还原的源：在该区域里可以选择要用来还原的备份文件或备份设备，用法与还原数据库完整备份中的一样，在此不再赘述。
- 选择用于还原的备份集：在该区域里可以选择要还原的备份集。

Step 03 选择完毕后单击"确定"按钮，开始执行还原操作，也可以选择"选项"进行进一步设置。

【TIPS】--

　　在完成文件和文件组备份之后，还必须进行一次事务日志备份，否则无法还原文件和文件组备份。

13.4.2 使用Transact-SQL语句进行数据库备份还原

　　T-SQL语言里提供了RESTORE DATABASE语句来恢复数据库备份，用该语句可以恢复完整备份、差异备份、文件和文件组备份。如果要还原事务日志备份，可以用RESTORE LOG语句。虽然RESTORE DATABASE语句可以恢复完整备份、差异备份、文件和文件组备份，但是在恢复完整备份、差异备份与文件和文件组备份的语法上有一点儿出入，下面分别介绍几种类型备份的还原方法。

1. 还原完整备份

还原完整备份的语法如下：

```
RESTORE DATABASE { database_name | @database_name_var }
[ FROM <backup_device> [ ,...n ] ]
[ WITH
[ [ , ] FILE = { file_number | @file_number } ]
[ [ , ] { RECOVERY | NORECOVERY | STANDBY = {standby_file_name
| @standby_file_name_var }
}]
]
[;]
<backup_device>
::=
{
{ logical_backup_device_name |@logical_backup_device_name_var }
| { DISK | TAPE } = { 'physical_backup_device_name' |
@physical_backup_device_name_var }
}
```

下面说明主要参数。

RECOVERY：回滚未提交的事务，使数据库处于可以使用状态。无法还原其他事务日志。

NORECOVERY：不对数据库执行任何操作，不回滚未提交的事务。可以还原其他事务日志。

STANDBY：使数据库处于只读模式。撤销未提交的事务，但将撤销操作保存在备用文件中，以便可使恢复效果逆转。

standby_file_name | @standby_file_name_var：指定一个允许撤销恢复效果的备用文件或变量。

REPLACE：会覆盖所有现有数据库以及相关文件，包括已存在的同名的其他数据库或文件。

【例13.17】用备份文件还原数据库

用名为D:\Backup\loanfull.bak的完整备份文件来还原Loan数据库。

```
USE master
RESTORE DATABASE Loan
FROM DISK = 'D:\Backup\loanfull.bak'
with replace
go
```

【TIPS】

还原数据库时，经常会遇到"因为数据库正在使用,无法获得对数据库的独占访问权"错误，使用前面介绍的图形界面可以将"限制访问"属性修改为"单用户"，也可以使用如下语句进行修改：

```
USE master
GO
ALTER DATABASE Loan SET SINGLE_USER WITH ROLLBACK IMMEDIATE
GO
```

 【例13.18】用备份设备来还原完整备份

用名为LoanBackup的备份设备来还原Loan数据库的完整备份。

在13.3节中，往LoanBackup备份设备中备份了完整备份、差异备份和事务日志备份，在"对象资源管理器"中用鼠标双击备份设备LoanBackup，打开"备份设备"对话框，选择"介质内容"，可以查看备份设备中的备份集，如图13.26所示。

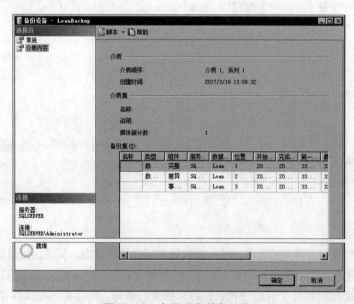

图13.26　备份设备的备份集

代码如下：

```
USE master
RESTORE DATABASE Loan FROM LoanBackup WITH replace,FILE=1
```

下面对参数进行说明。

REPLACE：会覆盖所有现有数据库以及相关文件，包括已存在的同名的其他数据库或文件。

FILE=1：还原"位置"为1的备份文件。如图13.18所示，位置为1的是【例13.5】所做的完整备份。

2. 还原差异备份

还原差异备份的语法与还原完整备份的语法是一样的，只是在还原差异备份时，必须要先还原完整备份，再还原差异备份，因此还原差异备份必须要分为两步完成。完整备份与差异备份数据在同一个备份文件或备份设备中，也有可能是在不同的备份文件或备份设备中。如果在同一个备份文件或备份设备中，则必须要用file参数来指定备份集。无论是备份集是不是在同一个备份文件（备份设备）中，除了最后一个还原操作，其他所有还原操作都必须要加上NORECOVERY或STANDBY参数。

⚠ 【例13.19】 巧妙使用完整备份文件和差异备份文件

用名为D:\Backup\loanfull.bak的完整备份文件来还原Loan数据库的完整备份，再用名为D:\Backup\loandiff.bak的差异备份文件来还原差异备份。

```
USE master
GO
RESTORE DATABASE Loan
FROM DISK = 'D:\Backup\loanfull.bak' WITH NORECOVERY,replace
GO
RESTORE DATABASE Loan
FROM DISK = 'D:\Backup\loandiff.bak'
GO
```

⚠ 【例13.20】 用备份设备还原完整和差异备份

用名为LoanBackup的备份设备来还原Loan数据库的完整备份和差异备份。

```
USE master
RESTORE DATABASE Loan
FROM LoanBackup WITH NORECOVERY,replace,FILE=1
GO
RESTORE DATABASE Loan
FROM LoanBackup WITH FILE=2
GO
```

3. 还原事务日志备份

SQL Server 2012中已经将事务日志备份看成和完整备份、差异备份一样的备份集，因此，还原事务日志备份也可以和还原差异备份一样，只要知道它在备份文件或备份设备里是第几个文件集即可。

与还原差异备份相同，还原事务日志备份必须要先还原在其之前的完整备份，除了最后一个还原操作，其他所有还原操作都必须要加上NORECOVERY或STANDBY参数。

⚠ 【例13.21】 按照要求完成一系列的备份

用名为D:\Backup\loanfull.bak的完整备份文件来还原Loan数据库的完整备份，再用名为D:\Backup\loandiff.bak的差异备份文件来还原差异备份，再用名为D:\Backup\loanlog.trn的事务日志备份文件来还原事务日志。

```
USE master
GO
RESTORE DATABASE Loan
FROM DISK = 'D:\Backup\loanfull.bak' WITH NORECOVERY,replace
GO
RESTORE DATABASE Loan
FROM DISK = 'D:\Backup\loandiff.bak' WITH NORECOVERY
GO
RESTORE LOG Loan FROM DISK = 'D:\Backup\loanlog.trn'
GO
```

⚠【例13.22】用备份设备还原数据库3项备份

用名为LoanBackup的备份设备来还原Loan数据库的完整备份、差异备份和事务日志备份。

```
USE master
GO
RESTORE DATABASE Loan
FROM LoanBackup WITH NORECOVERY,replace,FILE=1
GO
RESTORE DATABASE Loan
FROM LoanBackup WITH NORECOVERY, FILE=2
GO
RESTORE LOG Loan FROM LoanBackup WITH FILE=3
GO
```

4. 还原文件和文件组备份

还原文件和文件组备份也可以使用RESTORE DATABASE语句，但是必须要在数据库名与FROM之间加上FILE或FILEGROUP参数来指定要还原的文件或文件组。

⚠【例13.23】用备份设备还原文件组

用名为LoanGroup的备份设备，还原Loan数据库的mygroup文件组。

```
USE master
GO
RESTORE DATABASE Loan FILEGROUP = 'mygroup' FROM LoanGroup
GO
```

⚠【例13.24】用备份文件还原文件

用名为D:\Backup\myloan.bak的备份文件，还原Loan数据库中的myloan文件。

```
USE master
GO
RESTORE DATABASE Loan FILE='myloan' FROM DISK = 'D:\Backup\myloan.bak'
GO
```

本章小结

　　本章首先介绍了数据库备份与恢复的基本概念和类型，然后通过具体的示例详细讲述了备份设备的创建、查看和删除操作，以及如何对数据库进行备份与恢复操作。通过本章的学习，读者可以了解数据库备份与恢复的概念和作用，掌握使用图形化工具和SQL命令进行备份与恢复的方法，并能够为数据库制定相应的备份计划。

项目练习

　　（1）创建一个名为MyDevice1的备份设备，并将其映射成为磁盘文件D:\DATA\MyDevice1.BAK。

　　（2）将数据库Loan完整备份到备份设备MyDevice1中。

　　（3）在数据库Loan添加几条记录，将数据库Loan差异备份到备份设备MyDevice1中。

　　（4）在数据库Loan修改几条记录，将数据库Loan的事务日志备份到备份设备MyDevice1中。

　　（5）依次还原完整备份、差异备份和事务日志备份，观察数据库数据的变化。

　　（6）使用"维护计划向导"实现数据库Loan的备份计划：每天零点进行一次完整备份，每隔1小时进行一次差异备份，每隔10分钟进行一次事务日志备份。

Chapter

14

数据库安全管理

本章概述

  随着网络时代的到来，数据库系统在工作生活中的应用也越来越广泛，尤其在某些领域，如电子商务领域，数据库中保存着非常重要的商业数据和客户资料，数据安全成为人们日益关注的一个问题，数据库的安全管理在数据库系统中有着非常重要的地位。

  本章将首先介绍SQL Server 2012的安全性模型，了解登录名、数据库用户、角色、架构和权限的基本概念，通过一些实例来介绍如何创建登录名和数据库用户，以及如何分配角色和权限，从而实现针对服务器、数据库以及数据库对象的细粒度控制。

重点知识

- SQL Server 安全性概述
- 安全验证方式
- 用户管理
- 角色管理
- 权限管理
- 包含数据库

14.1 SQL Server 安全性概述

SQL Server 2012整个安全体系结构从顺序上可以分为认证和授权两部分，其安全机制可以分为5个层级，如图14.1所示。

- 客户机安全机制。
- 网络传输安全机制。
- 服务器安全机制。
- 数据库安全机制。
- 数据对象安全机制。

这些层级由高到低，所有的层级之间相互联系，用户只有通过了高一层的安全验证，才能继续访问数据库中低一层的内容。

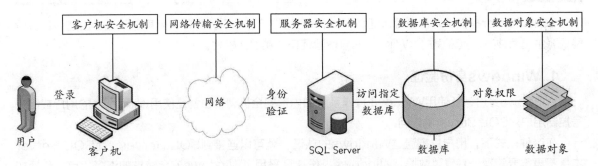

图14.1　SQL Server 安全机制

- 客户机安全机制：用户用客户机通过网络访问SQL Server 2012服务器时，用户首先要获得客户机操作系统的使用权限，故客户机操作系统的安全性直接影响到SQL Server 2012的安全性。保护操作系统的安全性是操作系统管理员或网络管理员的任务。
- 网络传输安全机制：由于客户机和SQL Server服务器间是通过网络交换数据，为了防止数据泄露和被篡改，对关键数据进行加密，即使攻击者通过了防火墙和服务器上的操作系统达到了数据库，还要对数据进行破解。
- 服务器安全机制：SQL Server 2012提供了 SQL Server登录和集成Windows登录两种登录方式，管理和设计合理的登陆方式是SQL Server数据库管理员的重要任务，也是SQL Server安全体系中重要的组成部分。SQL Server 2012服务器中预设了很多固定服务器的角色，用来为用户分配使用权限。
- 数据库安全机制：在建立用户的登录帐号时，需要选择默认的数据库，并分给用户权限，以后每次用户登录服务器后，会自动转到默认数据库上。使用固定数据库角色，为用户分配权限， 也可以在数据库上建立新的角色，然后为该用户授予多个权限。
- 数据对象安全机制：对象安全性检查是数据库管理系统的最后一个安全的等级。设置用户对数据库的操作权限称为授权，SQL Server中未授权的用户将无法访问或存取数据库数据。SQL Server通过权限管理指明哪些用户被批准使用哪些数据库对象和Transact-SQL语句。

客户机安全机制和网络传输的安全机制不属于本书的范畴，在此不再赘述。本章主要围绕认证和授权进行介绍，认证是指来确定登录SQL Server的用户讲述的登录帐号和密码是否正确，以此来验证其是否具有连接SQL Server的权限，但是，通过认证阶段并不代表能够访问SQL Server中的数据，用户只有在获取访问数据库的权限之后，才能够对服务器上的数据库进行权限许可下的各种操作。

14.2 安全验证方式

> 安全验证方式属于服务器安全机制，用来控制是否具有SQL Server系统的访问权限，SQL Server只有在首先验证了指定的登录ID及密码有效后，才会完成连接。这种登录验证称为身份验证。

14.2.1 身份验证简介

SQL Server提供了两种身份认证：Windows身份验证和SQL Server身份验证。由这两种身份验证派生出两种身份验证模式：Windows身份验证模式和混合模式。

1. Windows身份验证

Windows身份认证使用Windows操作系统的内置安全机制，也就是使用Windows的用户或组帐号控制用户对SQL Server的访问。

在这种模式下，用户只需通过Windows的认证，就可以连接到SQL Server，而SQL Server本身不再需要管理一套登录数据。Windows身份认证采用了Windows安全特性的许多优点，包括加密口令、口令期限、域范围的用户帐号及基于Windows的用户管理等，从而实现了SQL Server与Windows登录安全的紧密集成。

2. 混合身份验证

在混合验证模式下，Windows验证和SQL Server验证这两种验证模式都是可用的。对于SQL Server验证模式，用户在连接SQL Server时必须提供登录名和登录密码。

系统使用哪种模式可以在安装过程中或使用SQL Server的企业管理器指定。SQL Server的默认身份认证模式是Windows身份认证模式，这也是建议使用的一种模式。

Windows验证模式比起SQL Server验证模式来有许多优点，Windows身份验证比SQL Server身份验证更加安全，使用Windows身份验证的登录帐户更易于管理，用户只需登录Windows之后就可以使用SQL Server，只需要登录一次。

14.2.2 验证模式的修改

在安装SQL Server时，可以选择SQL Server的身份验证的类型。安装完成之后，可以修改认证模式。修改步骤如下：

Step 01 启动SQL Server Management Studio，在"对象资源管理器"中，要更改的服务器上右击，在快捷菜单中执行"属性"命令，弹出"服务器属性"对话框。

Step 02 单击左侧列表中的"安全性"选项，如图14.2所示，在右侧修改身份验证。

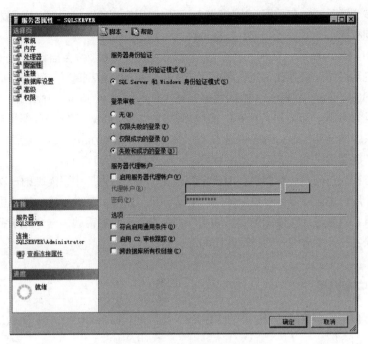

图14.2 "服务器属性"对话框

14.3 用户管理

SQL Server的用户分为登录用户和数据库用户，在"对象资源管理器"中，登录用户对应的是"登录名"，如图14.3所示；而数据库用户对应的是"用户"，如图14.4所示。那么，二者到底是什么关系呢？

图14.3 登录名位置

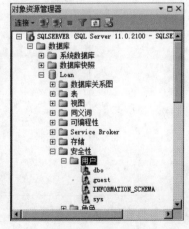

图14.4 用户位置

- 登录名：服务器方的一个实体，使用一个登录名只能进入服务器，但是不能让用户访问服务器中的数据库资源。

● 用户：一个或多个登录对象在数据库中的映射，可以对用户对象进行授权，以便为登录对象提供对数据库的访问权限。

用登录名登录SQL Server后，在访问各个数据库时，SQL Server会自动查询此数据库中是否存在与此登录名关联的用户名。若存在，就使用此用户的权限访问此数据库；若不存在，就是用guest用户访问此数据库。SQL Server有一个默认登录帐号（System Administrator，SA），它拥有SQL Server系统的全部权限，可以执行所有的操作。此外，Windows系统的管理员Administrator也拥有SQL Server系统的全部权限，对应帐号为'计算机名'/Administrator。这两个登录名经常用到，登录后都映射到数据库用户dbo（Database Owner，数据库所有者）。

一个登录名可以被授权访问多个数据库，但一个登录名在每个数据库中只能映射一次。即一个登录可对应多个用户，一个用户也可以被多个登录使用。好比SQL Server就像一栋大楼，里面的每个房间都是一个数据库。登录名只是进入大楼的钥匙，而用户则是进入房间的钥匙。一个登录名可以有多个房间的钥匙，但一个登录名在一个房间只能拥有此房间的一把钥匙。

14.3.1 登录用户管理

登录用户管理主要包括登录名的新建、更改和删除，可以使用Management Studio和T-SQL来管理登录名，下面将分别介绍。

（1）使用Management Studio管理登录帐户

1）创建Windows登录帐户

Step 01 执行"开始→运行"命令，在弹出的"运行"对话框中输入compmgmt.msc，单击"确认"按钮，打开"计算机管理"窗口，依次展开"系统工具→本地用户和组"，选择"用户"节点，单击鼠标右键（图14.5），在弹出的快捷菜单中执行"新用户"命令。

Step 02 打开"新用户"对话框，输入用户名并设置密码（图14.6），单击"创建"按钮，完成用户的创建。

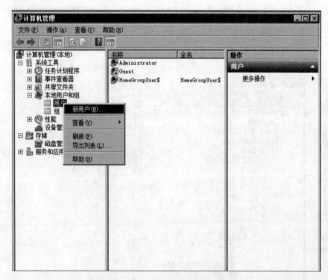

图14.5 "计算机管理"窗口

图14.6 "新用户"对话框

Step 03 在"对象资源管理器"中，单击展开服务器的"安全性"节点，如图14.3所示。

Step 04 鼠标右键单击"安全性"子节点"登录名"，在快捷菜单中执行"新建登录名…"，弹出"登录名－新建"对话框，如图14.7所示。

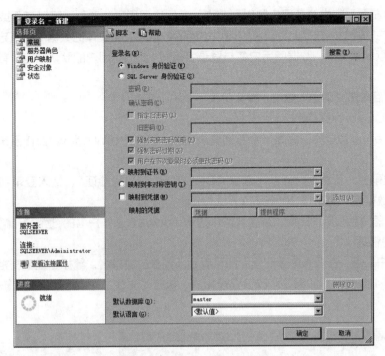

图14.7　"登录名－新建"对话框

Step 05 在"登录名"文本框中输入登录名称，输入的登录名必须是已存在的Windows登录用户。可以单击"搜索…"按钮，出现"选择用户或组"对话框，如图14.8所示。在"输入要选择的对象名称"文本框中输入用户或组的名称，单击"检查名称"按钮，检查对象是否存在。输入完成，单击"确定"按钮，关闭"选择用户或组"对话框。或者单击"高级(A)…"按钮，将对话框切换为搜索模式（图14.9），单击"立即查找(N)"按钮，然后从搜索结果中选择用户。

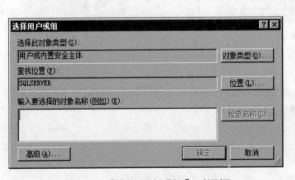

图14.8　"选择用户或组"对话框

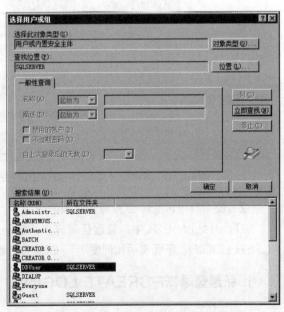

图14.9　"选择用户或组"对话框

Step 06 确认选择的是"Windows身份验证"，指定帐户登录的默认数据库。

Step 07 单击窗口左侧列表中的"服务器角色"节点，指定帐户所属服务器角色。

Step 08 单击窗口左侧列表中的"用户映射"节点，右侧出现用户映射页。可以查看或修改 SQL 登录帐户到数据库用户的映射。选择此登录帐户可以访问的数据库，对具体的数据库，指定要映射到登录名的数据库用户（默认情况下，数据库用户名与登录名相同）。指定用户的默认架构，首次创建用户时，其默认架构是dbo。

Step 09 设置完之后单击"确定"按钮，提交更改。

2）创建SQL Server登录帐户

一个SQL Server登录帐户名是一个新的登录帐户，该帐户和Windows操作系统的登录帐户没有关系。

Step 01 打开"登录名－新建"对话框，选择"SQL Server身份验证"，输入登录名、密码和确认密码，并选择默认数据库，如图14.10所示。

Step 02 设置服务器角色和用户映射，请参考"创建Windows登录帐户"的 **Step 07** 和 **Step 08** 。

3）登录帐户管理

创建登录帐户之后，在登录名节点里面即可看到新创建的登录名，鼠标右键单击相应的帐户，出现快捷菜单，如图14.11所示。如果要修改该登录帐户，执行"属性"命令；如要删除该登录帐户，则执行"删除"命令。

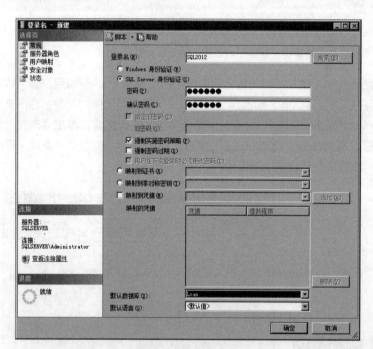

图14.10　新建SQL Server身份验证登录名

图14.11　管理登录帐户

（2）使用Transact-SQL管理登录帐户

在Transact-SQL中，管理登录帐户的SQL语句有：CREATE LOGIN、DROP LOGIN、ALTER LOGIN。下面说明如何使用T-SQL来创建和维护登录帐户。

1. 新建登录帐户CREATE LOGIN

其语法格式为：

```
CREATE LOGIN login_name
{ WITH <option_list1> | FROM <sources> }
```

⚠ 【例14.1】 创建带密码的testlogin1登录名

MUST_CHANGE 选项需要用户首次连接服务器时更改此密码。

```
USE master
GO
CREATE LOGIN testlogin1
WITH PASSWORD = 'abcdef'  MUST_CHANGE
```

⚠ 【例14.2】 创建登录名并指定默认数据库

从Windows域帐户创建 [SQLSERVER\DBUser] 登录名，并指定默认数据库为Loan。

```
USE master
GO
CREATE LOGIN [SQLSERVER\DBUser]
FROM Windows
WITH DEFAULT_DATABASE =Loan
```

2. 删除登录帐户DROP LOGIN

其语法格式为：

```
DROP LOGIN login_name
```

⚠ 【例14.3】 删除登录帐户testlogin1

```
USE master
GO
DROP LOGIN testlogin1
```

3. 更改登录帐户ALTER LOGIN

其语法格式为：

```
ALTER LOGIN login_name
    {
    <status_option>
| WITH <set_option> [ , ... ]
    }
<status_option> ::= ENABLE | DISABLE
```

⚠ 【例14.4】 启用禁用的登录

```
USE master
GO
ALTER LOGIN testlogin1 ENABLE;
```

⚠ **【例14.5】将testlogin1 登录密码更改为 p@ssw0rd**

```
USE master
GO
ALTER LOGIN testlogin1
WITH PASSWORD = 'p@ssw0rd'
```

⚠ **【例14.6】将testlogin1 登录名改为Tom**

```
USE master
GO
ALTER LOGIN testlogin1
WITH NAME = Tom
```

14.3.2 数据库用户管理

数据库用户管理主要包括用户的新建、更改和删除，可以使用Management Studio和T-SQL来管理数据库用户，下面将分别介绍。

（1）使用Management Studio管理登录帐户

Step 01 在Management Studio对象资源管理器中，扩展指定的数据库节点，直到看到用户节点，如图14.3所示。

Step 02 鼠标右键单击"用户"子节点，在弹出的快捷菜单中执行"新建用户…"命令，弹出"数据库用户-新建"对话框，如图14.12所示。在"用户名"文本框中输入用户名。

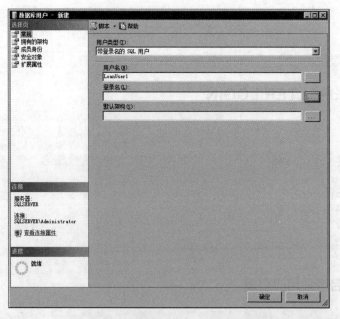

图14.12 "数据库用户-新建"对话框

Step 03 在"登录名"文本框中输入登录名或单击 "…"按钮，弹出"选择登录名"对话框，如图14.13所示。输入登录名或单击"浏览"按钮，如单击"浏览"按钮，弹出"查找对象"对话框，如图14.14所示。

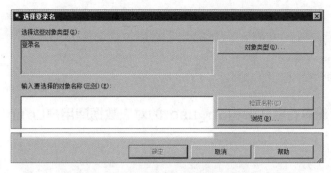

图14.13 "选择登录名"对话框

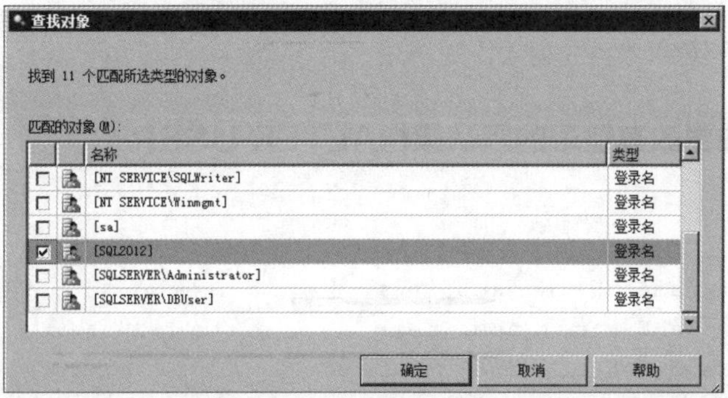

图14.14 "查找对象"对话框

Step 04 选中你想添加的登录名,单击"确定"按钮,关闭对话框。关闭"选择登录名"对话框。

Step 05 选择该用户登录的默认架构和所属角色,最后关闭新建数据库用户对话框。

(2)使用Transact-SQL管理数据库用户

在Transact-SQL中,管理用户的SQL语句有CREATE USER、DROP USER、ALTER USER。下面简要说明如何使用T-SQL来创建和维护用户。

1. 创建用户CREATE USER

```
CREATE USER user_name
    [
        { FOR | FROM } LOGIN login_name
    ]
    [ WITH DEFAULT_SCHEMA = schema_name ]
[ ; ]
```

下面对各参数进行说明。

user_name:指定在此数据库中用于识别该用户的名称。

LOGIN login_name:指定要创建数据库用户的SQL Server登录名。login_name 必须是服务器中有效的登录名。如果已忽略FOR LOGIN,则新的数据库用户将被映射到同名的SQL Server登录名。

如果未定义DEFAULT_SCHEMA,则数据库用户将使用dbo作为默认架构。

⚠️ 【例14.7】创建数据库用户

在数据库Loan中创建数据库用户LoanUser2,登录名为[SQLSERVER\DBUser]。

```
USE Loan
GO
CREATE USER LoanUser2
FOR LOGIN [SQLSERVER\DBUser]
```

⚠️ 【例14.8】 创建具有默认架构db_user的对应数据库用户LoanUser3

```
USE Loan
GO
CREATE USER LoanUser3
FOR LOGIN SQL2012
WITH DEFAULT_SCHEMA = db_user
```

2. 更改用户名或更改其登录的默认架构ALTER USER

其语法格式为：

```
ALTER USER user_name  WITH <set_item> [ , ...n ]
<set_item> ::=  NAME = new_user_name
| DEFAULT_SCHEMA = schema_name
```

⚠️ 【例14.9】 更改数据库用户的名称

```
USE Loan
GO
ALTER USER LoanUser2
WITH NAME = Jack
```

⚠️ 【例14.10】 更改用户的默认架构

```
USE Loan
GO
ALTER USER LoanUser3
WITH DEFAULT_SCHEMA = dbo
```

3. 删除用户DROP USER

其语法格式为：

```
DROP USER user_name
```

⚠️ 【例14.11】 删除用户LoanUser3

```
USE Loan
GO
DROP USER LoanUser3
```

14.4　角色管理

> 角色是为管理相同权限的用户而设置的用户组，也就是说，同一角色下的用户权限都是相同的。

在SQL Server数据库中，把相同权限的一组用户设置为某一角色后，当对该角色进行权限设置时，这些用户就自动继承修改后的权限。这样，只要对角色进行权限管理，就可以实现对属于该角色的所有用户的权限管理，极大地减少了工作量。

这样就只需给角色指定权限，然后将登录名或用户指定为某个角色。不用给每个登录名或用户指定权限，给实际工作带来了很大的便利。

在SQL Server中角色分为以下类型：

（1）服务器角色

● 固有服务器角色。

● 用户自定义服务器角色。

（2）数据库角色

● 固有数据库角色。

● 用户自定义数据库角色。

● 应用程序角色。

14.4.1　服务器角色管理

服务器角色存在于服务器级别，仅用于执行管理任务，主要用来给登录名授权。

1. 固有服务器角色

SQL Server 2012提供了九种固定服务器角色，无法更改授予固定服务器角色的权限。每一个角色拥有一定级别的数据库管理职能，如图14.15所示。

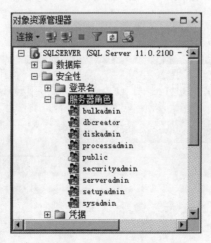

图14.15　服务器角色

- bulkadmin：大容量插入管理员，可以运行 BULK INSERT 语句。
- dbcreator：创建管理员，可以创建、更改、删除和还原任何数据库。
- diskadmin：磁盘管理员，管理存储数据库的磁盘文件。
- processadmin：进程管理员，可以管理SQL Server实例中运行的进程。
- securityadmin：安全管理员，管理登录名及其属性。它们可以GRANT、DENY和REVOKE 服务器级和数据库级权限。可以重置SQL Server登录名的密码。
- serveradmin：服务器管理员，可以更改服务器范围的配置选项和关闭服务器。
- setupadmin：设置管理员，添加和删除链接服务器，并且也可以执行某些系统存储过程。
- sysadmin：系统管理员，可以在服务器中执行任何活动。这个角色包含了所有的其他角色，一旦用户是sysadmin的成员，他们不需要任何其他的角色。sysadmin的成员可以做任何事情，所以很有必要限制成员用户，只给那些需要并且可以信任的用户访问。

（1）使用Management Studio为服务器角色添加登录帐户

为服务器角色dbcreator添加登录帐户[SQLSERVER\DBUser]，操作步骤如下：

Step 01 在图14.15中，选中dbcreator，单击鼠标右键，在弹出的快捷菜单中执行"属性"命令，打开"服务器角色属性"对话框，如图14.16。

图14.16 "服务器角色属性"对话框

Step 02 单击"添加"按钮，弹出"选择服务器登录名或角色"对话框，如图14.17所示。

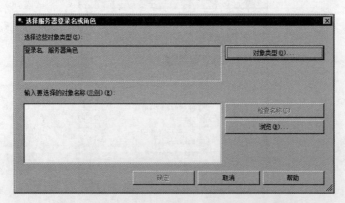

图14.17 "选择服务器登录名或角色"对话框

Step 03 单击"浏览"按钮，弹出"查找对象"对话框，如图14.14所示。

Step 04 选中需要添加的对象。

Step 05 依次单击"确定"按钮，关闭对话框。

也可以先选中登录名[SQLSERVER\DBUser]，单击鼠标右键，在弹出的快捷菜单中执行"属性"命令，打开"登录属性"对话框，选中"服务器角色"（图14.18），再选择角色dbcreator，单击"确定"按钮即可。

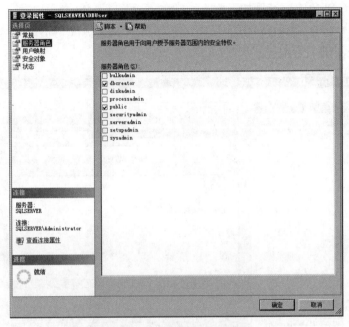

图14.18 "登录属性"对话框

（2）使用Tractans-SQL语句为服务器角色添加登录帐户

在SQL Server中管理服务器角色的存储过程主要有两个：sp_addsrvrolemember和sp_dropsrvrrolemember。

sp_addsrvrolemember 是将添加登录帐户到服务器角色内，使其成为该角色的成员。
其语法格式为：

```
sp_addsrvrolemember [@loginame =] 'login', [@rolename =] 'role'
```

sp_dropsrvrrolemember用来将某一服务器角色中删除登录帐号，当该成员从服务器角色中被删除后，便不再具有该服务器角色所设置的权限。
其语法格式为：

```
sp_dropsrvrolemember [@loginame =] 'login', [@rolename =] 'role'
```

⚠ **【例14.12】将登录帐户SQL2012加入 sysadmin 角色中**

```
USE master
GO
EXEC sp_addsrvrolemember 'SQL2012', 'sysadmin';
```

2. 用户自定义服务器角色

当打算为某些登录帐户设置相同的权限，但是这些权限不等同于预定义的服务器角色所具有的权限时，就可以定义新的服务器角色来满足这一要求。从 SQL Server 2012 开始，才可以创建用户定义的服务器角色，以前的版本不支持。

（1）使用Management Studio创建用户自定义服务器角色

创建一个名为MyServerRole的服务器角色，授予"创建任意数据库"和"管理大容量操作"权限，并添加角色成员SQL2012，步骤如下：

Step 01 在图14.15中，选中"服务器角色"节点，单击鼠标右键，执行"新建服务器角色"命令，弹出"新建服务器角色"对话框，如图14.19所示。

图14.19 "新建服务器角色"对话框

Step 02 在"服务器角色名称"文本框中输入MyServerRole，在"所有者"文本框中输入sa，或者单击右侧按钮，然后查找一个登录名。

Step 03 在"安全对象"区域，勾选"服务器"复选框。

Step 04 在"显示"区域，在"授予"列勾选"创建任意数据库"和"管理大容量操作"复选框。

Step 05 在"选择页"区域，选择"成员"，然后单击"添加"按钮，添加登录名SQL2012，然后单击"确定"按钮。

（2）使用Tractans-SQL语句创建用户自定义服务器角色

管理服务器角色的语句有CREATE SERVER ROLE、DROP SERVER ROLE、ALTER SERVER ROLE。

CREATE SERVER ROLE，新建数据库角色，其语法格式为：

```
CREATE SERVER ROLE role_name [ AUTHORIZATION server_principal ]
```

其中AUTHORIZATION server_principal 表示将拥有新角色的登录名。如果未指定用户，则执行CREATE SERVER ROLE的登录名将拥有该角色。

⚠ 【例14.13】 创建角色并授予权限，添加角色成员

创建一个名为MyServerRole的服务器角色，授予"创建任意数据库"和"管理大容量操作"权限，并添加角色成员SQL2012。

```
USE master
GO
CREATE SERVER ROLE MyServerRole
GO
ALTER SERVER ROLE MyServerRole ADD MEMBER SQL2012
GO
GRANT ADMINISTER BULK OPERATIONS TO MyServerRole
GO
GRANT CREATE ANY DATABASE TO MyServerRole
GO
```

14.4.2 数据库角色管理

为便于管理数据库中的权限，SQL Server提供了若干"角色"，这些角色是用于对其他主体进行分组的安全主体。数据库级角色的权限作用域为数据库范围。SQL Server中有两种类型的数据库级角色：数据库中预定义的"固定数据库角色"和可以创建的"灵活数据库角色"。

1. 固有数据库角色

固有数据库角色是指这些角色所有数据库权限已被SQL Server预定义，不能对其权限进行任何修改，并且存在于每个数据库中。如图14.20所示。

固有数据库角色包括以下几种。

- db_accessadmin：可以为Windows登录帐户、Windows 组和SQL Server登录帐户添加或删除访问权限。
- db_backupoperator：可以备份该数据库。
- db_datareader：可以读取所有用户表中的所有数据。
- db_datawriter：可以在所有用户表中添加、删除或更改数据。
- db_ddladmin：可以在数据库中运行任何数据定义语言（DDL）命令。
- db_denydatareader：不能读取数据库内用户表中的任何数据。
- db_denydatawriter：不能添加、修改或删除数据库内用户表中的任何数据。
- db_owner：可以执行数据库的所有配置和维护活动。

图14.20 固有数据库角色

- db_securityadmin：可以修改角色成员身份和管理权限。
- public：当添加一个数据库用户时，它自动成为该角色成员，该角色不能删除，指定给该角色的权限自动给予所有数据库用户。

db_owner 和 db_securityadmin 数据库角色的成员可以管理固有数据库角色成员身份；但是，只有 db_owner 数据库的成员可以向 db_owner 固有数据库角色中添加成员。

（1）使用Management Studio为数据库角色添加成员

为数据库角色db_ddladmin添加用户LoanUser1，操作步骤如下：

Step 01 在图14.20中，选中db_ddladmin，单击鼠标右键，在弹出的快捷菜单中执行"属性"命令，打开"数据库角色属性"对话框，如图14.21所示。

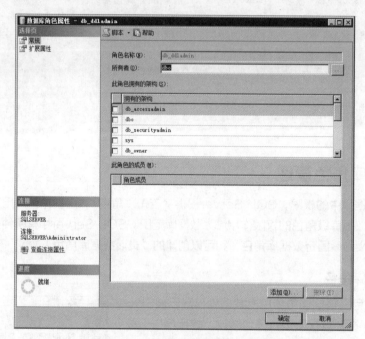

图14.21 "数据库角色属性"对话框

Step 02 单击"添加"按钮，弹出"选择数据库用户或角色"对话框，如图14.22所示。

Step 03 单击"浏览"按钮，弹出"查找对象"对话框，如图14.14所示。

Step 04 选中需要添加的对象。

Step 05 依次单击每个对话框中的"确定"按钮，关闭对话框。

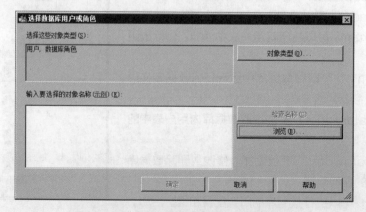

图14.22 "选择数据库用户或角色"对话框

也可以先选中数据库用户LoanUser1，单击鼠标右键，在弹出的快捷菜单中执行"属性"命令，打开"数据库用户"对话框，选择"选择页"区域的"成员身份"（图14.23），选择角色成员db_ddladmin，单击"确定"按钮即可。

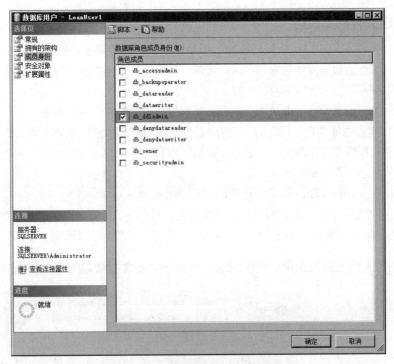

图14.23　"数据库用户"对话框

（2）使用Tractans-SQL语句为数据库角色添加成员

在SQL Server中管理数据库角色的存储过程主要有两个：sp_addrolemember和 sp_drop-rolemember。

sp_addrolemember 是将添加数据库用户到数据库角色内，使其成为该角色的成员。

其语法格式为：

```
sp_addrolemember [ @rolename = ] 'role',
        [ @membername = ] 'security_account'
```

sp_dropsrvrrolemember用来在某一数据库角色中删除用户，当该成员从数据库角色中被删除后，便不再具有该数据库角色所设置的权限。

其语法格式为：

```
sp_droprolemember [ @rolename = ] 'role',
        [ @membername = ] 'security_account'
```

⚠ 【例14.14】将用户添加到数据库角色中

将数据库用户 LoanUser1添加到Loan数据库的db_ddladmin数据库角色中。

```
USE Loan
```

```
GO
sp_addrolemember 'db_ddladmin', 'LoanUser1'
GO
```

2. 用户自定义数据库角色

当打算为某些数据库用户设置相同的权限，但是这些权限不等同于预定义的数据库角色所具有的权限时，就可以定义新的数据库角色来满足这一要求，从而使这些用户能够在数据库中实现某一特定功能。用户自定义数据库角色包含以下两种类型。

- 标准角色：为完成某项任务而将指定的具有某些权限和数据库用户的角色。
- 应用角色：与数据库角色不同的是，应用程序角色默认情况下不包含任何成员，而且是非活动的。首先将权限赋予应用角色，然后将逻辑加入到某一特定的应用程序中，从而激活应用角色而实现对应用程序存取数据的可控性。

（1）使用Management Studio创建用户自定义数据库角色

Step 01 展开要创建数据库节点，直到看到"数据库角色"节点，鼠标右键单击"数据库角色"，并执行"新建数据库角色"命令，弹出"数据库角色－新建"对话框，如图14.24所示。

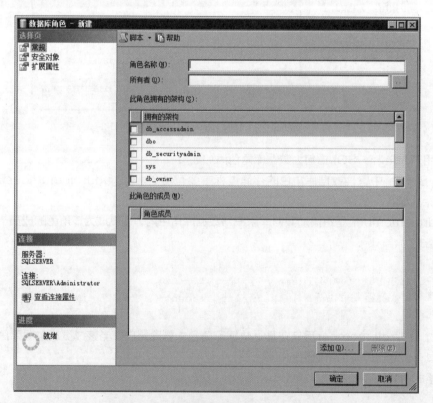

图14.24 "数据库角色－新建"对话框

Step 02 在"角色名称"文本框中填入角色名称，在"所有者"文本框中填入该角色的所有者。

Step 03 指定角色拥有的框架名称。单击"添加"按钮，添加角色成员，弹出"选择数据库用户或角色"对话框，如图14.22所示。

Step 04 输入用户（如果需要，单击"浏览"按钮），单击"确定"按钮，添加用户到角色。

Step 05 单击图14.24左侧"选择页"中的"安全对象"，如图14.25所示。在此可以设置角色访问数据库的资源。

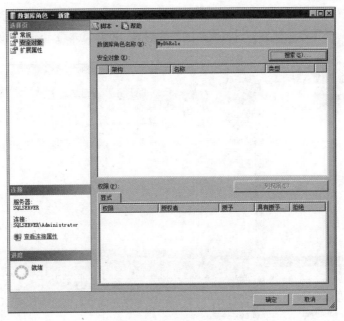

图14.25 安全对象

Step 06 单击"搜索"按钮,弹出"添加对象"对话框,如图14.26所示。

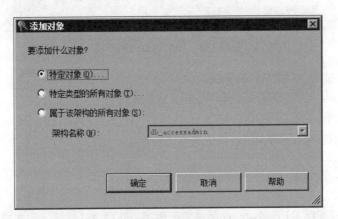

图14.26 添加对象

Step 07 选择对象类型,如选择"特定类型的所有对象",单击"确定"按钮,弹出"选择对象类型"对话框,如图14.27所示。

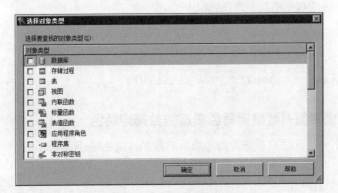

图14.27 选择对象类型

Step 08 选择需要设置权限的对象类型，如选择表，单击"确定"按钮，关闭对话框，则会显示所有表的权限设置，如图14.28所示。在其中设置具体的表的权限。针对具体表，还可以设计对应的列权限。

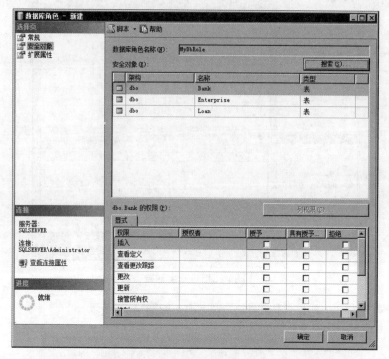

图14.28　安全对象权限设置

Step 09 单击"确定"按钮，完成角色的添加。

（2）使用Tractans-SQL语句创建用户自定义数据库角色

管理数据库角色的语句有CREATE ROLE、DROP ROLE、ALTER ROLE。

CREATE ROLE新建数据库角色，其语法格式为：

```
CREATE ROLE role_name [ AUTHORIZATION owner_name ]
```

其中AUTHORIZATION owner_name表示将拥有新角色的数据库用户或角色。如果未指定用户，则执行CREATE ROLE的用户将拥有该角色。

⚠ 【例14.15】 创建用户隶属的数据库角色

创建用户LoanUser2隶属的数据库角色MyRole2。

```
USE Loan
GO
CREATE ROLE MyRole2 AUTHORIZATION LoanUser2;
```

⚠ 【例14.16】 创建固有数据库角色隶属的数据库角色

创建db_securityadmin固有数据库角色隶属的数据库角色MyRole3。

```
USE Loan
```

```
GO
CREATE ROLE MyRole3 AUTHORIZATION db_securityadmin;
```

查看角色信息的存储过程有sp_helprolemember、sp_helprole。
sp_helprolemember返回某个角色的成员的信息。其语法格式为：

```
sp_helprolemember [ [ @rolename = ] 'role' ]
```

sp_helprole返回当前数据库中有关角色的信息。其语法格式为：

```
sp_helprole [ [ @rolename = ] 'role' ]
```

⚠ 【例14.17】显示db_ddladmin角色的成员

```
USE Loan
GO
EXEC sp_helprolemember 'db_ddladmin'
```

⚠ 【例14.18】返回当前数据库中的所有角色

```
USE Loan
GO
EXEC sp_helprole
```

14.5 权限管理

> 权限管理指将安全对象的权限授予、取消或禁止主体对安全对象的权限。SQL Server通过验证是否已获得适当的权限来控制对安全对象执行的操作。

14.5.1 权限的概念

权限是连接主体和安全对象的纽带。在SQL Server 2012中，权限分为权利与限制，分别对应GRANT语句和DENY语句。GRANT表示允许主体对于安全对象做某些操作，DENY表示不允许主体对某些安全对象做某些操作。还有一个REVOKE语句用于收回先前对主体GRANT或DENY的权限。

1. 主体

"主体"是可以请求SQL Server资源的实体。主体可以是个体、组或者进程。主体可以按照作用范围被分为三类，如表14.1所示。

表14.1　主体

主体	内　　容
Windows 级别的主体	Windows域登录名、Windows本地登录名
SQL Server 级别的主体	SQL Server登录名、服务器角色
数据库级别的主体	数据库用户、数据库角色、应用程序角色

2. 安全对象

安全对象是SQL Server 数据库引擎授权系统控制对其进行访问的资源。每个 SQL Server安全对象都有可以授予主体的关联权限，如表14.2所示。

表14.2　安全对象常用权限

安全对象	常用权限
数据库	端点、登录帐户、数据库
数据库	用户、角色、应用程序角色、程序集、消息类型、路由、服务、远程服务绑定、全文目录、证书、非对称密钥、对称密钥、约定、架构
架构	类型、XML 架构集合、对象
对象	聚合、约束、函数、过程、队列、统计信息、同义词、表、视图

3. 架构

架构是形成单个命名空间的数据库实体的集合。命名空间是一个集合，其中每个元素的名称都是唯一的。在SQL Server 2012中，架构独立于创建它们的数据库用户而存在。可以在不更改架构名称的情况下转让架构的所有权，这是与SQL Server 2000不同的地方。

完全限定的对象名称现在包含四部分server、database、schema、object。

SQL Server 2012还引入了"默认架构"的概念，用于解析未使用其完全限定名称引用的对象的名称。在SQL Server 2012中，每个用户都有一个默认架构，用于指定服务器在解析对象的名称时将要搜索的第一个架构。可以使用CREATE USER和ALTER USER的DEFAULT_SCHEMA选项设置和更改默认架构。如果未定义默认架构，则数据库用户将把DBO作为其默认架构。

⚠ **【例14.19】 创建用户并设置拥有的数据库角色**

下面代码创建了用户John，默认框架为Sales，并设置其拥有数据库db_ddladmin角色。

```
USE AdventureWorks
CREATE USER John FOR LOGIN John
WITH DEFAULT_SCHEMA = Sales;
EXEC sp_addrolemember 'db_ddladmin', 'John';
```

这样John所作的任何操作默认发生在Sales架构，所创建的对象默认属于Sales架构，所引用的对象默认在Sales架构。执行以下语句：

```
CREATE PROCEDURE usp_GetCustomers
AS
SELECT * FROM Customer
```

该存储过程创建Sales架构，其他用户引用它时需要写为Sales.usp_GetCustomers。

4. 权限

在SQL Server 2012中，主要安全对象的常用权限如表14.3所示。

表14.3 主要安全对象权限

安全对象	权 限
数据库	BACKUP DATABASE、BACKUP LOG、CREATE DATABASE、CREATE DEFAULT、CREATE FUNCTION、CREATE PROCEDURE、CREATE RULE、CREATE TABLE 和 CREATE VIEW
标量函数	EXECUTE 和 REFERENCES
表值函数、表、视图	DELETE、INSERT、REFERENCES、SELECT 和 UPDATE
存储过程	DELETE、EXECUTE、INSERT、SELECT 和 UPDATE

14.5.2 使用Management Studio管理权限

可从对象或主体两个方面管理对象权限，下面讲解如何通过对象来设置权限。

Step 01 选中Bank表，单击鼠标右键，在快捷菜单中执行"属性"命令，弹出"属性"对话框。

Step 02 单击左侧"选择页"中的"权限"，如图14.29所示，在此可以指定该对象的角色或用户的权限。

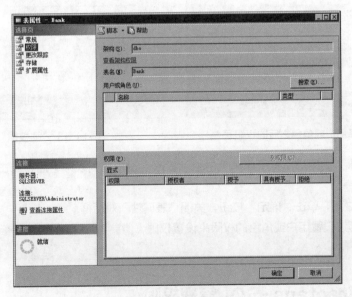

图14.29 权限设置

Step 03 单击"搜索"按钮，弹出"选择用户或角色"对话框，如图14.30所示。

Step 04 输入用户或角色名,或单击"浏览"按钮,选择需要添加授权的用户或角色,如图14.31所示。

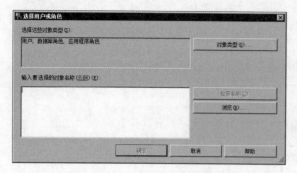

图14.30　选择用户或角色

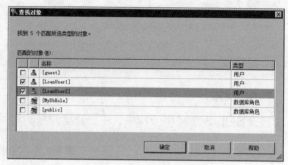

图14.31　查找对象

Step 05 单击"确定"按钮,关闭"查找对象"对话框,再关闭"选择用户或角色"对话框,回到表属性权限页中,如图14.32所示。

Step 06 选择需要设置权限的用户或角色。设置该用户对具体每个权限的授予、具有授予的权限、拒绝三种权限。如图14.32所示,设置用户LoanUser2对该表的插入权限,而拒绝了对表数据的删除权限。

Step 07 如果允许用户具有选择权限,则列权限可用,单击"列权限"按钮,弹出"列权限"对话框,如图14.33所示。

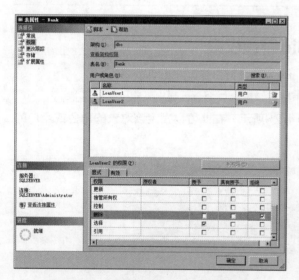

图14.32　选择用户或角色之后的权限页

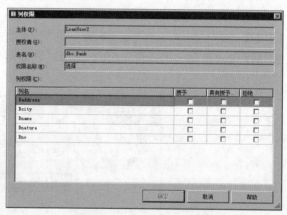

图14.33　"列权限"对话框

　　如果不进行设置,则用户从其所属角色中继承权限。设置完列权限之后,单击"确定"按钮关闭"列权限"对话框。

Step 08 设置完权限之后,单击"确定"按钮,关闭"表属性"对话框。

　　另一种方法是通过设置用户或角色的权限来设置权限,请参考14.4.2中"用户自定义数据库角色"的相关内容。

14.5.3 使用Tractans-SQL管理权限

　　在SQL Server中使用GRANT、REVOKE和DENY三种命令来管理权限。

（1）GRANT用来把权限授予某一用户，以允许该用户执行针对该对象的操作，如UPDATE、SELECT、DELETE、EXECUTE；或允许其运行某些语句，如CREATE、TABLE、CRETAE DATABASE。

其简化语法格式为：

```
GRANT { ALL [ PRIVILEGES ] }
      | permission [ ( column [ , ...n ] ) ] [ , ...n ]
            [ ON [ class :: ] securable ]
TO principal [ , ...n ]
    [ WITH GRANT OPTION ] [ AS principal ]
```

下面对各参数进行说明。

permission：权限的名称。

column：指定表中将授予其权限的列的名称。需要使用括号"()"。

securable：指定将授予其权限的安全对象。

TO principal：主体的名称。可为其授予安全对象权限的主体随安全对象而异。有关有效的组合，请参阅下面列出的子主题。

AS principal：指定一个主体，可将该权限授予别人。

⚠ 【例14.20】授予用户对数据库的权限

授予用户 LoanUser1对数据库的 CREATE TABLE 权限。

```
USE Loan
GO
GRANT CREATE TABLE TO  LoanUser1
```

⚠ 【例14.21】授予用户对数据库权限和为其他主体授予权利

授予用户LoanUser1对数据库的CREATE VIEW权限以及为其他主体授予CREATE VIEW的权利。

```
USE Loan
GO
GRANT CREATE VIEW TO LoanUser1
WITH GRANT OPTION
```

⚠ 【例14.22】授予用户LoanUser1对表Bank的SELECT权限

```
USE Loan
GO
GRANT SELECT ON Bank TO LoanUser1
```

（2）REVOKE：取消用户对某一对象或语句的权限，这些权限是经过GRANT语句授予的。其语法格式和GRANT一致。

⚠ 【例14.23】从主题中撤销对数据库的某个权限

从用户LoanUser1以及LoanUser1已授予CREATE VIEW权限的所有主体中撤销对数据库
CREATE VIEW权限。

```
USE Loan
GO
REVOKE CREATE VIEW FROM LoanUser1 CASCADE
```

⚠ 【例14.24】撤销用户的某个权限

撤销用户LoanUser1对表Bank的SELECT权限。

```
USE Loan
GO
REVOKE SELECT ON Bank FROM LoanUser1
```

（3）DENY用来禁止用户对某一对象或语句的权限，明确禁止其对某一用户对象，执行某些操作。
其语法格式和GRANT一致。

⚠ 【例14.25】拒绝用户的某权限

拒绝用户LoanUser1对数据库中表Bank的SELECT权限。

```
USE Loan
GO
DENY SELECT ON Bank TO LoanUser1
```

14.6 包含数据库

> 包含数据库是SQL Server 2012中引入的一个新特性。为什么会出现包含
> 数据库呢？

当前的（非包含）数据库存在的问题，如在数据库迁移或部署的过程中一些信息会丢失，当我们将
数据库从一个SQL Server实例迁移到另一个实例时，诸如登录、工作代理等信息将不能一起被迁移。
因为这些信息有特殊用途，自创建后就常驻SQL Server实例。在新的SQL Server实例上重新创建这
些任务将是一个耗时、易出错的过程。

包含数据库，保留了所有数据库里必要信息和对象，如表、函数、限制、架构、类型等。它也存
有所有数据库里的应用级对象，如登录、代理作业、系统设置、链接服务器信息等。它独立于SQL
Server实例，没有外部依赖关系，自带授权用户的自我包含机制。由于它独立于数据库实例，可以轻
松地从一台Server搬移到另一台，并且不需要做任何额外配置就可以立即使用它。

14.6.1 启用包含数据库

启用包含数据库的步骤如下：

Step 01 启动SQL Server Management Studio，在"对象资源管理器"中，要更改的服务器上鼠标右键单击，在快捷菜单中执行"属性"命令，弹出"服务器属性"对话框。

Step 02 单击左侧"选项页"中的"高级"项，如14.34所示，在图中修改"启用包含的数据库"属性值为True，然后单击"确定"按钮。

图14.34 "服务器属性"对话框

Step 03 将Loan数据库改为包含数据库。选中Loan数据库，单击鼠标右键，执行"属性"命令，在弹出的对话框中，选择"选项"页，将"包含类型"修改为"部分"，如图14.35所示。

Step 04 单击"确定"按钮。

图14.35 "数据库属性"对话框

14.6.2 创建包含的用户

1. 使用Management Studio创建用户

Step 01 在Management Studio对象资源管理器中，扩展指定的数据库节点，直到看到用户节点，如图14.3所示。

Step 02 鼠标右键单击用户子节点，在弹出的快捷菜单中执行"新建用户…"命令，弹出"数据库用户–新建"对话框，如图14.36所示。在"用户类型"下拉列表中选择"带密码的SQL用户"，在"用户名"文本框中输入用户名，然后输入两遍密码。

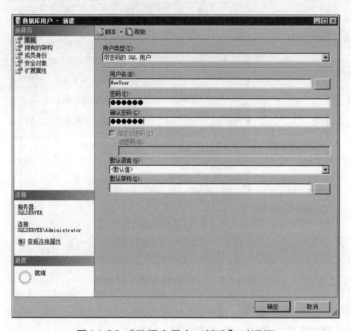

图14.36 "数据库用户–新建"对话框

Step 03 在"选择页"区域中选择"拥有的架构"，并勾选db_owner复选框，单击"确定"按钮完成创建。

2. 使用Tractans-SQL创建用户

使用Tractans-SQL创建用户的语法如下：

```
CREATE USER
    {
        windows_principal [ WITH <options_list> [ , ... ] ]
      | user_name WITH PASSWORD = 'password' [ , <options_list> [ , ... ]
    }
  [ ; ]
```

⚠️【例14.26】创建带密码的SQL用户

创建带密码的SQL用户NewUser，并指定默认架构为dbo。

```
USE Loan
```

```
GO
CREATE USER [NewUser]
WITH PASSWORD='123456',
DEFAULT_SCHEMA=[dbo]
GO
```

14.6.3 登录

创建带密码的SQL用户之后，就可以使用它来登录SQL Server。首先断开连接，再次连接，在图14.37中输入登录名和密码，切换至"连接属性"选项卡，如图14.38所示。

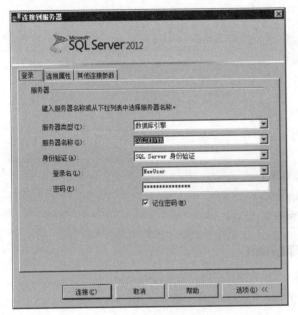

图14.37 "连接到服务器"对话框

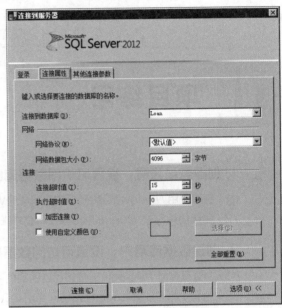

图14.38 指定连接的数据库

在图14.38中，选择"连接到数据库"为Loan，然后单击"连接"按钮，连接成功后的对象资源管理器如图14.39所示。

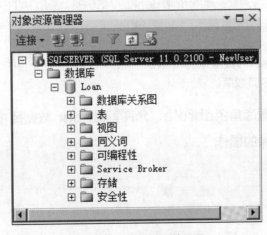

图14.39 对象资源管理器

本章小结

　　本章介绍了数据库安全性管理的基本知识，并详细阐述了身份验证、登录帐户、用户、角色、权限的图形界面和T-SQL操作。通过本章的学习，读者可以了解到数据库安全管理的重要性，掌握如何通过认证和授权来管理用户的权限，进而提供数据库的安全性。最后学习了SQL Server 2012的一个新特性——包含数据库，了解包含数据库的作用，掌握用户的创建及登录。

项目练习

1. 创建登录帐号，设置可访问数据库Loan

　　（1）创建使用Windows身份验证的登录帐号WinLogin。
　　（2）创建使用SQL Server身份验证的登录帐号SQLLogin。

2. 创建数据库用户，设置可访问数据库Loan

　　（1）为登录帐号WinLogin创建访问当前实例中Loan数据库的用户帐号WinUser。
　　（2）为登录帐号SQLLogin创建访问当前实例中Loan数据库的用户帐号SQLUser。

3. 权限设置

　　（1）授予用户WinUser可以在数据库Loan中创建视图和表。
　　（2）不允许用户SQLUser在数据库Loan中创建视图和表，但允许其他操作。
　　（3）授予用户WinUser对数据库Loan表Bank的INSERT、UPDATE权限。
　　（4）授予用户SQLUser对数据库Loan表Bank的INSERT权限；废除对表Bank的UPDATE权限。
　　（5）授予用户WinUser对数据库Loan表Bank的列Bno、Bname的SELECT，UPDATE权限，对Baddress的SELECT权限。

4. 创建自定义数据库角色dbrole，允许其对Loan数据库中的Bank表和Loan表的查询、更新和删除的操作

Part 4
项目实战

Chapter 15　进销存管理系统

Chapter

15

进销存管理系统

本章概述

　　随着企业的发展，生产规模越来越大，运营管理过程中就会出现各种各样的问题，给企业生产经营带来了很大的困扰。进销存管理系统是一个企业不可缺少的部分，进销存管理系统不仅可以帮助提高整个企业的工作效率，从某种意义上讲，还可以为企业的决策者提供决策支持信息，增强企业的核心竞争力。

　　本章将介绍一个进销存管理系统，该系统综合运用了本书各章节的知识和技术，包括数据库、数据表、SQL语句、视图、触发器、数据备份与恢复等。

重点知识

- 系统分析
- 系统设计
- 开发环境
- 数据库与数据表设计
- 创建项目

- 系统文件夹组织结构
- 公共类设计
- 系统登录模块设计
- 系统主窗体设计
- 进货单模块设计

- 销售单模块设计
- 库存盘点模块设计
- 运行项目
- 开发常见问题与解决

15.1 系统分析

> 　　要想设计一个符合要求的系统，前期的需求分析是非常重要的。需求分析在系统开发过程中有非常重要的地位，它的好坏直接关系到系统开发成本、系统开发周期及系统质量。它是系统设计的第一步，是整个系统开发成功的基础。详细周全的需求分析，可以减少系统开发中的错误，又可降低修复错误的费用，从而大大减少系统开发成本，缩短系统开发周期。需求分析的任务不是确定系统"怎样做"的工作，而仅仅是确定系统需要"做什么"的问题，也就是对目标系统提出完整、准确、清晰、具体的要求。需求分析的结果是系统开发的基础，关系到工程的成败和软件产品的质量。

15.1.1 需求描述

　　企业进销存管理系统的主要目的是实现企业进销存的信息化管理，主要的内容就是商品的采购、销售和入库。另外还需要提供统计查询功能，其中包括商品查询、供应商查询、客户查询、销售查询和入库查询等。

　　系统实施后，能够降低采购成本，合理控制库存，减少资金占用并提升企业市场竞争力，能够为企业节省大量人力资源，减少管理费用，从而间接为企业节约成本，提高企业效益。

　　进销存管理系统包括基础信息管理、进货管理、销售管理、库存管理、系统管理五大功能模块。

1. 基础信息管理模块

　　该模块用于管理进销存管理系统中的用户、客户、商品和供应商信息，其功能主要是对这些基础信息进行添加、修改和删除。

2. 进货管理模块

　　该模块是进销存管理系统中不可缺少的重要组成部分，它主要负责为系统记录进货单及其退货信息，相应的进货商品会添加到库存管理中。

3. 销售管理模块

　　该模块是进销存管理系统中最重要的组成部分，它主要负责为系统记录出货信息，相应的出货商品会从库存中减去。

4. 库存管理模块

　　该模块包括库存盘点和库存查询两个功能，主要用于统计汇总各类商品数量。

5. 系统管理模块

　　该模块主要包括数据库的备份和数据恢复两个功能。

15.1.2 用例图

下面将对本系统的用例图进行介绍。

1. 进销存系统用例图

下面以用户登录的用例描述。

（1）用例名称：用户登录。

（2）功能：验证用户的身份。

（3）简要说明：本用例的功能主要是用于确保用户在提供正确的验证信息之后，可以进一步使用本系统。

（4）事件流：

1）用户请求使用本系统。

2）系统显示用户登录信息输入界面。

3）用户输入登录名，密码并确认操作。

4）系统验证用户登录信息，如果登录信息验证没有通过，系统显示提醒信息，可以重新登录，如果验证通过，系统显示系统操作主界面。

（5）特殊需求：无。

（6）前置条件：请求使用本系统。

（7）后置条件：用户登录成功，可以使用系统提供的功能。

（8）附加说明：无。

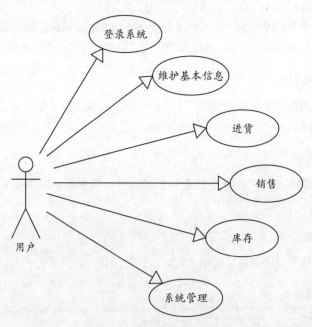

图15.1　进销存系统用例图

2. 基本信息维护用例图

下面以维护供应商信息的用例描述。

（1）用例名称：维护供应商数据。

（2）功能：用于维护公司的供应商资料。

（3）简要说明：本用例的功能主要是增加、删除、修改、查询公司供应商的信息。

（4）事件流：

1）用户请求维护供应商资料。

2）系统显示供应商资料。

3）根据用户的操作执行以下相应操作。

● 用户修改已经存在的供应商信息，系统执行修改供应商信息。

● 用户选择增加供应商信息操作，系统执行增加供应商信息。

● 用户选择删除供应商信息操作，系统执行删除供应商信息。

● 用户选择查询符合指定条件的供应商的信息，系统执行查询供应商。

4）用户要求保存操作结果。

5）系统保存用户操作结果。

6）用户要求结束供应商信息的维护。

7）系统结束供应商信息的显示。

（5）特殊需求：

1）输入供应商全称不能超过60个英文字符或30个汉字。

2）中文简称必须指定，输入不能超过10个中文字符。

3）输入负责人姓名不能超过30个英文字符或15个汉字。

（6）前置条件：

1）进入本系统的主界面。

2）拥有维护供应商信息资料的权限。

（7）后置条件：

系统保存修改过的供应商信息资料。

（8）附加说明：

1）操作的供应商资料应包括：供应商全称、供应商简称、联系人姓名、电话、传真、移动电话、供应商地址。

2）供应的交易记录应属于供应商的资料的部分内容，其中包括交易标志、交易单号、交易日期、总交易金额。

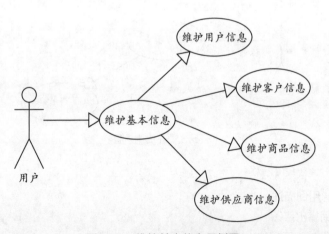

图15.2　维护基本信息用例图

3. 进货用例图

下面是进货入库的用例描述。

（1）用例名称：进货入库。

（2）功能：用于维护公司进货入库信息。

（3）简要说明：本用例的功能主要是增加、删除、修改、查询公司采购入库的信息。

（4）事件流：

1）用户请求维护公司采购入库单据资料。

2）系统显示公司采购入库单据信息。

3）根据用户的操作执行以下相应操作。

● 用户修改已经存在的采购入库单据，系统执行修改采购入库单据。

● 用户选择增加采购入库单据操作，系统执行增加采购入库单据。

● 用户选择删除采购入库单据操作，系统执行删除采购入库单据。

● 用户选择查询符合指定条件的采购入库单据，系统执行查询采购入库单据。

4）用户要求保存操作结果。

（5）特殊需求：

1）采购单单号必须指定，输入不能超过8位字符。

2）供应商编号可以不指定，如果指定那么该供应商信息必须在系统基本资料供应商资料中存在。

3）必须指定商品数量，商品数量只能输入数字和小数点。

（6）前置条件：

1）进入本系统的主界面。

2）拥有维护采购入库单据资料的权限。

（7）后置条件：

系统保存修改过的采购入库单据信息。

（8）附加说明：

被操作采购入库单内容包括：供应商编号，供应商名称，采购单单号，采购日期，总金额以及商品明细，其中商品明细包括商品编号，商品数量，单价及金额。

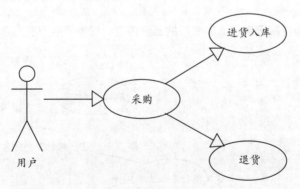

图15.3　进货用例图

4. 销售用例图

下面是销售出库的用例描述。

（1）用例名称：销售出库。

（2）功能：用于维护公司销售出库信息。

（3）简要说明：本用例的功能主要是增加、删除、修改、查询公司销售出库单据的信息。

（4）事件流：

1）用户请求维护公司销售出库单据资料。

2）系统显示公司销售出库单据资料。

3）根据用户的操作执行以下相应操作。

● 用户修改已经存在的销售出库单据，系统执行修改销售出库单据。

● 用户选择增加销售出库单据操作，系统执行增加销售出库单据。

● 用户选择删除销售出库单据操作，系统执行删除销售出库单据。

● 用户选择查询符合指定条件的销售出库单据，系统执行查询销售出库单据。

4）用户要求保存操作结果。

（5）特殊需求：

1）销售单单号必须指定，输入不能超过8位字符。

2）客户编号可以不指定，如果指定那么该客户信息必须在系统基本资料供应商资料中存在。

3）必须指定商品数量，商品数量只能输入数字和小数点。

（6）前置条件：

1）进入本系统的主界面。

2）拥有维护销售出库单据资料的权限。

（7）后置条件：

系统保存修改过的销售出库单据信息。

（8）附加说明：

被操作销售出库单据的内容包括：客户编号、客户名称、单号、销售日期、送货地址、业务员编号、总金额以及销售明细，每条销售明细数据包括商品编号，商品数量，单价及金额。

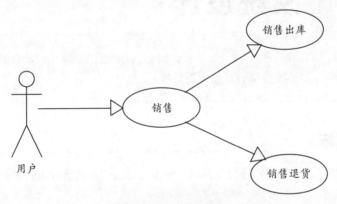

图15.4　销售用例图

5. 库存用例图

下面是库存盘点的用例描述。

（1）用例名称：库存盘点。

（2）功能：用于核对每种商品的库存信息。

（3）简要说明：本用例的功能主要是查询并核对商品的库存信息。

（4）事件流：

1）用户请求查询公司的商品的库存信息。

2）系统显示指定查询条件界面。

3）用户指定查询条件并确认操作。

4）系统显示符合查询条件的商品的库存信息。

5）用户要求结束库存商品的查询。

6）系统结束商品库存信息显示界面。

（5）特殊需求：无

（6）前置条件：

1）进入本系统的主界面。

2）拥有查询商品库存的权限。

（7）后置条件：用户获得想要的商品库存信息。

（8）附加说明：

查询到的数据库资料应有：库存编号，当前数量，商品名称，安全存量，最后进货日期，最后送货日期，建议购买价，建议销售价。

图15.5　库存用例图

15.2 系统设计

> 系统设计其实就是系统建立的过程。根据前期所作的需求分析的结果，对整个系统进行设计，如系统框架、数据库设计等。

15.2.1 系统目标

本系统是针对中小型企业的进销存管理系统，通过对企业的业务流程进行调查与分析。本系统应具备以下目标：

- 界面设计简洁、友好、美观大方。
- 操作简单、快捷方便。
- 数据存储安全、可靠。
- 信息分类清晰、准确。
- 强大的查询功能，保证数据查询的灵活性。
- 提供灵活、方便的权限设置功能，使整个系统的管理分工明确。
- 对用户输入的数据，系统进行严格的数据检验，尽可能排除人为的错误。

15.2.2 系统功能结构

利用层次图来表示系统中各模块之间的关系。层次方框图是用树形结构的一系列多层次的矩形框描绘数据的层次结构。树形结构的顶层是一个单独的矩形框，它代表完整的数据结构，下面的各层矩形框代表各个数据的子集，最底层的各个矩形框代表组成这个数据的实际数据元素。随着结构的精细化，层次方框图对数据结构也描绘得越来越详细。从对顶层信息的分类开始，沿着图中每条路径反复细化，直到确定了数据结构的全部细节为止。

进销存管理系统包括基础信息管理、进货管理、销售管理、库存管理、系统管理五大功能模块。
系统功能结构图如图15.6所示。

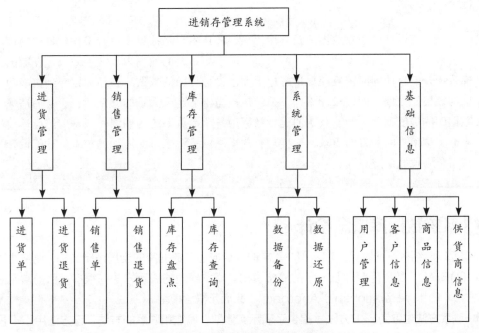

图15.6 进销存管理系统结构图

15.3 开发环境

" 本节将对该系统的开发环境进行详细介绍。"

15.3.1 硬件要求

- CPU：酷睿I5，主频3000MHz以上的处理器。
- 内存：4GB，推荐8GB。
- 硬盘：500GB以上，推荐1TB。
- 显示像素：最低1024*768，最佳效果1600*900。

15.3.2 软件要求

- 系统开发平台：Microsoft Visual Studio 2013。
- 系统开发语言：C#。
- 数据库：SQL Server 2012。
- 操作系统：Windows 7 / Windows 10。

15.4 数据库与数据表设计

> 数据库设计是建立数据库及其应用系统的技术，是信息系统开发和建设中的核心技术，数据库结构设计的好坏将直接影响应用系统的效率以及实现效果，在数据库系统开始设计的时候应该尽量考虑全面。设计合理的数据库往往可以起到事半功倍的效果。数据库如果设计不当，系统运行当中会产生大量的冗余数据，从而造成数据库的极度膨胀，影响系统的运行效率。甚至造成系统的崩溃。数据库的设计要充分了解用户的各方面需求，包括现有的需求以及将来可能添加的需求。才能设计出用户满意的系统。

15.4.1 系统数据库概念设计

在数据库概念结构设计阶段，它从用户需求的观点描述了数据库的全局逻辑结构，则产生独立于计算机硬件和DBMS（数据库管理系统）的概念模式。概念模型的表示方法有很多，目前常用的是用实体-联系方法（Entity Relationship Approach）来表示概念模型。

实体-联系方法也称为E-R方法，提供了表示实体型、属性和联系的方法，该方法用E-R图来描述现实世界的概念模型。E-R模型的"联系"用来描述现实世界中事物内部以及事物之间的关系。

用户信息表信息实体主要包括用户的姓名、帐号、密码和权限，其E-R图如图15.7所示。

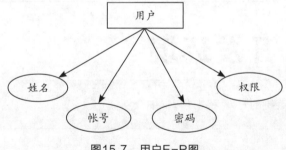

图15.7　用户E-R图

商品信息表信息实体主要包括商品编号、商品名称、简称、单位、规格、进货价、销售价、批准文号和备注，其E-R图如图15.8所示。

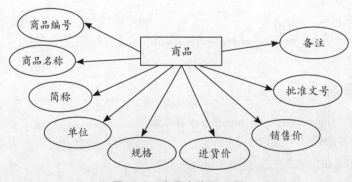

图15.8　商品实体E-R图

客户信息表信息实体主要包括客户编号、客户名称、客户简称、营业证编号、电话、传真、联系人、联系电话、电子邮箱、开户银行和银行帐号，其E-R图如图15.9所示。

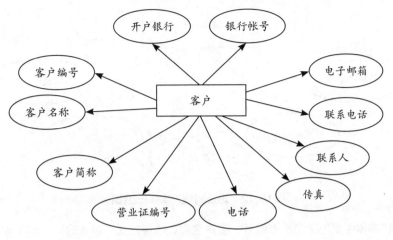

图15.9　客户实体E-R图

供应商信息表信息实体主要包括供应商编号、供应商名称、供应商简称、营业证编号、电话、传真、联系人、联系人电话、电子邮箱、开户银行和银行帐号，其E-R图如图15.10所示。

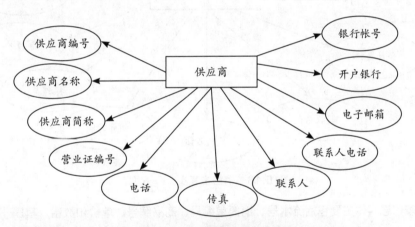

图15.10　供应商实体E-R图

进货主单信息实体主要包括入库编号、供应商名称、结算方式、入库时间、经手人、合计金额、验收结论和操作员，其E-R图如图15.11所示。

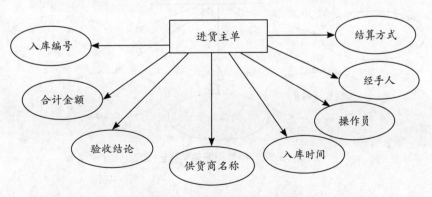

图15.11　进货主单实体E-R图

进货明细表信息实体主要包括明细流水号、入库编号、商品编号、单价和数量，其E-R图如图15.12所示。

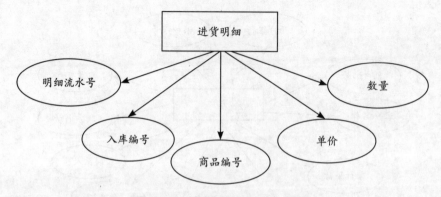

图15.12 进货明细表实体E-R图

销售主表信息实体主要包括销售单编号、客户名称、结算方式、销售时间、经手人、合计金额、验收结论和操作员，其E-R图如图15.13所示。

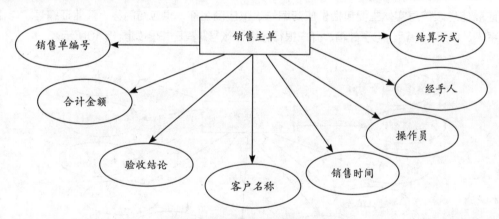

图15.13 销售主表实体E-R图

销售明细表信息实体主要包括流水号、销售单编号、商品编号、单价和数量，其E-R图如图15.14所示。

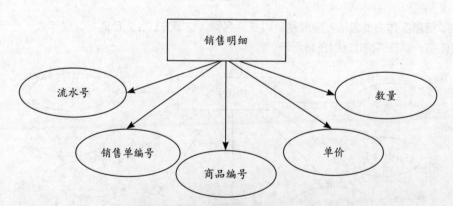

图15.14 销售明细表实体E-R图

15.4.2 系统数据库的物理设计

数据库物理设计包括选择存储结构，确定存取方法，选择存取路径，确定数据的存放位置。主要解决选择文件存储结构和确定文件存取方法的问题。在数据库中访问数据的路径主要表现为如何建立索引。如要直接定位到所要查找的记录，应采用索引方法存取方法（索引表）。顺序表只能从起点进去向后一个个地访问记录。数据库的物理实现取决于特定的DBMS，在规划存储结构时主要应考虑存取时间和存储空间，这两者通常是互相矛盾的，要根据实际情况决定。

根据用户信息、客户信息、销售订单信息，出库单信息，销售发票信息，库存信息，销售员信息，产品信息设计了各信息的数据表。

本系统设计了客户信息表（tb_khinfo）、供货商信息表（tb_gysinfo）、商品信息表（tb_spinfo）、商品入库表（tb_ruku_main）、商品入库明细表（tb_ruku_detail）、商品销售表（tb_sell_main）、商品销售明细表（tb_sell_detail）、用户信息表（tb_userlist）等10个数据表。下面给出其中几个最关键的数据表结构，如表15.1~表15.10所示。

表15.1　客户信息表（tb_khinfo）

字段名	数据类型	可否为空	长度	描述
id	字符型	NOT NULL	50	客户编号，主键
name	字符型	NOT NULL	50	客户名称
jc	字符型		20	公司简称
bianma	字符型		50	公司营业证编号
tel	字符型		50	电话
fax	字符型		50	传真
lian	字符型		50	联系人
ltel	字符型		50	联系人电话
email	字符型		50	E-mail
yinhang	字符型		50	开户行
hao	字符型		50	帐号

表15.2　供货商信息表（tb_gysinfo）

字段名	数据类型	可否为空	长度	描述
id	字符型	NOT NULL	50	供货商编号，主键
name	字符型	NOT NULL	50	供货商名称
jc	字符型		20	简称
bianma	字符型		50	公司营业证编号
tel	字符型		50	电话

（续表）

字段名	数据类型	可否为空	长度	描述
fax	字符型		50	传真
lian	字符型		50	联系人
ltel	字符型		50	联系人电话
email	字符型		50	E-mail
yinhang	字符型		50	开户行
hao	字符型		50	帐号

表15.3　商品信息表（tb_spinfo）

字段名	数据类型	可否为空	长度	描述
id	字符型	NOT NULL	50	商品编号，主键
spname	字符型	NOT NULL	50	商品名称
jc	字符型		20	简称
dw	字符型		20	计量单位
gg	字符型		20	规格
jhj	数字型		8,2	进货价
xsj	数字型		8,2	销售价
pzwh	字符型		50	批准文号
memo	字符型		100	备注

表15.4　商品入库表（tb_ruku_main）

字段名	数据类型	可否为空	长度	描述
rkid	字符型	NOT NULL	30	入库编号，主键
je	数字型	NOT NULL	10,2	合计金额
ysjl	字符型		100	验收结论
gysid	字符型	NOT NULL	50	供货商编号
rkdate	日期型	NOT NULL	50	入库时间
czy	字符型	NOT NULL	50	操作员
jsr	字符型	NOT NULL	30	经手人
jsfs	字符型	NOT NULL	10	结算方式

说明： 由于同一个入库单往往包含多个商品信息，为了减少数据冗余度，把入库信息拆开分别存入两个数据表，其中所有商品共有的信息存入入库表，单个商品信息存入商品入库明细表中。

表15.5 商品入库明细表（tb_ruku_detail）

字段名	数据类型	可否为空	长度	描述
id	数字型		4	流水号，主键
rkid	字符型	NOT NULL	30	入库编号，主键
spid	字符型		50	商品编号
dj	数字型		8,2	单价
sl	数字型		4	数量

表15.6 商品销售表（tb_sell_main）

字段名	数据类型	可否为空	长度	描述
sellid	字符型	NOT NULL	30	销售单编号，主键
je	数字型	NOT NULL	10,2	合计金额
ysjl	字符型		100	验收结论
khid	字符型	NOT NULL	50	客户编号
xsdate	日期型	NOT NULL	50	销售时间
czy	字符型	NOT NULL	50	操作员
jsr	字符型	NOT NULL	30	经手人
jsfs	字符型	NOT NULL	10	结算方式

说明： 由于同一个销售单往往包含多个商品信息，为了减少数据冗余度，把销售单信息拆开分别存入两个数据表，其中所有商品共有的信息存入销售表，单个商品信息存入销售明细表中。

表15.7 商品销售明细表（tb_ sell__detail）

字段名	数据类型	可否为空	长度	描述
id	数字型	NOT NULL	4	流水号，主键
sellid	字符型	NOT NULL	30	销售单编号，主键
spid	字符型		50	商品编号
dj	数字型		8,2	单价
sl	数字型		4	数量

表15.8 商品库存表（tb_kucun）

字段名	数据类型	可否为空	长度	描述
spid	字符型	NOT NULL	30	商品编号，主键
sl	整型			库存数量
dj	数字型		8,2	单价
xjj	数字型		10,2	新进价

表15.9 库存盘点表（tb_kucunpandian）

字段名	数据类型	可否为空	长度	描述
spid	字符型	NOT NULL	30	商品编号，主键
yysl	整型			应有数量
sysl	整型			实有数量
pddate	日期型			盘点日期
czy	字符型		20	操作员
jsr	字符型		20	经手人

表15.10 用户表（tb_ userlist）

字段名	数据类型	可否为空	长度	描述
name	字符型	NOT NULL	50	用户帐号，主键
username	字符型	NOT NULL	50	用户姓名
pass	字符型		30	密码
quan	字符型		12	权限

15.5 创建项目

> 数据库与数据表设计完成后，我们就可以开始项目的创建了。

使用Microsoft Visual Studio 2013创建项目的步骤如下：

Step 01 打开Visual Studio 2013，主界面如图15.15所示。

Step 02 执行"文件→新建→项目"命令，打开"新建项目"对话框，如图15.16所示。

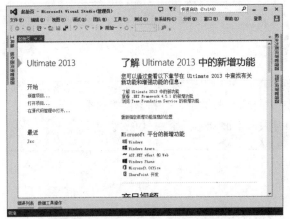

图15.15　Visual Studio主界面

图15.16　"新建项目"对话框

Step 03 选择Visual C#模板，然后选择"Windows窗体应用程序"，然后输入应用程序名称Jxc，选择存储位置后，单击"确定"按钮，即可完成项目的创建。

15.6　系统文件夹组织结构

> 每个项目都会有相应的文件夹组织结构，可以根据窗体数量决定。

如果项目中窗体数量很多，可以将所有的窗体及资源放在不同的文件夹中。如果项目中窗体不是很多，可以将图片、公共类或者程序资源文件放在相应的文件夹中，而窗体文件直接放在项目的根目录下。企业进销存管理系统就是按照后者的文件夹组织机构排列的，如图15.17所示。

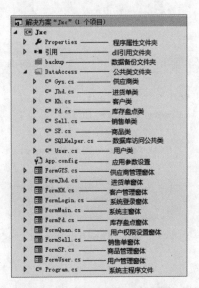

图15.17　项目文件夹组织结构

15.7 公共类设计

> 开发项目时，通过编写公共类可以减少重复代码的编号，有利于代码的重用和维护。本系统创建了8个公共类，由于篇幅有限，下面介绍几个主要的公共类。

15.7.1 SQLHelper类

SQLHelper类主要实现与数据库的连接，并提供了执行SQL语句的方法，而SQL语句的执行主要分为三类：

- 执行insert、delete和update语句，返回受影响的行数。
- 执行select语句，返回单值。
- 执行select语句，返回记录集。

SQLHelper类的关键代码如下：

```
class SQLHelper
{
    private static string GetConnectionString()
    {
      return "Data Source=.;Initial Catalog=db_jxc;Integrated Security=True";
    }

    //执行insert、delete和update语句，返回受影响的行数
    public static int ExecNonSQL(string ASql, params SqlParameter[] AParams)
    {
      using(SqlConnection Conn = new SqlConnection(GetConnectionString()))
      {
            try
            {
                Conn.Open();
                using(SqlCommand Cmd = Conn.CreateCommand())
                {
                    Cmd.CommandText = ASql;
                    if(AParams != null)
                    {
                        foreach(SqlParameter param in AParams)
                        {
                            Cmd.Parameters.Add(param);
                        }
                    }
                    return Cmd.ExecuteNonQuery();
                }
            }
            catch(Exception ex)
```

```
        {
                HandleException(ex);
        }
    }

    return -1;
}
//执行select语句，返回单值
public static string ExecOneSQL(string ASql, params SqlParameter[] AParams)
{
    using(SqlConnection Conn = new SqlConnection(GetConnectionString()))
    {
            try
            {
                    //Open异常捕获
                    Conn.Open();
                    using(SqlCommand Cmd = Conn.CreateCommand())
                    {
                            Cmd.CommandText = ASql;
                            if(AParams != null)
                            {
                                    foreach(SqlParameter param in AParams)
                                    {
                                            Cmd.Parameters.Add(param);
                                    }
                            }
                            return Cmd.ExecuteScalar().ToString();
                    }
            }
            catch(Exception ex)
            {
                    HandleException(ex);
            }
    }

    return "-1";
}
//执行select语句，返回记录集
public static DataSet ExecSQLByDataSet(string ASql, params SqlParameter[] AParams)
{
    using(SqlConnection Conn = new SqlConnection(GetConnectionString()))
    {
            try
            {
                    Conn.Open();
                    using(SqlCommand Cmd = Conn.CreateCommand())
                    {
                            Cmd.CommandText = ASql;
                            if(AParams != null)
```

```
                            {
                                foreach(SqlParameter param in AParams)
                                {
                                        Cmd.Parameters.Add(param);
                                }
                            }

                            SqlDataAdapter Adapter = new SqlDataAdapter(Cmd);
                            DataSet Result = new DataSet();
                            Adapter.Fill(Result,"table");
                            return Result;
                    }
            }
            catch(Exception ex)
            {
                    HandleException(ex);
            }
        }
        return null;
    }
}
```

15.7.2 User类

User类主要用于对用户表进行增删改查功能，并提供用户的登录验证。关键代码如下：

```
class User
{
    //登录验证
    public bool userLogin(string username, string password)
    {
      string cmd = "select count(*) from tb_userlist where username='" + username +
            "' and pass='" + password + "'";

      int ret = int.Parse(SQLHelper.ExecOneSQL(cmd, null));
      if(0 < ret)
      {
            return true;
      }
      return false;
    }
    //根据用户名，获取用户权限
    public static String getUserQuan(string username)
    {
      string cmd = "select quan from tb_userlist where username='" + username + "'";
      return SQLHelper.ExecOneSQL(cmd, null);
    }
    //获取所有用户数据
    public DataSet getAllUsers()
```

```
    {
      string cmd = "select * from tb_userlist";
      DataSet ds = SQLHelper.ExecSQLByDataSet(cmd, null);
      return ds;
    }
    //根据用户名进行数据库查询
    public DataSet getUsersByName(string username)
    {
      string cmd = "select * from tb_userlist where username like '%"+username+"%'";
      DataSet ds = SQLHelper.ExecSQLByDataSet(cmd, null);
      return ds;
    }
    //删除指定用户
    public bool deleteUser(string userid)
    {
      string cmd = "delete from tb_userlist where id=@id";
      SqlParameter[] paras = new SqlParameter[]{new SqlParameter("id",userid)};
      int ret = SQLHelper.ExecNonSQL(cmd, paras);
      if(ret > 0) return true;
      return false;
    }
    //添加新用户
    public bool addUser(string userid,string name,string pass,string state)
    {
      string cmd = "insert into tb_userlist values(@id,@name,@pass,@state)";
      SqlParameter[] paras = new SqlParameter[] {
              new SqlParameter("id", userid),
              new SqlParameter("name", name),
              new SqlParameter("pass", pass),
              new SqlParameter("state", state)
      };
      int ret = SQLHelper.ExecNonSQL(cmd, paras);
      if(ret > 0) return true;
      return false;
    }
    //更新用户信息
    public bool updateUser(string userid, string name, string pass, string state)
    {
      string cmd = "update tb_userlist set username=@name,pass=@pass,quan=@state
where id=@id";
      SqlParameter[] paras = new SqlParameter[] {
              new SqlParameter("id", userid),
              new SqlParameter("name", name),
              new SqlParameter("pass", pass),
              new SqlParameter("state", state)
      };
      int ret = SQLHelper.ExecNonSQL(cmd, paras);
      if(ret > 0) return true;
      return false;
    }
  }
```

15.7.3 Jhd类

Jhd类主要提供了进货单号的生成和进货单的保存两个方法，关键代码如下：

```
class Jhd
{
    //生成新的入库单号，"RK"+当前日期（如："20170420"）+三位的单号
    public string getRuKuId()
    {
        string rkid = "RK";

        string strdate = DateTime.Now.ToString("yyyyMMdd");
        rkid += strdate;

        string cmd = "select max(rkid) from tb_ruku_main where rkid like '"+
                rkid+"%'";
        string ret = SQLHelper.ExecOneSQL(cmd, null);
        if(ret == "")//如果不存在，即为第一单
        {
                rkid += "001";
        }
        else    //否则，最大单号加1
        {
                int num = int.Parse(ret.Substring(10));
                num++;
                rkid+=num.ToString().PadLeft(3, '0');
        }
        return rkid;
    }
    //获取进货单明细的记录集，用来填充DataGridView
    public DataSet getAllDetail(string rkid)
    {
        string cmd = "select * from View_ruku where rkid='"+rkid+"'";
        DataSet ds = SQLHelper.ExecSQLByDataSet(cmd, null);
        return ds;
    }
    //添加新的进货单
    public bool addJhd(string id,string je,string ysjl,string gysid,string rkdate,
        string czy,string jsr,string jsfs,DataTable table)
    {
        string cmd = "insert into tb_ruku_main values(@id,@je,@ysjl,@gysid," +
                "@rkdate,@czy,@jsr,@jsfs)";
        SqlParameter[] paras = new SqlParameter[] {
                new SqlParameter("id", id),
                new SqlParameter("je", je),
                new SqlParameter("ysjl", ysjl),
                new SqlParameter("gysid", gysid),
                new SqlParameter("rkdate", rkdate),
                new SqlParameter("czy", czy),
```

```
            new SqlParameter("jsr", jsr),
            new SqlParameter("jsfs", jsfs)
    };
    int ret = SQLHelper.ExecNonSQL(cmd, paras);
    if(ret > 0)
    {//保存进货单明细数据
        for(int i = 0; i < table.Rows.Count; i++)
        {
            DataRow r = table.Rows[i];
            cmd = "insert into tb_ruku_detail values(@id,@rkid,@spid,@
dj,@sl)";
            SqlParameter[] paras1 = new SqlParameter[] {
                new SqlParameter("id", r[0].ToString()),
                new SqlParameter("rkid", r[1].ToString()),
                new SqlParameter("spid", r[2].ToString()),
                new SqlParameter("dj", r[6].ToString()),
                new SqlParameter("sl", r[7].ToString())
            };
            SQLHelper.ExecNonSQL(cmd, paras1);
        }
        return true;
    }
    return false;
}
```

15.8 系统登录模块设计

运行进销存管理系统，首先打开的是登录窗口，如图15.18所示。

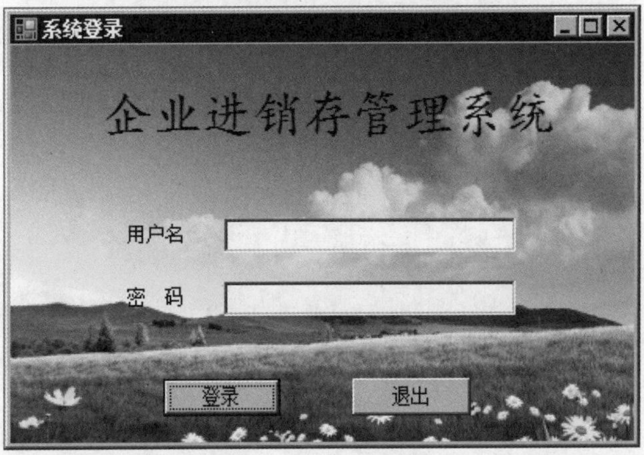

图15.18　登录窗口

15.8.1 设计登录窗体

新建一个Windows窗体，命名为FormLogin.cs，主要用于实现系统的登录功能。该窗体用到的主要控件如表15.11所示。

表15.11 系统登录窗体用到的主要控件

控件类型	控件ID	主要属性	值	用途
TextBox	tb_username	无		输入用户名
	tb_pwd	PasswordChar	*	输入密码
Button	btnLogin	Text	登录	登录
	btnExit	Text	退出	退出

15.8.2 "密码"文本框的回车事件

用户在输入密码后，直接按下Enter键，执行"登录"按钮的单击事件。关键代码如下：

```
private void tb_pwd_KeyDown(object sender, KeyEventArgs e)
{
    if(e.KeyCode == Keys.Enter)
    {
        //在TextBox按Enter键就执行button1的单击事件
        btnLogin_Click(btnLogin, null);
    }
}
```

15.8.3 "登录"按钮的事件处理

当输入用户名和密码后，单击"登录"按钮，将会查询数据库，验证用户名和密码是否正确，登录窗口的事件处理代码如下：

```
private void btnLogin_Click(object sender, EventArgs e)
{
    User user = new User();
    if(tb_username.Text == "")
    {
        MessageBox.Show("用户名不能为空！");
        return;
    }
    if(tb_pwd.Text == "")
    {
        MessageBox.Show("密码不能为空！");
        return;
    }
```

```
if(user.userLogin(tb_username.Text.Trim(), tb_pwd.Text.Trim()))
{
    strUserName = tb_username.Text.Trim();
    FormMain main = new FormMain();
    main.Show();
    this.Hide();
}
else
{
    MessageBox.Show("登录失败,用户名或者密码错误! ");
}
}
```

15.9　系统主窗体设计

主窗体界面也是该系统的欢迎界面。应用程序的主窗体必须设计层次清晰的系统菜单,其中系统菜单包含系统中所有功能的菜单项。主窗体的运行结果如图15.19所示。

图15.19　系统主窗体运行效果

15.9.1　设计菜单栏

新建一个Windows窗体,命名为FormMain.cs,主要用于打开系统的其他功能窗体。在窗体中添加一个MenuStrip控件,用于设置上方的主菜单,主菜单及子菜单的设置如表15.12所示。

表15.12　主菜单属性设置

菜单名称	子菜单	主要属性	值	用途
基本信息	用户管理	Text	用户管理	打开"用户管理"窗体

菜单名称	子菜单	主要属性	值	用途
基本信息	商品管理	Text	商品管理	打开"商品管理"窗体
	供应商管理	Text	供应商管理	打开"供应商管理"窗体
	客户管理	Text	客户管理	打开"客户管理"窗体
进货管理	进货单	Text	进货单	打开"进货单"窗体
	进货退货单	Text	进货退货单	打开"进货退货单"窗体
销售管理	销售单	Text	销售单	打开"销售单"窗体
	销售退货单	Text	销售退货单	打开"销售退货单"窗体
库存管理	库存盘点	Text	库存盘点	打开"库存盘点"窗体
	库存查询	Text	库存查询	打开"库存查询"窗体
系统管理	数据备份	Text	数据备份	备份数据库
	数据还原	Text	数据还原	还原数据库

15.9.2 子菜单事件处理

（1）打开窗体的代码基本相同，下面以子菜单"用户管理"为例来说明。双击子菜单"用户管理"，打开代码窗口，关键代码如下：

```
private void 用户管理ToolStripMenuItem_Click(object sender, EventArgs e)
{
    FormUser frmUser = new FormUser();
    frmUser.Show();
}
```

（2）子菜单"数据备份"，用来备份数据库，关键代码如下：

```
private void 数据备份ToolStripMenuItem_Click(object sender, EventArgs e)
{
    try
    {
    string strBac1 = "backup database db_jxc to disk='" + Application.StartupPath +
            "\\backup\\JxcBackup.bak'";
    int ret = SQLHelper.ExecNonSQL(strBac1, null);
    if(ret != 0)
    {
            MessageBox.Show("数据备份成功！", "提示", MessageBoxButtons.OK,
MessageBoxIcon.Information);

    }
```

```
        else
        {
                MessageBox.Show("数据备份失败！", "提示", MessageBoxButtons.OK,
MessageBoxIcon.Information);
        }
    }
    catch(Exception ee)
    {
      MessageBox.Show(ee.Message.ToString());
    }
}
```

（3）子菜单"数据还原"，用来还原数据库，为避免还原失败，杀掉所有连接 db_jxc 数据库的进程。关键代码如下：

```
private void 数据还原ToolStripMenuItem_Click(object sender, EventArgs e)
{

    string DateStr = "Data Source=.;Database=master;Integrated Security=
True";
    SqlConnection conn = new SqlConnection(DateStr);
    conn.Open();

    //为避免还原失败，杀掉所有连接 db_jxc 数据库的进程--------
    string strSQL = "select spid from master..sysprocesses where dbid=db_id('db_jxc')";
    SqlDataAdapter Da = new SqlDataAdapter(strSQL, conn);

    DataTable spidTable = new DataTable();
    Da.Fill(spidTable);

    SqlCommand Cmd = new SqlCommand();
    Cmd.CommandType = CommandType.Text;
    Cmd.Connection = conn;

    for(int iRow = 0; iRow <= spidTable.Rows.Count - 1; iRow++)
    {
      Cmd.CommandText = "kill " + spidTable.Rows[iRow][0].ToString();
      Cmd.ExecuteNonQuery();
    }
    conn.Close();
    conn.Dispose();
    //----------------------------------------------------------------

    string strBacl = "backup log db_jxc to disk='" + Application.StartupPath +
            "\\backup\\JxcBackup.trn' restore database db_jxc from disk='" +
Application.StartupPath +"\\backup\\JxcBackup.bak'";
    int ret = SQLHelper.ExecNonSQL(strBacl, _null);
```

```
        MessageBox.Show("数据还原成功! ", "提示", MessageBoxButtons.OK,
    MessageBoxIcon.Information);
        MessageBox.Show("为了必免数据丢失，在数据库还原后将关闭整个系统。");
        Application.Exit();
    }
```

15.9.3 权限管理

在"用户"表中包含了"权限"列，用来控制每个子菜单是否可用，可用使用1表示可用，0表示不可用，一共12个子菜单，只需在"权限"列设置长度为12的字符串即可。

在主窗体的Load方法中，根据登录的用户，读取权限字符串，然后依次设置每个子菜单是否可用。关键代码如下：

```
private void FormMain_Load(object sender, EventArgs e)
{
    string username = FormLogin.strUserName;
    if(username == "admin") return;
    string strQuan = User.getUserQuan(username);
    for(int i = 0; i < strQuan.Length; i++)
    {
        string ss = strQuan.Substring(i, 1);
        if(ss == "0")
        {
            switch(i)
            {
                case 0:
                        用户管理ToolStripMenuItem.Enabled = false;
                        break;
                case 1:
                        商品管理ToolStripMenuItem.Enabled = false;
                        break;
                case 2:
                        供应商管理ToolStripMenuItem.Enabled = false;
                        break;
                case 3:
                        客户管理ToolStripMenuItem.Enabled = false;
                        break;
                case 4:
                        进货单ToolStripMenuItem.Enabled = false;
                        break;
                case 5:
                        进货退货单ToolStripMenuItem.Enabled = false;
                        break;
                case 6:
                        销售单ToolStripMenuItem.Enabled = false;
                        break;
                case 7:
```

```
                                销售退货单ToolStripMenuItem.Enabled = false;
                                break;
                    case 8:
                                库存盘点ToolStripMenuItem.Enabled = false;
                                break;
                    case 9:
                                库存查询ToolStripMenuItem.Enabled = false;
                                break;
                    case 10:
                                数据备份ToolStripMenuItem.Enabled = false;
                                break;
                    case 11:
                                数据还原ToolStripMenuItem.Enabled = false;
                                break;
                }
            }
        }
    }
```

15.10 进货单模块设计

进货单功能主要负责记录企业的商品进货信息，可以单击"新单"按钮，在商品表中添加进货的商品信息。进货单的程序界面如图15.20所示。

图15.20　进货单添加界面

15.10.1 设计进货单窗体

新建一个Windows窗体，命名为FormJhd.cs，主要用于实现商品的入库功能。该窗体用到的主要控件如表15.13所示。

表15.13 进货单窗体用到的主要控件

控件类型	控件ID	主要属性	值	用途
TextBox	tb_Id	无		显示进货单编号
	tb_Gys	无		显示供应商名称
	tb_rkdate	无		显示当前日期
	tb_jsfs	无		输入结算方式
	tb_jsr	无		输入经手人
	tb_czy	无		显示当前登录用户
	tb_je	无		显示进货商品的总金额
	tb_ysjl	无		输入验收结论
DataGridView	dataGridView1	无		进货商品信息
Button	btnNew	Text	新单	添加进货单
	btnSave	Text	保存	保存

15.10.2 添加进货商品

（1）在窗体加载时，自动生成新的进货单编号，并初始化dataGridView1。关键代码如下：

```
private void FormJhd_Load(object sender, EventArgs e)
{
    DataSet ds = jhd.getAllDetail("");
    table = ds.Tables[0];
    dataGridView1.DataSource = table;
    dataGridView1.Columns[0].HeaderText = "编号";
    dataGridView1.Columns[1].HeaderText = "进货单编号";
    dataGridView1.Columns[2].HeaderText = "商品编号";
    dataGridView1.Columns[3].HeaderText = "商品名称";
    dataGridView1.Columns[4].HeaderText = "单位";
    dataGridView1.Columns[5].HeaderText = "规格";
    dataGridView1.Columns[6].HeaderText = "单价";
    dataGridView1.Columns[7].HeaderText = "数量";
    tb_Id.Text=jhd.getRuKuId();
    tb_rkdate.Text = DateTime.Now.ToString("yyyy-MM-dd");
    tb_czy.Text = FormLogin.strUserName;
}
```

（2）当用户单击供应商右侧的编辑框时，将弹出"供应商管理"窗口（图15.21），供选择或者查询供应商。

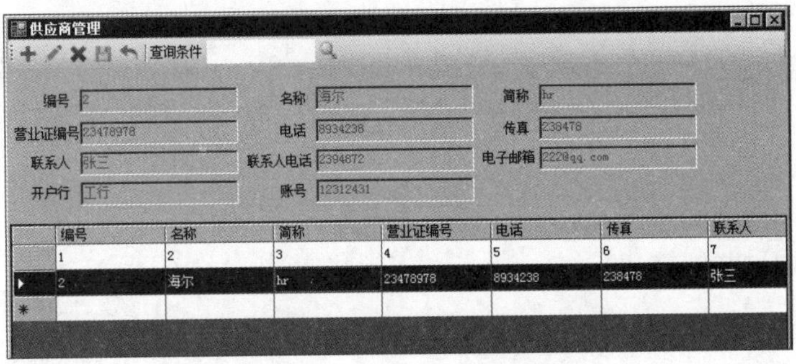

图15.21 "供应商管理"窗口

关键代码如下:

```
private void tb_Gys_Click(object sender, EventArgs e)
{
    FormGYS gys = new FormGYS();
    gys.ShowDialog();
    tb_Gys.Text = FormGYS.gysname;
    gysid = FormGYS.gysid;
}
```

（3）当dataGridView1的行获取焦点时，自动填写编号和进货单编号，关键代码如下:

```
private void dataGridView1_RowEnter(object sender, DataGridViewCellEventArgs e)
{
    if(e.RowIndex<0)return;
    if(Convert.ToString(dataGridView1.Rows[e.RowIndex].Cells[0].Value) == "")
    {
        dataGridView1.Rows[e.RowIndex].Cells[0].Value = e.RowIndex + 1;
        dataGridView1.Rows[e.RowIndex].Cells[1].Value = tb_Id.Text;
    }
}
```

双击"商品编号"单元格，打开"商品管理"窗口（图15.22），让用户来选择或者查询商品，然后自动填写商品的相关信息。

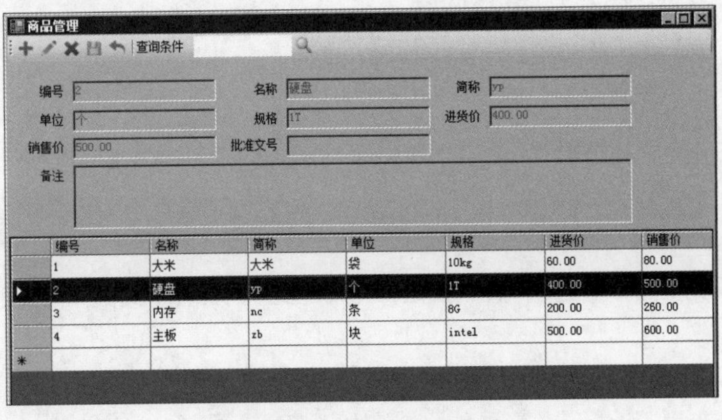

图15.22 "商品管理"窗口

关键代码如下：

```
private void dataGridView1_CellDoubleClick(object sender, DataGridViewCell
EventArgs e)
{
    if(e.RowIndex < 0) return;
    if(e.ColumnIndex == 2)
    {
        FormSP sp = new FormSP();
        sp.ShowDialog();
        dataGridView1.Rows[e.RowIndex].Cells[2].Value = FormSP.spid;
        dataGridView1.Rows[e.RowIndex].Cells[3].Value = FormSP.name;
        dataGridView1.Rows[e.RowIndex].Cells[4].Value = FormSP.dw;
        dataGridView1.Rows[e.RowIndex].Cells[5].Value = FormSP.gg;
        dataGridView1.Rows[e.RowIndex].Cells[6].Selected = true;
        this.dataGridView1.BeginEdit(true);
    }
}
```

当用户输入或者修改商品的进货价和数量后，需要计算进货单的总金额，关键代码如下：

```
private void dataGridView1_CellValueChanged(object sender, DataGridViewCell
EventArgs e)
{
    if(e.RowIndex < 0) return;
    if(e.ColumnIndex == 6 || e.ColumnIndex == 7)
    {
        count = 0;
        for(int i = 0; i < dataGridView1.Rows.Count; i++)
        {
            if(dataGridView1.Rows[i].Cells[6].Value == null ||
                    dataGridView1.Rows[i].Cells[7].Value == null) continue;
            string str1 = dataGridView1.Rows[i].Cells[6].Value.ToString();
            if(str1 == "") continue;
            decimal dj = decimal.Parse(str1);
            string str = dataGridView1.Rows[i].Cells[7].Value.ToString();
            if(str == "") continue;
            decimal sl = decimal.Parse(str);
            count = count + dj * sl;
        }
        tb_je.Text = count+"";
    }
}
```

（4）进货单填写完毕后，单击"保存"按钮，完成进货单的保存。关键代码如下：

```
private void btnSave_Click(object sender, EventArgs e)
{
```

```
    bool ret =jhd.addJhd(tb_Id.Text, tb_je.Text, tb_ysjl.Text,gysid, tb_rkdate.
Text, tb_czy.Text,
    tb_jsr.Text, tb_jsfs.Text, table);
    if(ret)
    {
     if(DialogResult.OK==MessageBox.Show("保存成功！是否继续添加？", "提示",
MessageBoxButtons.OKCancel))
     {
            table.Rows.Clear();
            tb_Id.Text = jhd.getRuKuId();
            tb_rkdate.Text = DateTime.Now.ToString("yyyy-MM-dd");

            tb_czy.Text = FormLogin.strUserName;
            czy = FormLogin.strUserName;
            tb_je.Text = "0";
     }
    }
}
```

15.10.3 商品入库

在上一节中，只是把进货单数据保存到进货单和进货单明细表中，还没有修改库存表，可以使用 SQL Server的触发器来完成这个功能。思路如下：

（1）如果库存表中不存在这个商品，则直接插入数据。

（2）否则，需要修改库存商品数量。但是这里面存在一个问题，如果两次采购的同一商品可能会价格不同，一个通用的做法就是计算商品的均价。

均价=（库存数量*现价+采购价格*采购数量）/（库存数量+采购数量）

这样，更新库存商品数量、单价和新进价即可。

```
    create trigger after_ruku_insert
    on tb_ruku_detail
    after insert
    as
     if(select count(*) from tb_kucun, inserted where tb_kucun.spid = inserted.
spid)=0
    begin
    insert into tb_kucun
        select spid,sl,dj,dj from inserted
    end
     else
     begin
       declare @ydj numeric(8,2)   --原单价
       declare @ysl int            --库存数量
       declare @xdj numeric(8,2)   --新单价
       declare @xsl int            --入库数量
       declare @spid varchar(50)   --商品编号
       declare @dj numeric(8,2)
```

```
                 --计算新单价=(@ydj*@ysl+@xdj*@xsl)/(@ysl+@xsl)

        select @spid=spid,@xdj=dj,@xsl=sl
        from inserted

        select @ydj=dj,@ysl=sl
        from tb_kucun
        where spid=@spid

        set @dj=(@ydj*@ysl+@xdj*@xsl)/(@ysl+@xsl)

        update tb_kucun
        set sl=sl+@xsl,dj=@dj,xjj=@xdj
        where spid=@spid
    end
```

15.11 销售单模块设计

销售单模块功能主要负责记录企业的商品销售信息，可以单击"新单"按钮，在商品表中添加销售的商品信息。销售单的程序界面如图15.23所示。

图15.23 "销售单"窗口

15.11.1 设计销售单窗体

新建一个Windows窗体，命名为FormSell.cs，主要用于实现商品的销售出库功能。该窗体用到的主要控件如表15.14所示。

表15.14 销售单窗体用到的主要控件

控件类型	控件ID	主要属性	值	用途
TextBox	tb_Id	无		显示销售单编号
	tb_kh	无		显示客户名称
	tb_xsdate	无		显示当前日期
	tb_jsfs	无		输入结算方式
	tb_jsr	无		输入经手人
	tb_czy	无		显示当前登录用户
	tb_je	无		显示销售商品的总金额
	tb_ysjl	无		输入验收结论
DataGridView	dataGridView1	无		销售商品信息
Button	btnNew	Text	新单	添加销售单
	btnSave	Text	保存	保存

15.11.2 添加销售商品

（1）在窗体加载时，自动生成新的销售出库单编号，并初始化dataGridView1。关键代码如下：

```
private void FormSell_Load(object sender, EventArgs e)
{
    DataSet ds = sell.getAllDetail("");
    table = ds.Tables[0];
    dataGridView1.DataSource = table;
    dataGridView1.Columns[0].HeaderText = "编号";
    dataGridView1.Columns[1].HeaderText = "销售单编号";
    dataGridView1.Columns[2].HeaderText = "商品编号";
    dataGridView1.Columns[3].HeaderText = "商品名称";
    dataGridView1.Columns[4].HeaderText = "单位";
    dataGridView1.Columns[5].HeaderText = "规格";
    dataGridView1.Columns[6].HeaderText = "单价";
    dataGridView1.Columns[7].HeaderText = "数量";
    tb_Id.Text=sell.getSellId();
    tb_xsdate.Text = DateTime.Now.ToString("yyyy-MM-dd");
    tb_czy.Text = FormLogin.strUserName;
}
```

（2）当用户单击客户右侧的编辑框时，将弹出"客户管理"窗口（图15.24），供选择或者查询客户。关键代码如下：

```
private void tb_kh_Click(object sender, EventArgs e)
{
    FormKH kh = new FormKH();
    kh.ShowDialog();
    tb_kh.Text = FormKH.khname;
    khid = FormKH.gysid;
}
```

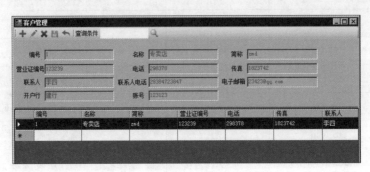

图15.24 "客户管理"窗口

（3）当dataGridView1的行获取焦点时，自动填写编号和销售单编号，关键代码如下：

```
private void dataGridView1_RowEnter(object sender, DataGridViewCellEventArgs e)
{
    if(e.RowIndex<0)return;
    if(Convert.ToString(dataGridView1.Rows[e.RowIndex].Cells[0].Value) == "")
    {
        dataGridView1.Rows[e.RowIndex].Cells[0].Value = e.RowIndex + 1;
        dataGridView1.Rows[e.RowIndex].Cells[1].Value = tb_Id.Text;
    }
}
```

商品的选择和销售总金额的计算方法，和进货单窗体中的代码相似，在此就不再列出。
（4）进货单填写完毕后，单击"保存"按钮，完成进货单的保存。关键代码如下：

```
private void btnSave_Click(object sender, EventArgs e)
{
    bool ret =sell.addSell(tb_Id.Text, tb_je.Text, tb_ysjl.Text,khid, tb_xsdate.
Text, tb_czy.Text,tb_jsr.Text, tb_jsfs.Text, table);
    if(ret)
    {
        if(DialogResult.OK==MessageBox.Show("保存成功! 是否继续添加? ", "提示",
    MessageBoxButtons.OKCancel))
        {
            table.Rows.Clear();
            tb_Id.Text = sell.getSellId();
            tb_xsdate.Text = DateTime.Now.ToString("yyyy-MM-dd");

            tb_czy.Text = FormLogin.strUserName;
```

```
                tb_je.Text = "0";
        }
    }
}
```

15.11.3 商品出库

在上一节中，只是把销售单数据保存到销售单和销售单明细表中，还没有修改库存表，可以使用SQL Server的触发器来完成这个功能。触发器的定义如下：

```
create trigger after_sell_insert
on tb_sell_detail
after insert
as
  begin
    declare @xsl int             --出库数量
    declare @spid varchar(50)    --商品编号

    select @spid=spid,@xsl=sl
    from inserted

    update tb_kucun
    set sl=sl-@xsl
    where spid=@spid
  end
```

15.12 库存盘点模块设计

库存盘点是指对商品实有库存数量及其金额进行全部或部分清点，掌握该期间内货品状况，并因此加以改善，加强管理。"库存盘点"窗口如图15.25所示。

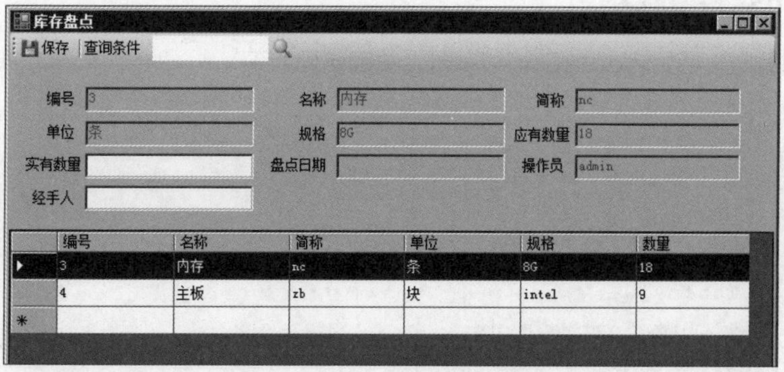

图15.25　"库存盘点"窗口

15.12.1 设计库存盘点窗体

新建一个Windows窗体，命名为FormPd.cs，主要用于实现库存商品的盘点功能。该窗体用到的主要控件如表15.15所示。

表15.15 库存盘点窗体用到的主要控件

控件类型	控件ID	主要属性	值	用　途
ToolStrip	toolStrip1			工具栏
ToolStripButton	tsb_save	Text	保存	保存
		DisplayStyle	ImageAndText	
ToolStripLabel	toolStripLabel1	Text	查询条件	提示
ToolStripTextBox	tst_name	无		输入查询条件
ToolStripButton	tsb_query	无		查询
TextBox	tb_Id	无		显示编号
	tb_name	无		显示名称
	tb_jc	无		显示简称
	tb_dw	无		单位
	tb_gg	无		规格
	tb_yysl	无		应有数量
	tb_sysl	无		输入实际数量
	tb_pddate	无		显示当前日期
	tb_czy	无		显示当前登录用户
	tb_jsr	无		输入经手人
DataGridView	dataGridView1	无		销售商品信息

15.12.2 添加盘点数据

（1）在窗体加载时，初始化dataGridView1。关键代码如下：

```
private void FormPd_Load(object sender, EventArgs e)
{
    Pd pd = new Pd();
    DataSet ds = pd.getAllSp();
    table = ds.Tables[0];
    dataGridView1.DataSource = ds;
    dataGridView1.DataMember = "table";
```

```
    dataGridView1.Columns[0].HeaderText = "编号";
    dataGridView1.Columns[1].HeaderText = "名称";
    dataGridView1.Columns[2].HeaderText = "简称";
    dataGridView1.Columns[3].HeaderText = "单位";
    dataGridView1.Columns[4].HeaderText = "规格";
    dataGridView1.Columns[5].HeaderText = "数量";
    if(table.Rows.Count>0)
        rowDisplay(0);
    tbEnabled();
}
private void rowDisplay(int rowindex)
{
    DataRow row = table.Rows[rowindex];
    tb_id.Text = row[0].ToString();
    tb_name.Text = row[1].ToString();
    tb_jc.Text = row[2].ToString();
    tb_dw.Text = row[3].ToString();
    tb_gg.Text = row[4].ToString();
    tb_yysl.Text = row[5].ToString();
    tb_sysl.Text = "";
    tb_pddate.Text = "";
    tb_czy.Text = FormLogin.strUserName;
    tb_jsr.Text = "";

}
private void tbEnabled()
{
    tb_id.Enabled = false;
    tb_name.Enabled = false;
    tb_jc.Enabled = false;
    tb_dw.Enabled = false;
    tb_gg.Enabled = false;
    tb_yysl.Enabled = false;
    tb_sysl.Enabled = true;
    tb_pddate.Enabled = false;
    tb_jsr.Enabled = true;
    tb_czy.Enabled = false;
}
```

（2）如果库存商品太多，可以输入查询条件，进行查询。关键代码如下：

```
private void tsb_query_Click(object sender, EventArgs e)
{
    Pd pd = new Pd();
    DataSet ds = pd.getSpByName(tst_name.Text);
    table = ds.Tables[0];
    dataGridView1.DataSource = ds;
    dataGridView1.DataMember = "table";
```

```
dataGridView1.Columns[0].HeaderText = "编号";
dataGridView1.Columns[1].HeaderText = "名称";
dataGridView1.Columns[2].HeaderText = "简称";
dataGridView1.Columns[3].HeaderText = "单位";
dataGridView1.Columns[4].HeaderText = "规格";
dataGridView1.Columns[5].HeaderText = "数量";
if(table.Rows.Count > 0)
    rowDisplay(0);
}
```

（3）输入商品的实有数量和经手人后，单击"保存"按钮，进行数据保存，关键代码如下：

```
private void tsb_save_Click(object sender, EventArgs e)
{
    Pd pd = new Pd();
    pd.addPandian(tb_id.Text, tb_yysl.Text,tb_sysl.Text,
        tb_pddate.Text,tb_czy.Text,tb_jsr.Text);
}
```

15.13 运行项目

程序编写完成后，如果没有出现错误，单击工具栏的  按钮，运行项目。

（1）系统运行时，首先打开的应该是登录窗口，如果打开不是登录，打开Program.cs，修改代码如下：

```
static void Main()
{
    Application.EnableVisualStyles();
    Application.SetCompatibleTextRenderingDefault(false);
    Application.Run(new FormLogin());
}
```

（2）如果出现错误，可以通过添加"断点"，并将运行模式改为Debug，这样可以很方便地跟踪项目的执行，发现错误，并改正。

（3）如果没有错误，将运行模式修改为Release，这样可以生产项目的发行版本。

15.14 开发常见问题与解决

在User类的userLogin方法中，使用字符串连接的方法构建命令，语句如下：

```
string cmd = "select count(*) from tb_userlist where username='" + username +
        "' and pass='" + password + "'";
```

通过前面的测试，程序运行貌似正常，但是这种做法存在风险，如果在密码编辑框中输入"'or 1=1 --"，那么连接后得到的命令为：

```
select count(*) from tb_userlist where username='admin' and pass='' or 1=1 --'
```

同样，如果在用户名编辑框中输入"admin' --"，就会得到：

```
select count(*) from tb_userlist where username='admin' --and pass=''
```

那么密码随便输入即可登录成功。

这就是SQL注入攻击，是黑客对数据库进行攻击的常用手段之一。由于程序员的水平及经验也参差不齐，相当大一部分程序员在编写代码的时候，没有对用户输入数据的合法性进行判断，使应用程序存在安全隐患。用户可以提交一段数据库查询代码，根据程序返回的结果，获得某些他想得知的数据，这就是所谓的SQL Injection，即SQL注入。

那么如何避免SQL注入攻击呢？只需要把命令的构建改为使用参数即可，修改后的代码如下：

```
public bool userLogin(string username, string password)
{
    string cmd = "select count(*) from tb_userlist where username=@username
and pass=@password";
    SqlParameter[] paras = new SqlParameter[]
    {
      new SqlParameter("username", username),
      new SqlParameter("password", password)
    };
    int ret = int.Parse(SQLHelper.ExecOneSQL(cmd, paras));
    if(0 < ret)
    {
      return true;
    }
    return false;
}
```

本章小结

　　本章从系统需求分析、系统设计、系统实现、系统的运行与发布等环节，讲解了进销存管理系统的设计与开发的基本过程。通过本章的学习，读者应该加深了对SQL Server 2012数据库基础知识的理解，并了解C#应用程序的开发流程以及窗体设计、事件处理等技术，提高程序开发的能力。